全国中等职业教育机械大类实训教材系列

车工技能实训

伊水涌　主　编

李贤元　方意琦　金永存　副主编

科学出版社

北　京

内 容 简 介

本书采用分项目、按任务驱动的方式组织教学内容，分为基础篇、初级篇和中级篇三个部分，共分为 16 个项目：认识车削加工、常用量具的使用、车刀与刃磨练习、轴类零件的加工、圆锥体的加工、切断与切槽、外三角螺纹的加工、套类零件的加工、成形面的加工与表面修饰、初级技能训练、外梯形螺纹的加工、偏心件的加工、内沟槽和端面槽的加工、内螺纹的加工、蜗杆与多线螺纹的加工、中级技能训练。

本书可作为中等职业教育机械大类专业教材，也可作为车工技能等级考试教学用书或车工岗位培训用书，还可供相关工程技术人员参考。

图书在版编目(CIP)数据

车工技能实训/伊水涌主编. —北京：科学出版社，2009
（全国中等职业教育机械大类实训教材系列）
ISBN 978-7-03-024719-3

Ⅰ. 车… Ⅱ. 伊… Ⅲ. 车削-专业学校-教材 Ⅳ. TG51

中国版本图书馆 CIP 数据核字（2009）第 091880 号

责任编辑：庞海龙/责任校对：赵 燕
责任印制：吕春珉/封面设计：耕者设计工作室

科学出版社 出版
北京东黄城根北街 16 号
邮政编码：100717
http://www.sciencep.com
铭洁彩色印装有限公司 印刷
科学出版社发行 各地新华书店经销 *

2009 年 6 月第 一 版 开本：787×1092 1/16
2015 年 12 月第五次印刷 印张：24 1/2
字数：581 000
定价：38.00 元
（如有印装质量问题，我社负责调换〈骏杰〉）
销售部电话 010-62134988 编辑部电话 010-62135763-8999

前　言

为了适应当前中等职业教育"以能力为本位、以就业为导向"培养目标的需要，编者依据中级车工技能鉴定标准的要求，组织编写了本教材。

本书在内容上力求做到理论与实践相结合，图文并茂，形象直观，文字叙述简明扼要、通俗易懂，具有如下特点：

1. 内容上涵盖国家职业标准对车工中级应知和应会的要求，从而准确把握理论知识在教材建设中的"必需、够用"而又有足够技能实训内容的原则，注重现实社会发展和就业需要，以培养职业岗位群的综合能力为目标，从而有效地开展对学生实际操作技能的训练与职业能力培养。

2. 结构采用项目化，一个项目包含若干个任务，一个任务就是一个知识点，重点突出，主题鲜明，打破过去的教材编写习惯，以其良好的弹性和便于综合的特点适应实践教学环节的需要。

3. 以现行的相关技术为基础，以"项目主导、任务引领"的教学模式，从提出训练任务和要求开始设定训练内容，突出工艺要领和操作技能的培养。在任务的"相关知识"部分，将任务涉及的理论知识进行梳理，努力使实训内容不再依赖理论教材。将每个实训任务的训练效果进行量化，在"实训反馈"中对训练过程进行记录，并相应地给出量化参考标准。

本书由浙江省镇海职教中心伊水涌任主编，浙江省平湖市技工学校金永存、镇海职教中心方意琦、李贤元任副主编。参加编写的有伊水涌（前言、项目1、2、3、附录）、金永存（项目9、14、15）、方意琦（项目13、16）、李贤元（项目4、6）、浙江省镇海职教中心王小羊（项目5、10、11）、浙江省桐乡市（高级）技工学校王飞鹏（项目7、12）、平湖技工学校李丽娜（项目8）、山东省滨州技术学院高玉敏和江西省宜春职业技术学院李金平（参与编写了部分内容）。全书由伊水涌统稿，镇海职教中心姚兴禄担任主审。

本书编写过程中参考了有关资料和书籍，特此向相关作者表示衷心的感谢。

由于编者水平有限，编写时间仓促，书中难免有疏漏、差错之处，恳请广大读者批评指正。

目 录

基 础 篇

初 级 篇

基 础 篇

  本篇包括车工的基本操作、安全文明生产常识、常用量具的使用、车刀刃磨和机床一级保养方法等方面内容。

  在"教与学"过程中逐步养成良好的职业素养,其主要目的是正确引导一个没有任何金属切削加工基础的学习者向具有高素质技术人才的方向发展。

项目 1

认识车削加工

项目导航

本项目主要介绍车削加工的基本内容、CA6140 型车床结构、车床工作时的相关内容、零件的装夹与找正方法、车床的润滑与维护保养及安全文明生产要求。

教学目标

了解车削加工的范围。

了解车床的规格、结构、性能。

理解切削用量三要素的含义。

掌握车床工作的相关内容。

掌握安全文明生产的基本内容。

技能要求

掌握车床的基本操纵方法。

零件的装夹与找正方法。

掌握车床的润滑与维护保养方法。

任务 1 认 识 车 工

任务目标

通过本任务学习，对 CA6140 型车床以及车削加工的内容有一个认识，在学习"两穿两戴"、工、量、刀具整理和观看录像时，加深对安全文明生产的理解，懂得成为合格的技术人才首先要做到安全、文明生产，避免造成人身、设备事故。

相关知识

一、车床知识介绍

1. 车削加工的基本内容

车削加工是在车床上利用工件的旋转运动和刀具的直线运动（或曲线运动）来改变毛坯的形状和尺寸，将毛坯加工成符合图样要求的工件。

车工的职业定义是指操作车床的人，即进行车削加工的人员。在机械加工中，往往需要车、钳、铣、刨、磨等各工种共同配合，车工是其中主要工种之一，主要用于加工各种零件上的回转表面。车削所用的设备是车床，所用的刀具是车刀，此外还有钻头、铰刀、丝锥和板牙等孔加工刀具和螺纹加工刀具。车削加工的范围很广，其基本内容见表 1.1。

表 1.1 车削加工的基本内容

车削内容	图示	车削内容	图示
车外圆		铰内孔	
车槽和切断		车圆锥	
钻孔		滚花	

续表

车削内容	图示	车削内容	图示
车端面		车各种螺纹	
钻中心孔		车成形面	
车内孔		盘绕弹簧	

如果在车床上装上一些附件和夹具，还可进行镗削、磨削、研磨和抛光等。

2. 车床的结构

车床有卧式车床、立式车床、回轮车床、转塔车床、自动车床以及数控车床等各种不同类型，其中卧式车床是各类车床中使用最广泛的一种，约占车床类机床总台数的60%左右，其特点是适应性强，适用于一般零件的中、小批生产。CA6140型车床又是最常见的国产卧式车床，其外形结构如图1.1所示。

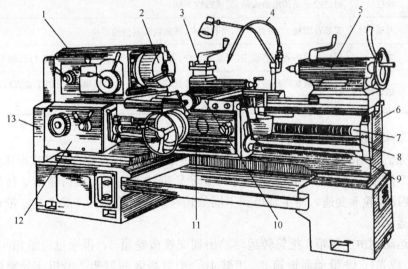

图1.1 CA6140型卧式车床

1.主轴箱；2.卡盘；3.刀架；4.切削液管；5.尾座；6.床身；7.丝杠；8.光杠；
9.操纵杆；10.床鞍；11.溜板箱；12.进给箱；13.交换齿轮箱

（1）车床的型号

车床型号中的字母与数字的含义如下：

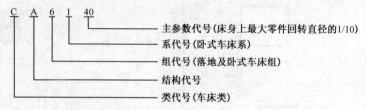

（2）车床的各组成部分及其作用

CA6140 型卧式车床的各组成部分及其作用如表 1.2 所示。

表 1.2　CA6140 型卧式车床的各组成部分及其作用

序号	名称	主要作用
1	主轴箱 （床头箱）	支承主轴部件，把动力和运动传递给主轴，使主轴通过卡盘等夹具带动工件旋转得到主运动，以实现车削
2	进给箱	将运动传至光杠或丝杠，以调整机动进给量和被加工螺纹的螺距
3	溜板箱	将光（丝）杠传来的旋转运动变为车刀的纵向或横向的直线移动（车削螺纹）
4	交换齿轮箱	将主轴的旋转运动传递给进给箱，调节箱外手柄可实现不同螺距的车削
5	床身	连接各主要部件并保证各部件之间有正确的相对位置
6	光杠	将进给运动传给溜板箱，实现纵向或横向自动进给
7	丝杠	将进给运动传给溜板箱，完成螺纹车削
8	刀架	安装在溜板上，夹持车刀，可作纵向、横向或斜向进给运动
9	尾座	尾座套筒内若安装顶尖，可支承工件；若安装钻头等孔加工刀具，可进行孔加工
10	冷却装置	将切削液加压后喷射到切削区域，降低切削温度、冲走切屑，润滑加工表面，以提高刀具使用寿命和工件的表面质量

（3）车床各部分传动系统

为了完成车削加工，车床必须有主运动和进给运动的相互配合。卧式车床的传动系统如图 1.2 所示。主运动是通过电动机 1 驱动 V 带传动 2 和交换齿轮箱 3 传给主轴箱 4。通过变速齿轮 5 变速，使主轴得到不同的转速。再经卡盘 6（或夹具）带动工件一起做旋转运动。

进给运动则由主轴箱 4 把旋转运动输出到交换齿轮箱 3，再通过进给箱 13 变速后由丝杠 11 或光杠 12 带动溜板箱 9、床鞍 10、中滑板 8 和刀架 7 沿机床导轨做直线运动，从而控制车刀的运动轨迹完成各种车削。

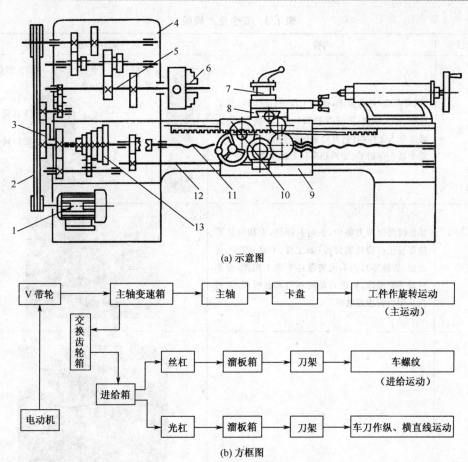

(a) 示意图

| V带轮 → | 主轴变速箱 → | 主轴 → | 卡盘 → | 工件作旋转运动 |
(主运动)

交换齿轮箱

| 丝杠 → | 溜板箱 → | 刀架 → | 车螺纹 |
(进给运动)

进给箱

电动机

| 光杠 → | 溜板箱 → | 刀架 → | 车刀作纵、横直线运动 |

(b) 方框图

图 1.2 卧式车床的传动系统

1. 电动机；2. V带传动；3. 交换齿轮箱；4. 主轴箱；5. 变速齿轮；6. 卡盘；7. 刀架；
8. 中滑板；9. 溜板箱；10. 床鞍；11. 丝杠；12. 光杠；13. 进给箱

二、安全规则与文明生产

坚持安全文明生产是保障生产人员和设备的安全，防止工伤和设备事故的根本保证，同时也是工厂科学管理的一项十分重要的手段。它直接影响到人身安全、产品质量和生产效率的提高，影响设备和工、夹、量具的使用寿命和操作工人技术水平的正常发挥。安全文明生产的一些具体要求，是在长期生产活动中的实践经验和血的教训的总结，要求操作者在学习操作技能的同时，必须培养自己的安全文明生产习惯。

1. 安全生产规则

操作时必须提高执行纪律的自觉性、遵守规章制度，并严格遵守安全技术要求，具体要求见表 1.3。

车工技能实训

表 1.3　安全生产规则

项目	内容	图示说明
穿戴	"两穿两戴"符合要求，即穿工作服、工作鞋、戴工作帽、平光眼镜；要求两袖口扎紧、下摆紧，长发必须塞入工作帽内，并经常保持整洁 夏季禁止穿裙子、短裤和凉鞋上机操作	头发塞入工作帽内　工作帽　防护眼镜　领口紧　下摆紧　袖口紧
姿势	操作时必须精力集中，头向右倾斜，手和身体不能靠近正在旋转的部位(如工件、卡盘、带轮、传动带、齿轮等)，切不可倚靠在车床上操作，也不可戴手套操作，机床开动时不得离开机床，不得在车间内奔跑或喊叫	
装夹	卡盘、工件、车刀装夹牢固，否则会飞出伤人；装夹好工件后，卡盘扳手必须随即从卡盘上取下	(a) 装夹工件 (b) 随手卸下卡盘扳手(正确) (c) 忘记卸下卡盘扳手(错误)

项目	内容	图示说明
装夹		(d) 装夹刀具
触摸	不能用手去刹住仍在旋转的卡盘 不准测量正在旋转的工件表面 不准用手触摸加工好且仍在旋转的工件	
清洁	应用专用的铁钩清理切屑,绝不准用手直接清理,也不准用游标卡尺等量具代替铁屑钩清理	(a) 不能用手清理切屑(错误) (b) 不能用量具清理切屑(错误) (c) 用专用铁钩清理切屑(正确)

续表

项目	内容	图示说明
停机	凡装卸工件、更换刀具、测量加工表面及变换转速前必须先停止主轴旋转；工作结束后关掉机床总电源；不能随意装拆机械设备和电气设备；遇故障应停机并及时报告	正转 停转 反转

2. 文明生产规则

文明生产规则具体见表1.4。

表1.4　文明生产规则

项目	内容	图示说明
"三看一听"	一看——防护设施是否完好，二看——手柄位置是否正确，三看——润滑部位是否达到润滑要求；一听——车床空运转是否正常要求；上班前向机床各油孔注油，并使主轴低速空转1～2min，让润滑油散布到各润滑点	润滑部位 防护罩 (a) 看防护设施、润滑部位情况 (b) 看变速手柄位置 听主轴运转声音是否正常 (c) 听机床空运转情况

续表

项目	内容	图示说明
摆放	合理摆放工、夹、量、刃具,轻拿轻放,用后保持清洁上油,确保精度 图样、工艺卡片安放位置应便于阅读,并注意保持清洁和完整 工、量、刃具要按现代化工厂对定置管理的要求,做到分类定置和分格存放。做到重的放下面,轻的放上面。不常用的放里面,常用的放在随手取用方便处。每班工作结束应整理清点一次 主轴箱盖上不应放置任何物品 精加工零件应轻拿轻放,用工位器具存放,使加工面隔开,以防止相互磕碰而损伤表面。精加工表面完工后,应适当涂油以防锈蚀	(a) 合理摆放工、夹、量、刃具 (b) 用后保持清洁、分类放入工具箱中
刃磨	磨损的车刀要及时刃磨,否则会降低工件的加工质量和生产效率,同时车削时会增加车床负荷,甚至导致损坏车床	磨损的刃口　　磨损的刀尖
清洁	工作完毕后,将所用过的物件擦净归位,清理机床、刷出切屑、擦净机床各部位的油污 按规定加注润滑油;最后把机床周围打扫干净 将床鞍摇至床尾一端,各转动手柄放到空挡位置,关闭电源	

项目	内容	图示说明
禁忌	不能在卡盘、床身导轨上敲击或检查工件，床面上不准放置工具或工件 一台机床不允许多人同时操作	(a) 不能在卡盘上敲击工件 (b) 床面上不准放置工具等杂物 (c) 一台机床不允许多人同时操作

三、本课程的学习方法

车工技能实训课是机电、数控、模具等机械专业重要的专业骨干课程与实训课。重在培养学习者掌握中级车工操作技能和技巧，并辅以必要的专业理论知识，是典型的理论和实践相结合的并以实践为主的一门学科，也是比较难学、学习周期比较长的学科。要学好本课程，应从以下几方面着手：

1) 理论联系实践，及时把所学的机械加工知识紧密联系实际操作，这样有助于提高学习效率。

2) 要有吃苦耐劳的品质和坚持不懈的精神。

3) 在教师指导、示范下，学习者要仔细观察细节、通过模仿和反复练习获得基本操作技能。与此同时，还应经常分析自己的操作动作和生产实习的综合效果，善于总结经验，改进操作方法。

4）通过生产（特别是在复合作业中），能"真刀真枪"地练出真本领，并创造出一定的经济效益。

5）在整个实训过程中，都要树立起安全操作和文明生产的良好习惯。

技能实训

一、实训条件

实训条件见表1.5。

表1.5　实训条件

	名称
设备	CA6140型卧式车床或同类型的车床
量具	各种量具若干
工具	各种工具若干
刀具	各种类型刀具若干
其他	工作服、帽子、工具箱

二、训练项目

训练项目见表1.6。

表1.6　训练项目及要求

序号	项目内容	要求
1	训练"两穿两戴"的标准模式	穿戴整齐、紧扣、紧扎
2	工具箱的整理	分类定置和分格存放
3	工、量、刃具的整理	按拿、取方便的原则，分类摆放有序

三、注意事项

1）初学者对车间内感到好奇的物品，可能存在危险性。应做到老师没有讲的内容不要擅作主张自己去"研究"。

2）按照各自的工位位置完成任务，不要随意串岗和走动。

3）对于安全规则和文明生产的教育可通过观看录像片的形式增加可视性。

4）下车间实训之前，可以事先通过参观历届同学的实习工件和生产产品或者参观学校或工厂的设施增加了解。

实训反馈

一、讨论

1）对学习车工工种的认识和想法。
2）遵守实习工场的规章制度的重要意义。

二、考核标准

考核标准见表 1.7。

表 1.7　考核标准

序号	检测内容	配分	评分标准	检测量具	检测结果	得分
1	"两穿两戴"	20	一项不符合扣 5 分	目测		
2	工具箱的整理	30	按照完成情况给分	目测		
3	工、量、刃具的整理	30	按照完成情况给分	目测		
4	安全文明生产	20	不合要求酌情扣分	目测		

三、记事

记事见表 1.8。

表 1.8　记事

日期	学生姓名	车床号	批次	总分	教师签字

任务2　车床的手柄操纵练习

任务目标

本次训练的任务是通过学习，理解切削用量三要素的概念、各手柄操纵方法，重点掌握三个滑板的进、退刀方向和正确调整切削用量。

相关知识

一、车削的特点

在车床上，工件旋转，车刀在平面内作直线或曲线移动的切削称为车削。车削是以工件旋转为主运动，车刀纵向或横向移动为进给运动的一种切削加工方法，车外圆时的各种运动的情况如图 1.3 所示。进给运动可分为纵向进给运动和横向进给运动,如图 1.4 所示。

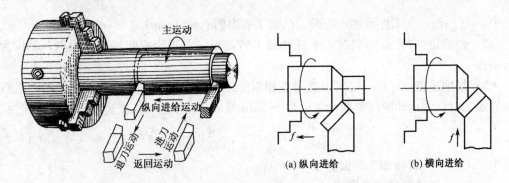

图 1.3　车削运动　　　　　　　　　图 1.4　车削运动

车削加工工件的尺寸公差等级一般在 IT9～IT7 级,其表面粗糙度值 R_a = 3.2～1.6μm。

车刀车削工件时,工件上形成了不断变化的 3 个表面,如图 1.5 所示。

1) 已加工表面:已经车去多余金属形成的表面。

2) 过渡表面:刀具的切削刃正在切削工件的表面。

3) 待加工表面:工件上即将被车削多余金属的表面。

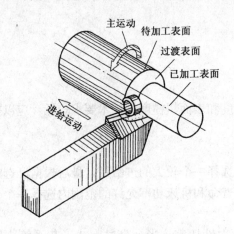
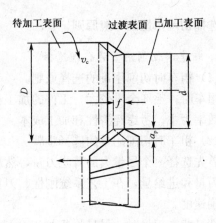

图 1.5　车削加工时的 3 个表面　　　　图 1.6　切削用量示意图

二、切削用量

在切削加工过程中的切削速度(v_c)、进给量(f)、背吃刀量(a_p)总称为切削用量。切削用量又称为切削三要素,是表示车削运动大小的参数。切削时的切削用量如图 1.6 所示,切削用量的合理选择对提高生产率和切削质量有着密切关系。

1) 背吃刀量(a_p)　又称为切削深度,是指车削时工件上已加工表面和待加工表面间的垂直距离,单位为 mm。背吃刀量可表示为

$$a_p = \frac{d_w - d_m}{2} \tag{1.1}$$

式中，d_w、d_m——工件待加工表面、已加工表面的直径（mm）。

2）进给量（f） 车削时，工件每转1转，车刀沿进给方向移动的距离，单位为mm/r。

3）切削速度（v_c） 切削刃选定点相对于工件的主运动的瞬时速度，即指在进行切削加工时，主运动的线速度，单位为 m/min 或 m/s。车削时切削速度的计算公式为

$$v_c = \frac{\pi d_w n}{1000}(\text{m/min}) = \frac{\pi d_w n}{1000 \times 60}(\text{m/s}) \tag{1.2}$$

式中，d_w——工件待加工表面直径（mm）；

n——工件每分钟的转速（r/min）。

【例1.1】 已知工件待加工表面直径为 $\phi95$mm；现用 500r/min 的主轴转速一次进给车至直径为 90mm，求背吃刀量 a_p 和切削速度 v_c。

解：根据背吃刀量的计算公式

$$a_p = \frac{d_w - d_m}{2} = \frac{95 - 90}{2} = 2.5(\text{mm})$$

根据切削速度的计算公式

$$v_c = \frac{\pi d_w n}{1000} = \frac{3.14 \times 95 \times 500}{1000}(\text{m/min}) = 149.15(\text{m/min})$$

三、选择切削用量的一般原则

1. 粗车时切削用量的合理选择

（1）粗车时切削用量的选择原则

粗车时，毛坯余量较大，工件的加工精度和表面粗糙度等技术要求较低，应以提高生产效率为主，考虑经济性和加工成本。

（2）粗车时切削用量的选择步骤

首先选择一个尽量大的背吃刀量，然后选择一个较大的进给量，最后根据已选定的背吃刀量和进给量，在工艺系统刚性、刀具寿命和机床功率允许的范围内选择一个合理的切削速度。

选择背吃刀量时，尽量将粗加工余量一次性切完。当余量过大或工艺系统刚性差时，可分多次切除余量。在不产生振动的条件下，选取一个最大的进给量。

2. 半精车、精车时切削用量的合理选择

（1）半精车、精车时切削用量的选择原则

半精车、精车时，工件的加工余量不大，加工精度要求较高，表面粗糙度值要求较小，应首先考虑保证加工质量，并注意兼顾生产效率和刀具寿命。

（2）半精车、精车时切削用量的选择步骤

1）背吃刀量：由粗加工后留下的余量确定。一般情况下，半精加工时选取 $a_p = 0.5 \sim 2.0$mm；精加工时选取 $a_p = 0.1 \sim 0.8$mm。

2）进给量：主要受表面粗糙度的限制。表面粗糙度越小，进给量可选择小些。

3）切削速度：为了提高工件的表面质量，用硬质合金车刀精加工时，一般采用较高的切削速度（$v_c > 80\mathrm{m/min}$）；用高速钢车刀精加工时，一般选用较低的切削速度（$v_c < 5\mathrm{m/min}$）。

技能实训

一、实训条件

实训条件见表 1.9。

表 1.9　实训条件

项目	名称
设备	CA6140 型卧式车床或同类型的车床

二、训练项目

1. 床鞍、中滑板和小滑板的摇动练习、熟记三滑板的刻度数

1）使床鞍、中滑板和小滑板慢速均匀移动，要求双手交替动作自如。

2）分清三者的进退刀方向，要求反应灵活，动作准确。

3）掌握消除刻度盘空行程的方法。

使用刻度盘时，由于丝杠与螺母之间配合存在间隙，会产生刻度盘转动而床鞍和中、小滑板并没有移动（即空行程）的现象。当将刻度线转到所需要的格数而超过时，必须向相反方向退回全部空行程，然后再转到需要的格数，不可以直接退回超过的格数，应按图 1.7 所示的方法予以纠正。

 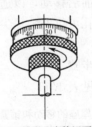 

(a) 要求手柄转至35，　　(b) 错误：直接退至35　　(c) 正确：反转约一圈后
但摇过头成40　　　　　　　　　　　　　　　　　再转至所需位置35

图 1.7　手柄摇过头后的纠正方法

4）CA6140 型车床的刻度数：①溜板箱正面的手轮轴上的刻度盘分为 300 格，每转过 1 格，表示床鞍纵向移动 1mm；②中滑板丝杠上的刻度盘分为 100 格，每转过 1 格，表示刀架横向移动 0.05mm；③小滑板上丝杠上的刻度盘为 100 格，每转过 1 格，表示刀架纵向移动 0.05mm。

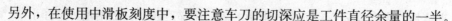

另外，在使用中滑板刻度中，要注意车刀的切深应是工件直径余量的一半。

2. 纵、横向进给和进、退刀动作

1）手动进给要求进给速度达到慢而均匀，不间断，操作方法见表 1.10。

表 1.10　纵、横向进给的手动操作姿势

操作姿势图	操作要领	操作姿势图	操作要领
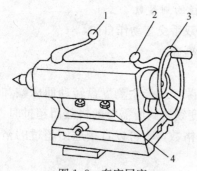 纵向手动进给	操作时应站在床鞍手轮的右侧，双手交替摇动床鞍手轮	横向手动进给	双手交替摇动中滑板手柄

图 1.8　车床尾座

1、2. 手柄　3. 手轮　4. 螺母

2）进、退刀操作要求反应敏捷，动作正确。操作的方法是：左手握床鞍手轮，右手握中滑板手柄，双手同时作快速摇动。进刀要求床鞍和中滑板同时向卡盘处移动。退刀的要求则正好相反。进、退刀动作必须十分熟练，否则在车削过程中动作一旦失误，便会造成工件报废。

3. 移动尾座和尾座套筒

车床尾座如图 1.8 所示，尾座可以沿着床身导轨前后移动，以适应支顶不同长度的工件，尾座套筒锥孔可供安装顶尖和钻头，套筒可以前后移动，操作方法如下所述。

（1）尾座的移动和锁紧的操作步骤

尾座的移动和锁紧的操作步骤见表 1.11。

表 1.11　尾座的移动和锁紧的操作步骤

步骤一	步骤二	步骤三
将手柄 2 松开，使尾座底部的压板与床身导轨脱开	用手推动尾座，使尾座沿着床身导轨作前、后移动	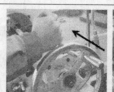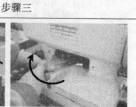 将手柄 2 扳紧，使尾座底部的压板紧压在床身导轨上，从而锁紧尾座。有的车床尾座如无锁紧手柄，可以直接用扳手将压紧螺母 4 扳紧

（2）尾座套筒的移动和锁紧的操作步骤

尾座套筒的移动和锁紧的操作步骤见表1.12。

表 1.12　尾座套筒的移动和锁紧的操作步骤

步骤一	步骤二

摇动手轮3使套筒前、后移动。注意，套筒不要伸出过长，以免影响支持刚性和防止套筒伸出到极限而使套筒内的丝杆与螺母脱开	扳紧手柄1,尾座套筒被锁紧

4. 主轴转速的调整练习

以云南机床厂生产的CA6140型车床为例，介绍一下车床主轴调速的操作方法。具体见表1.13所示。

表 1.13　主轴调速的操作方法

顺序	内容	图示
检查	车床启动前要检查各手柄的位置是否正确	见文明生产中的"三看一听"
开机	1. 找到车床总开关，捏住旋钮往逆时针方向旋转一个角度，标识处（白色框）由红色变为绿色即打开了车床外部电源（此时，只有快速进给系统得电可以工作，其余还没有得电） 2. 按下绿色按钮 3. 释放红色急停开关：先按下红色急停开关不放，然后向逆时针方向旋转，放开手，这样急停开关就往上弹起，车床处于开机状态	由红色变为绿色

顺序	内容	图示
调速	右手拨动卡盘,左手扳动主轴转速调节手柄,眼睛观察1、2和椭圆内的数字是否处于一条线上,图示位置的主轴转速为260r/min	
启动、停车	左手握住倒顺电气开关,往上抬起,主轴正转;往下按,主轴反转;中间位置,主轴停止 一般情况下,使用正转车削零件	
关机	操作结束后,清扫机床,把床鞍摇至机床尾部,各手柄处于空挡位置,最后关闭机床电源 关闭的顺序:先按下急停开关,再关闭总电源开关	
禁忌	主轴正在旋转或还未完全停止时,不能拨动变速操作手柄,否则会把主轴箱里的齿轮轮齿打断,造成设备事故	

注意:在车床运转时,如有异常声音必须立即切断电源。

5. 进给箱的变速调整方法

进给箱的变速调整方法见表1.14所示。

表1.14　进给箱的变速调整方法

顺序	内容	图示
检查	检查主轴箱手柄位置是否正确,图示位置是右旋正常螺距(导程),这是最常用的一种,可进行正常的机动车削和右旋螺纹、蜗杆的车削 扳动这一手柄在停车下进行	右旋扩大螺距(导程)　右旋正常螺距(导程)　左旋扩大螺距(导程)　左旋正常螺距(导程)

顺序	内容	图示
看铭牌表	根据要求或需要,找到铭牌表上手柄位置的数字组合,如进给量 f 为 0.36mm 的两手柄分别位于数字 1 和字母 C 上	
调速	根据铭牌表上提供的数字和字母,调整进给箱手柄的位置,图示位置的进给量 f 为 0.36mm/r	
执行	启动主轴,右手控制操纵手柄的方向,可实现大滑板纵向进给(进、退)和中滑板横向进给(进、退) 练习机动进给时,注意行程	

注意:练习进给箱的变速,要在停车或低速时进行。

三、注意事项

1) 要求每台机床都具有防护设施。

2) 摇动滑板时要集中注意力,做模拟切削运动。

3) 变换车速时,应先停车。

4) 车床运转操作时,转速要慢,注意防止左右前后碰撞,以免发生事故。

5) 严禁多人同时操作一台机床。

实训反馈

一、考核标准

考核标准见表 1.15。

表 1.15　考核标准

序号	检测内容	配分	评分标准	检测量具	检测结果	得分
1	滑板进、退操作	30	视熟练程度给分	目测		
2	转速的调整	20	视熟练程度给分	目测		
3	进给量的调整	20	视熟练程度给分	目测		
4	操作时的姿势	15	不合要求扣分	目测		
5	安全文明生产	15	不合要求酌情扣分	目测		

车工技能实训

二、记事

记事见表 1.16。

表 1.16 记事

日期	学生姓名	车床号	批次	总分	教师签字

任务3 零件的装夹与找正

任务目标

通过本次训练，了解自定心卡盘（三爪卡盘）的规格、结构及其作用，懂得工件的装夹和找正的意义，掌握工件的找正方法、技巧及注意事项。

相关知识

自定心卡盘是车床上的常用夹具。三爪自定心卡盘的构造如图 1.9 所示。用卡盘扳手插入任何一个方孔，顺时针转动小锥齿轮，与它相啮合的大锥齿轮将随之转动，大锥齿轮背面的矩形平面螺纹即带动三个卡爪同时移向中心，夹紧工件；扳手反转，卡爪即松开。由于三爪自定心卡盘的三个卡爪是同时移动自行对中的，故适宜夹持截面为圆形和正六边形的工件。反三爪用以夹持直径较大的工件。由于制造误差和卡盘零件的磨损以及切屑堵塞等原因，三爪自定心卡盘对中的准确度为 0.05～0.15mm。

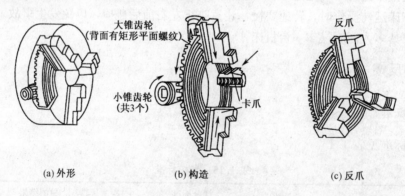

(a) 外形   (b) 构造   (c) 反爪

图 1.9 三爪自定心卡盘

一、自定心卡盘的规格

常用的公制自定心卡盘规格有 150、200、250。

二、工件找正的意义

找正工件就是将工件安装在卡盘上，使工件的中心与车床主轴的旋转中心取得一致，这一过程称为找正工件。

三、找正的方法

（1）目测法

工件夹在卡盘上使工件旋转，观察工件跳动情况，找出最高点，用重物敲击高点，再旋转工件，观察工件跳动情况，再敲击高点，直至工件找正为止。最后把工件夹紧，其基本程序如下：工件旋转──→观察工件跳动，找出最高点──→找正──→夹紧。一般要求最高点和最低点在 1~2mm 以内为宜。

（2）使用划针盘找正

车削余量较小的工件可以利用划针盘找正。方法如下：工件装夹后（不可过紧），用划针对准工件外圆并留有一定的间隙，转动卡盘使工件旋转，观察划针在工件圆周上的间隙，调整最大间隙和最小间隙，使其达到间隙均匀一致，最后将工件夹紧。此种方法一般找正精度在 0.5~0.15mm 以内。

（3）开车找正法

在刀台上装夹一个刀杆（或硬木块），工件装夹在卡盘上（不可用力夹紧），开车时工件旋转，刀杆向工件靠近，直至把工件靠正，然后夹紧。此种方法较为简单，快捷，但必须注意工件夹紧程度，不可太紧也不可太松。

━━ **技能实训** ━━━━━━━━

一、实训条件

实训条件见表 1.17。

表 1.17 实训条件

项目	名称
设备	CA6140 型卧式车床或同类型的车床
材料	$\phi35\times100$（45♯钢）和 $\phi50\times30$（45♯钢）
工具	划针盘、铜锤等

二、训练项目

1. 轴类工件在三爪自定心卡盘的找正

轴类工件的找正方法如图 1.10（a）所示，通常找正外圆位置 1 和位置 2 两点。先找正位置 1 处外圆，后找正位置 2 处外圆。找正位置 1 时，可看出工件是否圆整；找正位置 2 时，应用铜棒敲击靠近针尖的外圆处，直到零件旋转一周两处针尖到工件表面距离均等时为止。

2. 盘类工件在三爪自定心卡盘的找正

盘类工件的找正方法如图 1.10（b）所示，通常需要找正外圆和端面两处。找正位置 1 与轴类零件的找正位置 1 相同；找正位置 2 时，应用铜棒敲击靠近针尖的端面处，直到工件旋转一周两处针尖到零件端面距离均等时为止。

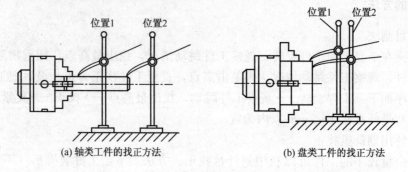

(a) 轴类工件的找正方法　　　　　　(b) 盘类工件的找正方法

图 1.10　工件的找正

3. 工件的夹紧

工件的夹紧操作要注意夹紧力与装夹部位，是毛坯时夹紧力可大些；是已加工表面，夹紧力就不可过大，以防止夹伤工件表面，还可用铜皮包住表面进行装夹；有台阶的工件尽量让台阶靠着卡爪端面装夹；带孔的薄壁件需用专用夹具装夹，以防止变形。

三、注意事项

1）找正较大的工件，车床导轨上应垫防护板，以防工件掉下砸坏车床。

2）找正工件时，主轴应放在空挡位置，并用手拨动卡盘旋转。

3）找正时敲击一次工件应轻轻夹紧一次，最后工件找正合格应将工件夹紧。

4）找正工件要有耐心，并且细心，不可急躁，同时注意安全。

实训反馈

一、考核标准

考核标准见表 1.18。

表 1.18　考核标准

序号	检测内容	配分	评分标准	检测量具	检测结果	得分
1	工件的装夹	10	视熟练程度给分	目测		
2	找正的速度	30	视熟练程度给分	目测		
3	找正的精度	40	误差在 0.1～0.3mm 之间	目测		
4	操作时的姿势	10	不合要求不得分	目测		
5	安全文明生产	10	不合要求酌情扣分	目测		

二、记事

记事见表 1.19。

表 1.19 记事

日期	学生姓名	车床号	批次	总分	教师签字

═══ 任务 4 车床清洁与保养 ═══

═══ 任务目标 ═══

通过本次训练，了解车床维护保养的重要意义，懂得车床日常注油方式和车床的日常清洁与维护保养要求。

═══ 相关知识 ═══

一、车床的润滑方式

为了保持车床正常运转和延长其使用寿命，应注意日常的维护保养。车床的摩擦部分必须进行润滑。常用的几种润滑方式如下所述。

1）浇油润滑　通常用于外露的滑动表面，如床身导轨面和滑板导轨面等。

2）溅油润滑　通常用于密封的箱体中，如车床的主轴箱，它利用齿轮转动把润滑油溅到油槽中，然后输送到各处进行润滑。

3）油绳导油润滑　通常用于车床进给箱、溜板箱的油池中，它利用毛线吸油和渗油的能力，把机油慢慢地引到所需要的润滑处，见图 1.11（a）。

4）弹子油杯注油润滑　通常用于尾座和滑板摇手柄转动的轴承处。注油时，用油嘴把弹子按下，滴入润滑油，见图 1.11（b）。使用弹子油杯的目的，是为了防尘防屑。

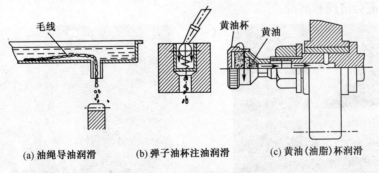

(a) 油绳导油润滑　　(b) 弹子油杯注油润滑　　(c) 黄油（油脂）杯润滑

图 1.11 润滑的几种方式

5）黄油（油脂）杯润滑　通常用于车床挂轮架的中间轴。使用时，先在黄油杯中装满工业油脂，当拧进油杯盖时，油脂就挤进轴承套内，比加机油方便。使用油脂润滑的另一特点是存油期长，不需要每天加油，见图 1.11（c）。

6）油泵输油润滑　通常用于转速高，润滑油需要量大的机构中，如车床的主轴箱一般都采用油泵输油润滑。

二、车床的润滑

1. 主轴箱的润滑

主轴箱采用溅油润滑，其储油量以达到油窗高度为宜，一般在油标孔 1/2～2/3 之间，如图 1.12 所示。开动车床前要检查储油量是否达到要求。一般每 3 个月更换一次，换油时要先对箱体内进行清洗然后再加油。

2. 进给箱与溜板箱的润滑

进给箱与溜板箱常采用储油池通过油绳导油润滑。光杠、丝杠轴承座上方油孔中加油方法，如图 1.13 所示。由于丝杠、光杠转动速度较快，因此要求做到每班加油一次。

 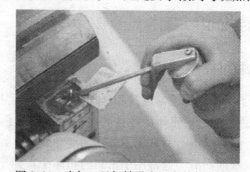

图 1.12　油标孔　　　　　图 1.13　光杠、丝杠轴承座上方的加油方法

3. 交换齿轮箱的润滑

交换齿轮箱常采用油杯注油润滑，要做到经常对此处进行润滑。

4. 车床导轨面的润滑

车床导轨面常采用浇油润滑和弹子油杯注油润滑，如图 1.14 所示。要做到每班对车床导轨面进行清理和润滑。

图 1.14　车床导轨面的浇油润滑示意图　　　图 1.15　中滑板油孔注油润滑示意图

5. 其他部分的润滑

车床的床鞍、中滑板、小滑板、尾座、光杠、丝杠、操纵杆等部位通过油孔注油润滑，要做到每班加油一次。中滑板的油孔注油润滑方法如图 1.15 所示。

三、车床的维护与保养

作为一名车工不仅要会操纵车床，还要爱护和保养车床。为保证其精度和使用寿命，必须对车床进行合理的维护与保养。

1. 日保养

每班车床工作结束后应擦净车床的导轨面，要求无油污、无铁屑，并加注润滑油润滑，使车床外表清洁并保持场地整齐。

2. 周保养

每周要对车床的 3 个导轨面及转动部位进行清洁、润滑，保持油眼通畅，油标油窗清晰，清洗油毛毡，并保持车床外表清洁和场地整齐。

3. 一级保养

当车床运行 500h 后，就需要进行一级保养。保养工作应该以操作工为主，维修工进行配合。保养的内容包括：部件的清洗、各部分的润滑、传动部分的调整。

━━ 技能实训 ━━

一、实训条件

实训条件见表 1.20。

表 1.20　实训条件

项目	名称
设备	CA6140 型卧式车床或同类型的车床
材料	清洁剂、棉纱、机油等
工具	油枪、清扫工具等

二、训练项目

训练项目见表 1.21。

表 1.21　训练项目及要求

序号	项目内容	要求
1	车床的清洁	无水污、无铁屑，使车床外表清洁并保持场地整齐
2	车床的保养	合理加注润滑油

三、注意事项

1）每班工作后应擦净车床导轨面（包括中滑板和小滑板），要求无油污、无铁屑，并浇油润滑，使车床外表清洁和场地整齐。

2）每周要求车床三个导轨面及转动部位清洁、润滑，油眼畅通，油标油窗清晰，清洗护床油毛毡，并保持车床外表清洁和场地整齐等。

实训反馈

一、考核标准

考核标准见表 1.22。

表 1.22　考核标准

序号	检测内容	配分	评分标准	检测量具	检测结果	得分
1	车床的清洁	45	视情况给分	目测		
2	车床的保养	45	视情况给分	目测		
3	安全文明生产	10	视情况给分	目测		

二、记事

记事见表 1.23。

表 1.23　记事

日期	学生姓名	车床号	批次	总分	教师签字

思考与练习

一、选择题

1. 对设备进行局部解体和检查，由操作者每周进行一次的保养是（　　）。
　　A. 例行保养　　　B. 日常保养　　　C. 一级保养　　　D. 二级保养

2. 变速机构用来改变主动轴与从动轴之间的（　　）。
　　A. 传动比　　　　B. 转速　　　　　C. 比值　　　　　D. 速度

3. C620-1 型车床拖板箱内脱落蜗杆机构的作用主要是（　　）过载时起保护作用。
　　A. 电动机　　　　B. 自动走刀　　　C. 车螺纹　　　　D. 车外圆

4. 立式车床结构上主要特点是主轴（　　）布置，工作台台面（　　）布置。
　　A. 垂直、水平　　　　　　　　　　B. 水平、垂直

C. 垂直、垂直   D. 水平、水平

5. 实现工艺过程中（   ）所消耗的时间属于辅助时间。

A. 测量和检验工件   B. 休息

C. 准备刀具   D. 切削

6. 采用机械夹固式可转位车刀可以缩短辅助时间，主要是减少了（   ）时间。

A. 装刀对刀   B. 测量、检验

C. 回转刀架   D. 开车、停车

7. 普通车床型号中的主要参数是用（   ）来表示的。

A. 中心高的 1/10   B. 加工最大棒料直径

C. 最大车削直径的 1/10   D. 床身上最大工件回转直径

8. CA6140 型车床主轴径向跳动过大，应调整主轴（   ）。

A. 前轴承   B. 后轴承   C. 中轴承   D. 轴承

9. （   ）机构用来改变离合器和滑移齿轮的啮合位置，实现主运动和进给运动的启动、停止、变速、变向等动作。

A. 变速   B. 变向   C. 制动   D. 操纵

10. 劳动生产率是指单位时间内所生产的（   ）数量。

A. 合格品   B. 产品

C. 合格品＋废品   D. 合格品-废品

11. 属于辅助时间范围的是（   ）时间。

A. 进给切削所需   B. 测量和检验工件

C. 工人喝水、上厕所   D. 领取和熟悉产品图样

12. 减少（   ）时间是缩短辅助时间的主要措施之一。

A. 机床变速   B. 测量工件   C. 润滑机床   D. 清除切屑

13. 生产准备是指生产的（   ）准备工作。

A. 物质   B. 技术   C. 人员   D. 物质、技术

14. CA6140 型卧式车床的主轴正转有（   ）级转速。

A. 21   B. 24   C. 12   D. 30

15. CA6140 型车床使用扩大螺距传动路线车螺纹时，车出螺纹导程是正常传动路线车出导程的（   ）。

A. 32 倍和 8 倍   B. 16 倍和 4 倍

C. 32 倍和 4 倍   D. 16 倍和 2 倍

16. 互锁机构的作用是防止（   ）而损坏机床。

A. 纵、横进给同时接通   B. 丝杠传动和机动进给同时接通

C. 光杠、丝杠同时转动   D. 主轴正转、反转同时接通

17. 立式车床适于加工（   ）零件。

A. 大型轴类   B. 形状复杂   C. 大型盘类   D. 小型规则

18. 车床主轴（   ）使车出的工件出现圆度误差。

    A. 径向跳动   B. 轴向窜动   C. 摆动   D. 窜动

19. 机动时间分别与切削用量及加工余量成（　　　）。

    A. 正比、反比   B. 正比、正比

    C. 反比、正比   D. 反比、反比

20. 主轴的正转、反转是由（　　　）机构控制的。

    A. 主运动   B. 变速   C. 变向   D. 操纵

21. 变换（　　）箱外的手柄，可以使光杠得到各种不同的转速。

    A. 主轴箱   B. 溜板箱

    C. 进给箱   D. 交换齿轮箱

22. 车床外露的滑动表面一般采用（　　）润滑。

    A. 浇油   B. 溅油

    C. 油绳导油   D. 弹子油杯注油

23. 车床齿轮箱换油期一般为（　　）1次。

    A. 每星期   B. 每月   C. 每3个月   D. 每6个月

24. （　　）的作用是把主轴的旋转运动传送给进给箱。

    A. 主轴箱   B. 溜板箱

    C. 交换齿轮箱   D. 进给箱

25. 粗加工时，应以提高（　　）为主，考虑经济性和加工成本。

    A. 尺寸精度   B. 生产率

    C. 刀具寿命   D. 加工表面质量

二、判断题

（　　）1. 零件旋转作主运动，车刀作进给运动的切削加工方法称为车削。

（　　）2. 车床工作时主轴要变速时，必须先停车。

（　　）3. 车床运行500h后，需要进行一级保养。

（　　）4. 车床主轴箱内注入的新油油面不得高于油标中心线。

（　　）5. 在操作时，车工严禁戴手套。

三、简答题

1. 什么是车削加工？

2. 车削加工的基本内容有哪些？

3. 粗车时切削用量的选择原则有哪些？

4. 找正的方法有哪些？

5. 车床一级保养的内容有哪些？

四、计算题

1. 在车床上车削一毛坯直径为 φ45 的轴，要求一次进给车至直径为 φ38，如果选

用切削速度 $v_c = 100\text{m/min}$。试计算背吃到量 a_p 以及主轴转速 n 各等于多少？

2. 车床中滑板丝杠导程为 5mm，刻度盘分 100 格，当摇动进给丝杠转动一周时，中滑板就移动 5mm，当刻度盘转过一格时，中滑板移动量为多少？并求工件尺寸由直径为 $\phi 43.6$ 车至直径为 $\phi 40$，中滑板刻度盘需要转过多少格？

项 目 2

常 用 量 具 的 使 用

项目导航

　　本项目主要介绍钢直尺、游标卡尺和外径千分尺三种常用量具的结构、刻线原理、读数方法等相关知识，并能熟练掌握三种常用量具的使用方法，保养常识。

教学目标

　　了解游标卡尺、千分尺的结构和刻线原理。
　　了解钢直尺、游标卡尺、千分尺的应用场合。
　　掌握钢直尺、游标卡尺和外径千分尺的读数方法。
　　掌握常用量具的保养。

技能要求

　　掌握钢直尺、游标卡尺和外径千分尺的读数方法并能熟练使用。
　　掌握常用量具的保养。

任务 1　使用钢直尺和游标卡尺

任务目标

本次训练的任务是通过学习，理解钢直尺和游标卡尺的刻线原理和读数方法，在实践中随机指定一工件的形式，考查学生用钢直尺和游标卡尺两种常用量具测量长度、直径和深度的掌握情况，并在测量时观察学生对量具保养常识所掌握的程度。

相关知识

一、量具及其分类

为保证质量，机器中的每个零件都必须根据图样制造。零件是否符合图样要求，只有经过测量工具检验才能知道，这些用于测量、检验零件或机构的尺寸、形状、相对位置的工具（或仪表）称为量具（仪表则称为量仪）。

量具的种类和形式很多，根据用途要求，可分为标准量具、专用量具、万能量具三种类型：

1. 标准量具

这类量具只代表某一固定尺寸，用来校对和调整其他量具，或作为标准尺寸来与被测件比较，如量块、角度块、标准环等。

2. 专用量具

这类量具不能测量被测件的实际尺寸，只能确定被测件的尺寸和形状是否合格，如螺纹环规、螺纹塞规、光滑量规等。

3. 万能量具

这类量具一般都有刻度，在测量范围内可以测量任何尺寸的零件和产品，测量结果能得到具体的数值，如钢直尺、游标卡尺、千分尺、百分表等。

量具按能否取得数值结果来分，可分为直接量具（如万能量具）、间接量具（如卡钳等）。

二、钢直尺

钢直尺的长度规格有 150mm、300mm、500mm、1000mm 4 种。其中规格为 150mm 的测量精度为 0.5mm，其余规格的测量精度为 1mm。150mm 规格的钢直尺见图 2.1 所示。

图 2.1　150mm 钢直尺

钢直尺常用于测量毛坯和精度要求不高的零件长度、宽度和厚度，其测量结果不太准确。这是由于钢直尺的刻线间距为1mm（或0.5mm），其本身的刻线宽度就有0.1～0.2mm，所以测量时读数误差较大，它只能读出 mm 数，即它的最小读数值为1mm（或0.5mm），比这个数小的数值，只能估计而得。

三、游标卡尺

游标卡尺是一种结构简单、中等精度的量具，可以直接量出工件的外径、内径、长度和深度的尺寸，结构如图2.2所示。

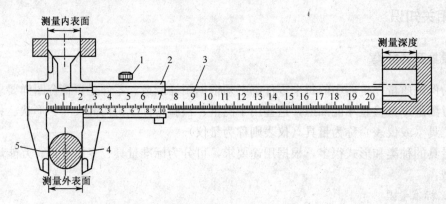

图2.2 游标卡尺
1.制动螺钉；2.游标；3.尺身；4.活动量爪；5.固定量爪

游标卡尺由尺身和游标组成。尺身与固定卡脚制成一体，游标和活动卡脚制成一体，并能在尺身上滑动。除游标卡尺外，还有深度游标卡尺、高度游标卡尺和齿厚游标卡尺。如果按游标的读数值来分，游标卡尺又分0.02mm、0.05mm、0.1mm 三种。

1. 游标卡尺刻线原理

图2.3为0.02mm 游标卡尺的刻线原理。尺身每小格是1mm，当两卡脚合并时，尺身上49mm 刚好等于游标上50格，游标每格长为49÷50 mm 即0.98mm，尺身与游标每格相差为1mm－0.98 mm＝0.02mm。因此，它的测量精度为0.02mm。

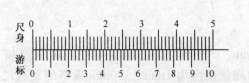

图2.3 0.02mm 游标卡尺刻线原理

读数=22+9×0.02=22.18 mm

图2.4 0.02mm 游标卡尺的尺寸读法

2. 游标卡尺的读数方法

用游标卡尺读尺寸时可以分为3个步骤，见表2.1。

表 2.1 游标卡尺的读数方法

步骤	内容
第一步	读整数。读出游标"0"线左面尺身上的整毫米数,尺身上每格为1mm,即22mm
第二步	读小数。读出游标与尺身对齐刻线处的小数毫米数,即读出小数部分为 9×0.02=0.18mm
第三步	求和。将上述两次读数相加就是被测件的整个读数。即最后读数为 22+0.18=22.18mm,如图 2.4 所示

技能实训

一、实训条件

实训条件见表 2.2。

表 2.2 实训条件

项目	名称
量具	钢直尺和游标卡尺
材料	各种加工好的轴类和套类工件

二、训练项目

1) 钢直尺的使用方法,应根据零件形状灵活掌握。测量时一般以钢直尺的端面零位线或整数位线为基准,与工件的测量基准对齐,钢直尺的侧面要紧靠工件外圆,然后目测被测表面所对准的刻度位,读出读数值。具体方法见表 2.3。

表 2.3 钢直尺的使用方法

图示	使用方法	图示	使用方法
测量矩形件宽度	要使钢直尺和被测零件的一边垂直,和零件的另一边平行	测量圆柱体长度	要把钢直尺准确地放在圆柱体的母线上,切勿倾斜
测量圆柱体外径	要使钢直尺靠着零件一端面的边线来回摆动,直到获得最大的尺寸,即直径的尺寸	测量圆孔内径	应使钢直尺的测量线通过孔心,并轻轻摆动找出最大值

2) 游标卡尺的使用方法，应根据零件形状灵活掌握，具体方法见表2.4所示。

表2.4 游标卡尺的使用方法

图示	使用方法	图示	使用方法
测量外径 测量宽度	测量外形尺寸小的工件时,左手拿工件,右手握尺,量爪张开尺寸略大于被测工件尺寸,用右手拇指慢慢推动游标尺,让两量爪轻轻地与被测零件表面接触,并使量爪平面和被测直径垂直或与被测平面平行,读出尺寸数值	测量深度	用右手握住尺身,使卡尺末端贴住基准面,且使尺子垂直于基准面,不可左右、前后倾斜,用大拇指拉动游标尺及测量杆,测出深度
测量内径	应使量爪的测量线通过孔心,并轻轻摆动找出最大值	测量两孔间的距离	量爪应通过两孔中心连接线,并轻轻摆动找出最小尺寸,测量后的值加上孔的直径间接得到孔距

【小技巧】

1) 对于初学者来说，游标卡尺在读数时最容易出现的问题就是：看似主尺（尺身）和游标尺上好几条刻线都对齐了，看不准究竟是哪一条刻线对齐，从而出现读不准确的情况。这首先要求视线垂直于尺子，其次，这里边还有一个小技巧，现介绍如下：

先假定其中一条线上下对齐（图中B、E），然后观察游标尺上相邻的两条线是否在主尺上相邻的两条线之间（图中D、F），估计左边上下两条线的间距与右边两条线的间距是否相等（图中A与D，C与F），如果是，则中间的那条线就对齐了；如果不是，则没有对齐。如图2.5所示。

2) 有经验的师傅用游标卡尺测量可以估计出 0.01mm 的读数。如图 2.6 所示，可以认为是 0.01 mm。

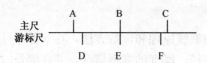
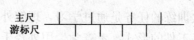

图 2.5 区分对齐的刻线示意图   图 2.6 估计 0.01mm 示意图

三、注意事项

1) 使用前应擦净量爪，并将两量爪闭合，检查尺身零线与游标零线是否重合，若不重合应在测量后根据零线不重合误差修正读数。

2) 测量时，不要用量爪用力压工件，以免量爪变形或磨损，降低测量的精度。

3) 游标卡尺仅用于已加工的光滑表面，表面粗糙的工件或正在加工中的工件都不宜用游标卡尺测量，以免量爪过快磨损。

4) 用毕擦净放入盒中，长期不用时应擦净并涂上机油防止生锈。

实训反馈

一、考核标准

考核标准见表 2.5。

表 2.5 考核标准

序号	检测内容	配分	评分标准	检测量具	检测结果	得分
1	钢尺测量精度	20	超差 1mm 全扣	钢直尺		
2	钢尺测量速度	10	视熟练程度给分	目测		
3	卡尺测量精度	40	误差在 0.06mm 之间合格，其余酌情扣分	游标卡尺		
4	卡尺测量速度	10	视熟练程度给分	目测		
5	测量时的姿势	10	不合要求不得分	目测		
6	安全文明生产	10	不合要求酌情扣分	目测		

二、记事

记事见表 2.6。

表 2.6 记事

日期	学生姓名	车床号	批次	总分	教师签字

任务 2　使用外径千分尺

任务目标

本次训练的任务是通过学习，理解外径千分尺的刻线原理和读数方法，在实践中随机指定一工件的形式，考查学生用外径千分尺测量直径、厚度的掌握情况，并在测量时观察学生对量具保养常识所掌握的程度。

相关知识

千分尺是一种精密量具。生产中常用的千分尺的测量精度为 0.01mm。它的精度比游标卡尺高，并且比较灵敏，因此，对于加工精度要求较高的零件尺寸，要用千分尺来测量。

千分尺的种类很多，有外径千分尺、内径千分尺、深度千分尺、公法线千分尺等，其中以外径千分尺用得最为普遍。

一、刻线原理

图 2.7 所示为测量范围 0～25mm 的外径千分尺。弓架左端有固定砧座，右端的固定套筒在轴线方向上刻有一条中线（基准线），上、下两排刻线互相错开 0.5mm，即主尺。活动套筒左端圆周上刻有 50 等分的刻线，即副尺。活动套筒转动一圈，带动螺杆一同沿轴向移动 0.5mm。因此，活动套筒每转过 1 格，螺杆沿轴向移动的距离为 0.5÷50＝0.01mm。

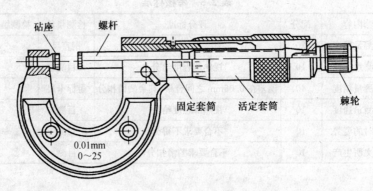

图 2.7　外径千分尺

二、读数方法

用千分尺进行测量时，其读数方法分为三步，具体见表 2.7，具体读数示例见表 2.8。

表 2.7　千分尺的读数方法

步骤	内容
第一步	读整数。在固定套筒上读出其与微分筒相邻近的刻线数值(包括整数和 0.5mm 数)。该数值作为整数值
第二步	读小数。在微分筒上读出与固定套筒的基准线对齐的刻线数值。该数值为小数值
第三步	求和。将上面两次读数相加就是被测件的整个读数值。即被测工件的尺寸＝副尺所指的主尺上整数(应为 0.5mm 的整倍数)＋主尺中线所指副尺的格数×0.01。具体读法见表 2.8 所示

表 2.8　外径千分尺的读数

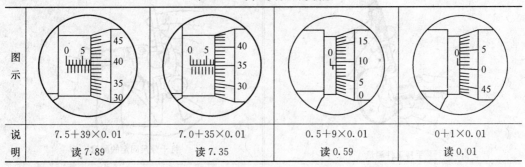

图示			
7.5＋39×0.01 读 7.89	7.0＋35×0.01 读 7.35	0.5＋9×0.01 读 0.59	0＋1×0.01 读 0.01

说明行如上。

　　读取测量数值时,要防止读错 0.5mm,也就是要防止在主尺上多读半格或少读半格 (0.5mm)。

【小技巧】

　　千分尺测量的特点是容易读准小数,不容易读准整数(容易出现多读半毫米或少读半毫米的情况)。游标卡尺测量的特点是容易读准整数,不容易读准小数。故在实际测量时可用千分尺与游标卡尺配合使用,相互验证,不容易出错。

技能实训

一、实训条件

实训条件见表 2.9。

表 2.9　实训条件

项目	名称
量具	外径千分尺、游标卡尺
材料	各种加工好的轴类和套类工件

二、训练项目

　　外径千分尺的使用。用外径千分尺测量工件时,千分尺可单手握、双手握或将千分尺固定在尺架上,测量误差可控制在 0.01mm 范围之内。

使用前，先用清洁纱布将千分尺擦干净，然后检查其各活动部分是否灵活可靠。在全行程内微分筒的转动要灵活，轴杆的移动要平稳，锁紧装置的作用要可靠。同时应当校准，使微分筒的零线对准固定套筒的基线。还应把工件的被测量面擦干净，以免影响测量精度。

测量时，最好双手掌握千分尺，左手握住尺架，用右手旋转活动套筒，当螺杆即将接触工件时，改为旋转棘轮，直到棘轮发出"咔"、"咔"声为止，具体见表2.10。

表 2.10　千分尺的使用方法

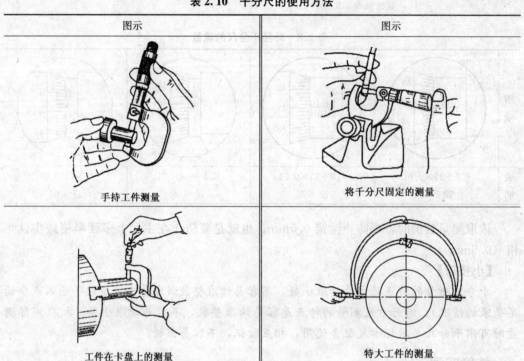

图示	图示
手持工件测量	将千分尺固定的测量
工件在卡盘上的测量	特大工件的测量

三、注意事项

1) 千分尺应保持清洁。使用前应先校准尺寸，检查活动套筒上零线是否与固定套筒上基准线对齐，如果没有对准，必须进行调整。

2) 测量时，要使测微螺杆轴线与工件的被测尺寸方向一致，不要倾斜，也不能使劲拧千分尺的微分筒。

3) 从千分尺上读取尺寸，可在工件未取下前进行，读完后，松开千分尺，再取下工件。

4) 千分尺只适用于测量精确度较高的尺寸，不能测量毛坯面，更不能在工件转动时去测量。

5) 用毕擦净后让两测量面互相离开一些，再放入专用盒中，长期不用时应擦净并涂上机油防止生锈。

实训反馈

一、考核标准

考核标准见表 2.11。

表 2.11　考核标准

序号	检测内容	配分	评分标准	检测量具	检测结果	得分
1	卡尺测量精度	20	误差在 0.04mm 之内合格,其余酌情扣分	游标卡尺		
2	卡尺测量速度	10	视熟练程度给分	目测		
3	千分尺测量精度	40	误差在 0.01mm 之内合格,其余酌情扣分	外径千分尺		
4	千分尺测量速度	10	视熟练程度给分	目测		
5	测量时的姿势	10	不合要求不得分	游标卡尺		
6	安全文明生产	10	不合要求酌情扣分	目测		

二、记事

记事见表 2.12。

表 2.12　记事

日期	学生姓名	车床号	批次	总分	教师签字

思考与练习

一、选择题

1. 游标量具中,主要用于测量工件的高度尺寸和进行划线的工具叫 (　　)。

　　A. 游标深度尺　　　　　　　　　　B. 游标高度尺

　　C. 游标齿厚尺　　　　　　　　　　D. 外径千分尺

2. 游标卡尺上端有两个爪是用来测量 (　　)。

　　A. 内孔　　　　　　　　　　　　　B. 沟槽

　　C. 齿轮公法线长度　　　　　　　　D. 外径

3. 不能用游标卡尺去测量 (　　),因为游标卡尺存在一定的示值误差。

　　A. 齿轮　　　　B. 毛坯面　　　　C. 成品件　　　　D. 高精度件

4. 下列千分尺不存在的是 (　　)。

　　A. 公法线千分尺　　　　　　　　　B. 千分尺

C. 内径千分尺   D. 轴承千分尺

5. 钢直尺测量工件时误差（   ）。

    A. 最大   B. 较大   C. 较小   D. 最小

6. 测量精度为 0.02mm 的游标卡尺，当两测量爪并拢时，尺身上 49mm 对正游标上的（   ）格。

    A. 20   B. 40   C. 50   D. 49

7. 千分尺读数时（   ）。

    A. 不能取下   B. 必须取下

    C. 最好不取下   D. 先取下，再锁紧，然后读数

8. 千分尺的活动套筒转动 1 格，测微螺杆移动（   ）。

    A. 1mm   B. 0.1mm   C. 0.01mm   D. 0.001mm

9. 测高和画线是（   ）的用途。

    A. 游标卡尺   B. 高度游标尺

    C. 外径千分尺   D. 金属直尺

10. 量具在使用过程中，与工件（   ）放在一起。

    A. 不能   B. 能   C. 有时能   D. 有时不能

11. 游标卡尺的读数值有 0.1mm，0.05mm 和（   ）mm。

    A. 0.02   B. 0.03   C. 0.04   D. 0.06

12. 工厂中一般规定量规要作（   ）检定。

    A. 定期   B. 巡回   C. 交回   D. 现场

二、判断题

（   ）1. 圆柱孔的测量比外圆方便。

（   ）2. 可以用游标卡尺测量正在旋转的工件表面尺寸。

（   ）3. 用游标卡尺测量，精度可以达到 0.01mm。

（   ）4. 外径千分尺只能测量工件的外圆。

（   ）5. 用外径千分尺测量时，要使测微螺杆轴线与工件的被测尺寸方向一致，不要倾斜，也不能使劲拧千分尺的微分筒。

三、简答题

1. 简述钢直尺、游标卡尺和外径千分尺的应用场合。

2. 试述游标读数值为 0.02mm 的游标卡尺的读数方法。

3. 试述千分尺的读数方法。

项 目 3

车刀与刃磨练习

项目导航

本项目主要介绍车刀的材料与种类、车刀几何角度与作用、砂轮的选用和车刀刃磨的步骤、方法。同时，学会90°外圆车刀、45°端面车刀两把车刀的刃磨，为下一个项目的练习做好准备。

教学目标

了解车刀的材料与种类、车刀切削部分的几何要素以及组成部分。

掌握车刀角度的作用与选用原则。

了解砂轮的种类和使用砂轮的安全知识。

懂得车刀刃磨的重要意义。

技能要求

初步掌握车刀的刃磨姿势及磨刀方法。

初步学会90°外圆车刀、45°端面车刀的刃磨。

任务1 认识车刀

任务目标

本次训练的任务是通过学习，了解车刀的材料和种类、车刀的几何角度及作用。通过现场认领各种常用车刀观察学生的认知程度，并以外圆车刀、端面车刀和切断刀为例正确说出车刀的几何参数。

相关知识

一、车刀的材料（刀头部分）

1. 车刀切削部分应具备的基本性能

(1) 较高的硬度

车刀的切削部分材料的硬度必须高于被加工材料的硬度，常温下硬度要在60HRC以上。

(2) 较好的耐磨性

车刀在切削过程中需要承受剧烈的摩擦，为保证切削必须具有较好的耐磨性。一般来讲，材料越硬其耐磨性越好。

(3) 良好的耐热性

指切削温度很高，而车刀的切削部分在高温下可保持高的硬度。也可以用热硬性表示，热硬性是指刀具材料维持切削性能的最高温度限度。耐热性越好，材料允许的切削速度越高。

(4) 足够的强度和韧性

车刀在切削时需要承受较大的切削力和冲击力，所以要求车刀的切削部分有足够的强度和韧性。

(5) 良好的工艺性和经济性

为了便于加工制造以及推广，要求车刀的切削部分尽可能有良好的工艺性和经济性。

2. 常用的车刀材料

常用的车刀材料一般有高速钢和硬质合金两类，见表3.1。

表3.1 常用车刀材料

类型	特点	常用牌号	应用场合
高速钢	制造简单，刃磨方便，刀口锋利，韧性好能承受较大的冲击力，但其耐热性较差，不易高速切削	W18Cr4V2（钨系）、目前应用最广；W6Mo5Cr4V2（钼系），主要用于热扎刀具	主要用于制造小型车刀、螺纹刀及形状复杂的成形刀，如麻花钻

续表

类型		特点	常用牌号	应用场合
硬质合金	钨钴类 （K类）	一种由碳化钨、碳化钛粉末,用钴作为黏结剂经粉末冶金而成的制品。其特点是硬度高、耐磨性好、耐高温,适合高速车削,但其韧性差不能承受较大的冲击力。含钨量多的硬度高,含钛量多的强度较高,韧性较好	YG3、YG5、YG8	适用于加工铸铁、有色金属等脆性材料。YG3适合精车,YG8适合粗车
	钨钛钴类 （P类）		YT5、YT15、YT30	适用于加工塑性金属及韧性较好的材料。YT5适合粗车,YT30适合精车
	钨钛钽(铌)钴类(M类)		YW1、YW2	适用于加工高温合金、高锰钢、不锈钢、铸铁、合金铸铁等金属材料

二、车刀的种类

按照用途分，常用的车刀如图 3.1 所示。

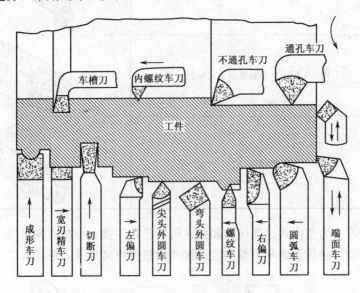

图 3.1　车刀按用途分类情况

根据不同的车削加工内容，最常用的车刀有外圆车刀、端面车刀、切断刀、镗孔车刀、圆头车刀和螺纹车刀等，其基本用途见表 3.2。

表 3.2　常用车刀的用途

名称	用途	示意图
外圆车刀 （90°车刀）	用来车削工件的外圆、台阶和端面	

名称	用途	示意图
端面车刀（45°车刀）	用来车削工件的外圆、端面和倒角	
切断刀	用来切断工件或在工件上切槽	
镗孔车刀	用来车削工件的内孔	
圆头车刀	用来车削工件的圆弧面或成形面	
螺纹车刀	用来车削各种螺纹	

按照结构可分为整体式、焊接式和机夹可转位式三类。根据材料特性，高速钢车刀通常制成整体式，硬质合金车刀都制成焊接式或机夹可转位式，如图3.2所示。

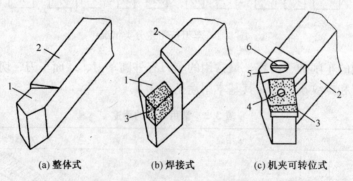

(a) 整体式　　　(b) 焊接式　　　(c) 机夹可转位式

图 3.2　车刀按结构形式分类情况

1. 刀头；2. 刀柄；3. 刀片；4. 圆柱销；5. 楔体；6. 压紧螺钉

三、车刀切削部分的几何要素

刀具各组成部分统称为刀具的要素。刀具种类虽然很多，但分析各部分的构造和作用，仍然存在共同之处。如图 3.3 所示为最常用的 75°外圆车刀，其包括以下基本组成部分。

1. 夹持部分

夹持部分俗称刀柄或刀体，主要用于刀具安装与标注牌号。通常用优质碳素结构钢材料制造，横截面一般为矩形。

2. 切削部分

切削部分俗称刀头，是刀具的工作部分，由刀面、切削刃组成。根据需要制造成不同形状。其组成包括以下几个要素，见表 3.3。

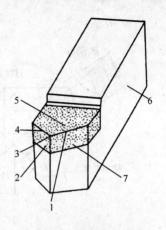

图 3.3 车刀的组成
1. 主切削刃；2. 副后刀面；3. 刀尖；
4. 副切削刃；5. 前刀面；6. 刀柄；
7. 主后刀面

表 3.3 车刀工作部分的组成

要素	符号	说明
前面	A_γ	刀具上切屑流经的表面，又称为前刀面
后面	A_α	即与工件上经过切削加工产生的表面相对的表面。分为主后面（与工件过渡表面相对，与前面相交成主切削刃，标为 A_α）和副后面（与已加工表面相对，与前面相交成副切削刃，标为 A_α'）。后面又称后刀面，一般是指主后面
切削刃	S	即前面与后面的交线，分为主切削刃（前面与主后面的交线，标为 S）和副切削刃（前面与副后面的交线，标为 S'）。主切削刃承担主要切削工作，形成过渡表面；副切削刃辅助切除余量并形成已加工表面
刀尖		主、副切削刃连成的一小部分切削刃，可以是一个点，也可以是一小段其他形式的切削刃，更多情况下是一个具有一定圆弧半径的刀尖

四、车刀切削部分的几何角度

车刀切削部分共有 6 个独立的基本角度：主偏角 κ_r、副偏角 κ_r'、前角 γ_o、主后角 α_o、副后角 α_o' 和刃倾角 λ_s；还有 2 个派生角度：刀尖角 ε_r 和楔角 β_o，如图 3.4 所示。

五、车刀几何角度的作用及选择原则

车刀几何角度的作用及选择原则具体见表 3.4。

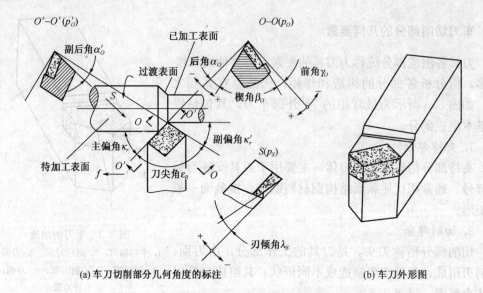

(a) 车刀切削部分几何角度的标注　　　　(b) 车刀外形图

图3.4　硬质合金外圆车刀切削部分几何角度的标注

表3.4　车刀几何角度的作用及选择原则

名称	作用	选择原则
前角 γ_O	1. 加大前角,刀具锐利,可减小切削变形;可减小切屑与前刀面的摩擦;可抑制或清除积屑瘤,降低径向切削分力 2. 减小前角,可增强刀尖强度	1. 加工硬度高、强度高及脆性材料时,应取较小的前角 2. 加工硬度低、强度低及塑性材料时,应取较大的前角 3. 粗加工应选取较小的前角,精加工应选择较大的前角 4. 刀具材料韧性差时前角应小些,刀具材料韧性好时前角应大些 5. 机床、夹具、工件、刀具系统刚度低时应取较大的前角
后角 α_O	1. 减少刀具后刀面与工件的摩擦 2. 当前角确定之后,后角越大,刃口越锋利,但相应楔角减小,影响刀具强度和散热面积	1. 粗加工应取较小后角,精加工应取较大后角 2. 采用负前角车刀,后角应取大些 3. 工件和车刀的刚度低时应取较小的后角 4. 副后角一般选得与后角相同,但切断刀例外,切断刀 α_O' 取 $1°\sim1.5°$
主偏角 κ_r	1. 在相同的进给量 f 和背吃刀量 a_p 的情况下,改变主偏角大小可以改变主切削刃参加切削工作的宽度 a_w 及切削厚度 a_c 2. 改变主偏角大小,可以改变径向切削分力和轴向切削分力之间的比例,以适应不同机床、工件、夹具的刚度	1. 工件材料硬应选择较小的主偏角 2. 刚度低的工件(如细长轴)应增大主偏角,以减小径向切削分力 3. 在机床、夹具、工件、刀具系统刚度较高的情况下,主偏角尽可能选的小些 4. 主偏角应根据工件形状选取,车台阶时 $\kappa_r=90°$,中间切入工件时 $\kappa_r=60°$

续表

名称	作用	选择原则
副偏角 κ_r'	1. 减少副切削刃与工件已加工表面之间的摩擦 2. 改善工件表面粗糙度和刀具的散热面积,提高刀具耐用度	1. 在机床、夹具、工件、刀具系统刚度高的情况下,可选较小的副偏角 2. 精加工刀具应取较小的副偏角 3. 加工中间切入工件时一般 $\kappa_r'=60°$
刃倾角 λ_s	1. 可以控制切屑流出的方向 2. 增强刀刃的强度,当 λ_s 为负值时强度高, λ_s 为正值时强度低 3. 使切削刃逐渐切入工件,切削力均匀,切削过程平稳	1. 精加工时刃倾角应取正值,粗加工时刃倾角应取负值 2. 切断时刃倾角应取负值 3. 当机床、夹具、工件、刀具系统刚度较高时,刃倾角取负值,反之刃倾角取正值
过渡刃	提高刀尖的强度和改善散热条件	1. 圆弧过渡刃多用于车刀等单刃刀具上。高速钢车刀刀尖圆弧半径 $r_\varepsilon=0.5\sim5$ mm,硬质合金车刀刀尖圆弧半径 $r_\varepsilon=0.5\sim2$ mm 2. 直线型过渡刃多用于刀刃开头形状对称的切断车刀和多刃刀具上。直线型过渡刃长度一般为 0.5~2 mm

技能实训

一、实训条件

实训条件见表 3.5。

表 3.5 实训条件

项目	名称
刀具	外圆车刀、端面车刀、圆头车刀、切断刀、外螺纹车刀、镗孔车刀
工具	工具箱

二、训练项目

车刀认领:①把现场所有的刀具分别放置在不同的工具箱内;②分组;③教师说出车刀名,学生根据学所知识去认领车刀,看哪一组的速度最快。

三、注意事项

1)应事先合理分组,一组人数不宜过多,以免造成场面混乱。

2)在车间内,整个过程要有序进行,确保安全。

实训反馈

一、考核标准

考核标准见表 3.6。

表 3.6 考核标准

序号	检测内容	配分	评分标准	检测量具	检测结果	得分
1	认领的准确度	30	不合要求不得分	目测		
2	认领的速度	10	不合要求不得分	目测		
3	回答问题情况	30	不合要求不得分	目测		
4	动作的规范性	20	不合要求不得分	目测		
5	安全文明生产	10	不合要求酌情扣分	目测		

二、记事

记事见表 3.7。

表 3.7 记事

日期	学生姓名	车床号	批次	总分	教师签字

任务 2   90°和 45°车刀的刃磨

任务目标

刃磨如图 3.5 所示的 90°外圆车刀和 45°端面车刀，达到图样所规定的要求。

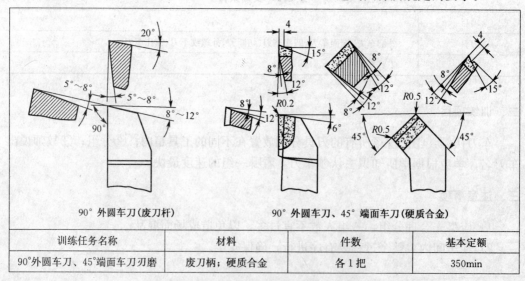

训练任务名称	材料	件数	基本定额
90°外圆车刀、45°端面车刀刃磨	废刀柄；硬质合金	各 1 把	350min

图 3.5 90°外圆车刀和 45°端面车刀刃磨练习

本次训练的任务是通过学习，懂得车刀刃磨的重要意义，了解砂轮的种类和使用砂轮的安全知识，并初步掌握车刀的刃磨姿势及刃磨方法。

相关知识

一、砂轮的选用

目前，企业常用的磨刀用的砂轮主要有三种，见表 3.8。

表 3.8　企业常用的磨刀用的砂轮种类

种类	特点	应用场合
氧化铝砂轮（白色）	砂粒的韧性好、锋利，但硬度较低	刃磨高速钢、碳素工具钢及硬质合金车刀的刀杆部分
碳化硅砂轮（绿色）	砂粒硬度高、切削性能好，但比较脆	刃磨硬质合金车刀的刀头部分
金刚石砂轮	砂粒硬度高、粒度细	刃磨硬度高、要求高的硬质合金刀具

砂轮的粗细以粒度表示，一般可分为 36 粒、60 粒、80 粒和 120 粒等级别。粒数愈多则表示砂轮的磨料愈细，反之愈粗。粗磨车刀应选粗砂轮，精磨车刀应选细砂轮。通常情况下，粗磨时选用 60 粒规格，精磨时选用 80 粒规格。

二、车刀刃磨的姿势及方法

车刀的刃磨方法有机械刃磨和手工刃磨两种。现介绍手工刃磨车刀的步骤，见表 3.9。

表 3.9　车刀刃磨步骤和方法

步骤	刃磨的几何形面	刃磨方法	图示
粗磨	磨主后面，磨出主偏角及后角	操作者站在砂轮的左侧，双手握刀的距离放开，两肋夹紧腰部，先磨出主偏角，再磨出后角，刃磨时车刀不能上下移动或停留不动，必须左右均匀移动	前刀面　磨去部分　刃磨后的主后刀面　α_o　砂轮水平中心线

步骤	刃磨的几何形面	刃磨方法	图示
粗磨	磨副后面,大致磨出副偏角及副后角	操作者站在砂轮的右侧正前方,双手握紧刀杆,先磨出副偏角,再磨出副后角	
	磨前面,大致磨出前角	操作者站在砂轮的一侧,双手握紧刀杆,在磨前面的同时磨出前角	
磨断屑槽	磨断屑槽,保证刃倾角	磨断屑槽之前应修整砂轮,使砂轮外圆与端面相交处为直角。刃磨时的起点位置应与刀尖和主切削刃离开一小段距离,其距离根据断屑槽的宽度确定,以免把刀尖与主切削刃磨掉,刃磨时不能用力过大,使车刀沿主切削刃方向缓慢移动,刃磨至距离主切削刃宽度 0.1～0.5 时为止	
精磨	修磨主、后刀面,保证各部分角度	方法同粗磨,选择细砂轮刃磨,要求砂轮不能有明显的跳动	示意图与粗磨时一样,省略
	修磨刀尖圆弧	操作者站在砂轮正面,刀杆与砂轮接触,车刀呈前高后低状倾斜,倾斜角度约等于主后角。磨直线型过渡刃时,主切削刃与砂轮成 45°角,刀尖处磨掉 0.3～0.5mm 即可。磨圆弧形过渡刃(俗称刀尖圆弧)时,刀尖与砂轮稍稍接触后,轻轻地来回摆动车刀使刀尖呈圆弧状	(a)直线型过渡刃 (b)圆弧型过渡刃

续表

步骤	刃磨的几何形面	刃磨方法	图示
研磨	研磨前、后刀面,主、副切削刃及刀尖圆弧	油石贴平刀面并沿切削刃方向平稳移动。推时用力,回来不用力,且不要上、下移动,以免影响刀刃的锋利	  (a) 正确　　　　(b) 错误

刃磨车刀时,双手握刀要用力均匀,距离应尽量放开,具体如图 3.6 所示。

图 3.6　双手握刀的姿势

三、磨刀安全知识

1)刃磨刀具前,应首先检查砂轮有无裂纹,砂轮轴螺母是否拧紧,并经试转后再使用,以免砂轮碎裂或飞出伤人。

2)刃磨刀具不能用力过大,否则会使手打滑而触及砂轮面,造成工伤事故。

3)磨刀时应戴防护眼镜,以免沙砾和铁屑飞入眼中。

4)磨刀时不要正对砂轮的旋转方向站立,以防意外。

5)磨小刀头时,必须把小刀头装入刀杆上刃磨。

6)砂轮支架与砂轮的间隙不得大于 3mm,如发现过大,应调整适当。

四、检查车刀角度的方法

1.目测法

观察车刀角度是否合乎切削要求,刀刃是否锋利,表面是否有裂痕和其他不符合切削要求的缺陷。

2.样板测量法

对于角度要求高的车刀,可用此法检查,具体见图 3.7。

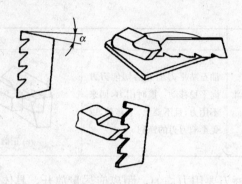

图 3.7　用样板测量车刀的角度

技能实训

一、实训条件

实训条件见表 3.10。

表 3.10　实训条件

项目	名称	项目	名称
设备	砂轮机	工具	砂轮修整器或金刚笔、油石
刀具	废刀杆;90°外圆车刀;45°端面车刀		

二、训练项目

1. 废刀杆 90°外圆车刀的刃磨

在磨硬质合金 90°外圆车刀和 45°端面车刀之前,初学者应先找一把废刀杆刃磨成 90°外圆车刀,其角度见图 3.5。通过对废刀杆的刃磨了解外圆车刀的角度,掌握刃磨的技巧和方法。下面介绍一下废刀杆的刃磨步骤,见表 3.11。

表 3.11　废刀杆的刃磨步骤

步骤	操作	图示
打开砂轮机	选择合适的砂轮机并打开电源	

续表

步骤	操作	图示
砂轮修整	用砂轮修整器修整砂轮,对平型砂轮一般可用砂轮刀在砂轮上来回修整,使砂轮没有明显的跳动,满足刀具刃磨的要求	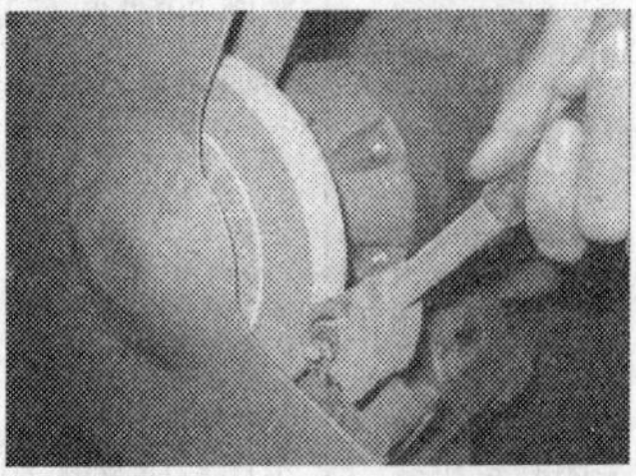
刃磨主后面	刃磨废刀杆 90°外圆车刀的主后面,注意手法,保证主后角 刃磨废刀杆时,可以随时用水冷却以降低磨削温度	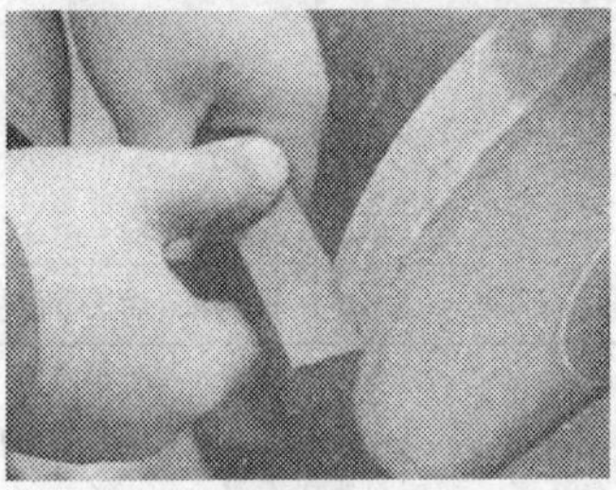
刃磨副后面	刃磨 90°外圆车刀的副后面,注意手法,保证副后角	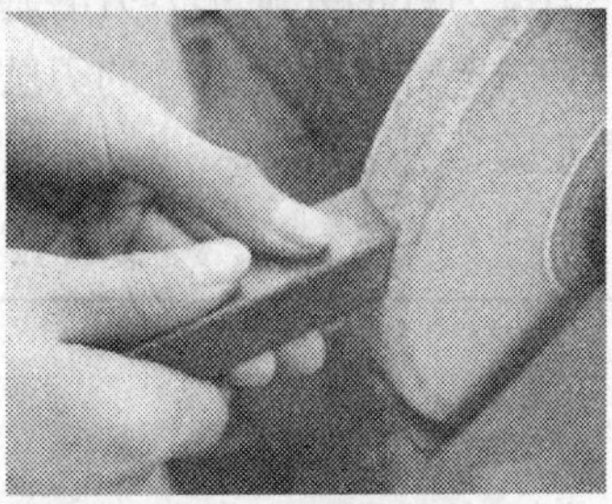
刃磨前刀面	刃磨 90°外圆车刀的前刀面,注意手法,保证前角	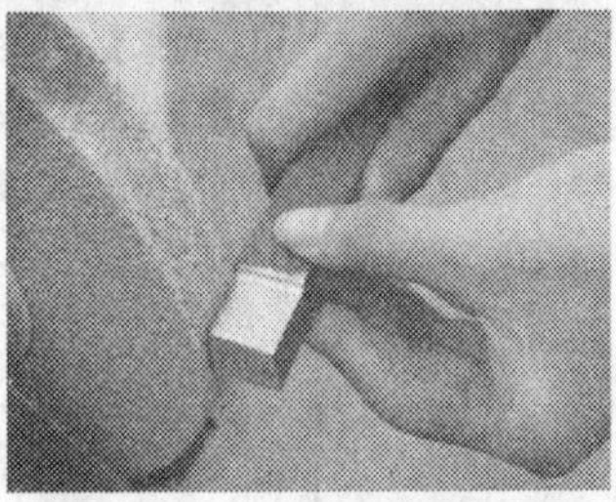
刃磨过渡刃	刃磨 90°外圆车刀的过渡刃,注意手法,可以是直线型或圆弧形过渡刃,但不能太大	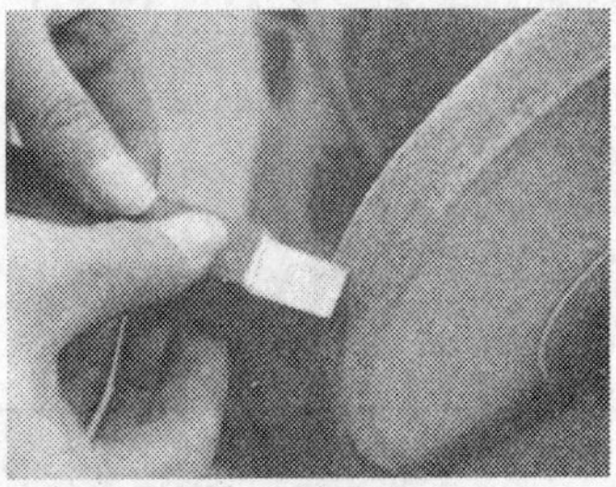

车工技能实训

续表

步骤	操作	图示
精修	精磨 90°外圆车刀各刀面,保证切削刃平直,刀面光洁,角度正确,刀具锋利	略
关闭砂轮机	刃磨后应及时关闭砂轮机电源	
研磨	研磨前、后刀面,主、副切削刃及刀尖圆弧	略

2. 硬质合金 90°外圆车刀的刃磨

当废刀杆的外圆车刀刃磨基本上符合要求时,可以尝试刃磨硬质合金的 90°外圆车刀。其刃磨方法与废刀杆的刃磨大同小异,下面简单介绍一下硬质合金 90°外圆车刀的刃磨步骤,见表 3.12。

表 3.12 硬质合金 90°外圆车刀的刃磨步骤

步骤	操作	图示
砂轮修整	用砂轮修整器修整砂轮,对平型砂轮一般可用砂轮刀在砂轮上来回修整,使砂轮没有明显的跳动,满足刀具刃磨的要求	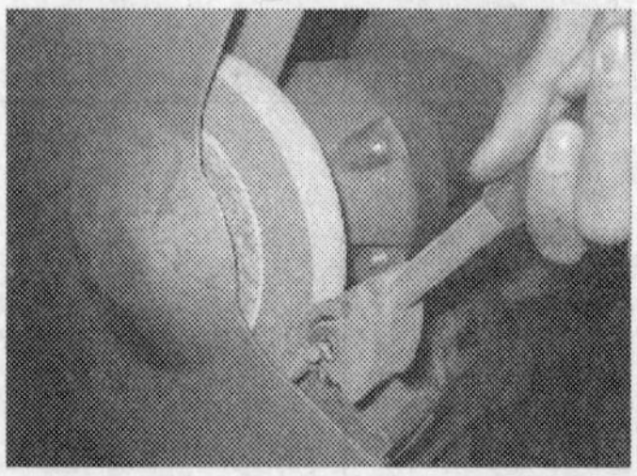
刃磨主后面	刃磨 90°外圆车刀的主后面,注意手法,保证主后角	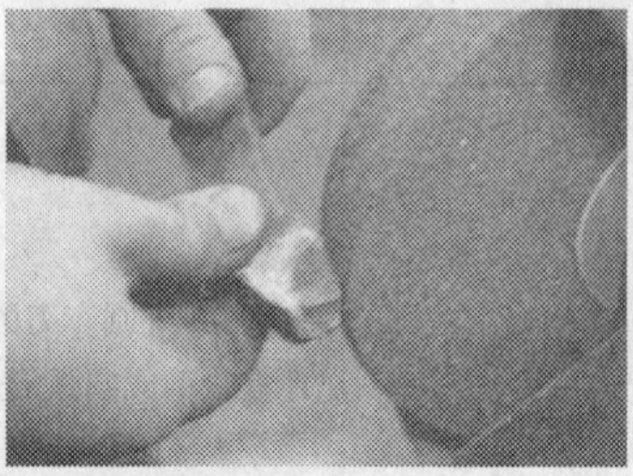

续表

步骤	操作	图示
刃磨副后面	刃磨90°外圆车刀的副后面,注意手法,保证副后角	
刃磨前刀面	刃磨90°外圆车刀的前刀面,注意手法,保证前角	
刃磨断屑槽	断屑槽的刃磨,难度比较大,首先要找一个砂轮的角尽可能是直角,保证深度和宽度 对于初学者,断屑槽可以先不磨,要磨的话也要从废刀杆的刃磨开始练习,等掌握了刃磨技巧和方法后再刃磨硬质合金车刀的断屑槽	
刃磨过渡刃	刃磨90°外圆车刀的过渡刃,注意手法,可以是直线型或圆弧形过渡刃,但不能太大	
精修	精磨90°外圆车刀各刀面,保证切削刃平直,刀面光洁,角度正确,刀具锋利	略
研磨	研磨前、后刀面,主、副切削刃及刀尖圆弧	略

3. 硬质合金45°端面车刀的刃磨

当掌握了硬质合金90°外圆车刀的刃磨后,可以对照已刃磨好的硬质合金45°端面车刀,自己刃磨45°端面刀。下面简单介绍一下硬质合金45°端面车刀的刃磨步骤,见表3.13。

表 3.13　硬质合金 45°端面车刀的刃磨步骤

步骤	操作	图示
刃磨主后面	刃磨 45°端面车刀的主后面,注意手法,保证主后角	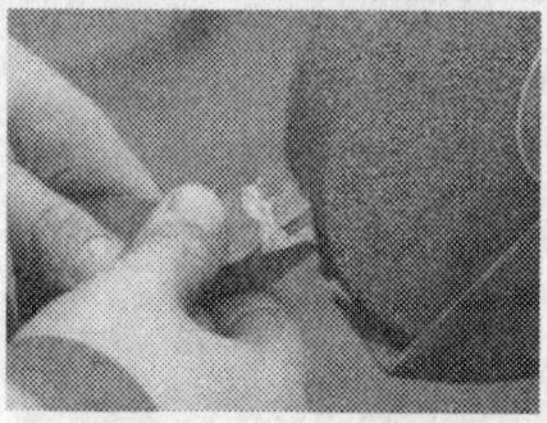
刃磨副后面	因 45°端面车刀有 2 个副后面,要分别刃磨,注意手法,保证副后角	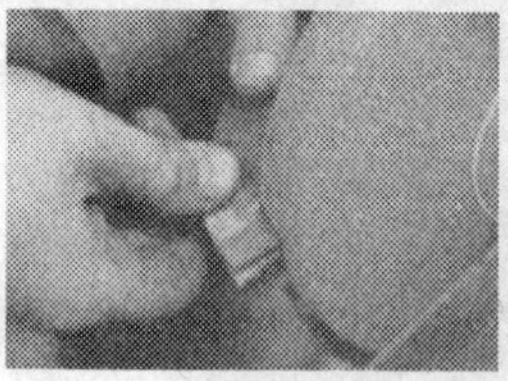 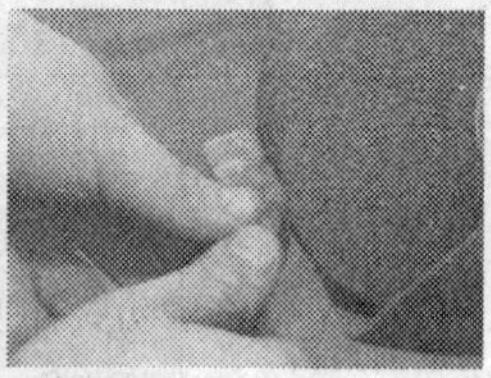
刃磨前刀面	刃磨 45°端面车刀的前刀面,注意手法,保证前角	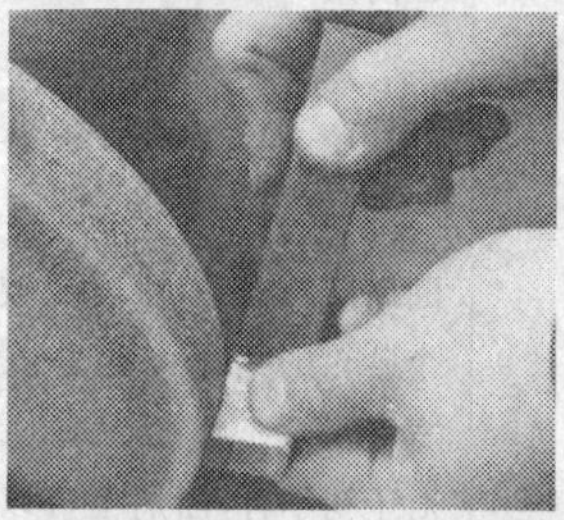
刃磨断屑槽	断屑槽的刃磨,难度比较大,首先要找一个砂轮的角尽可能是直角,保证深度和宽度 对于初学者,断屑槽可以先不刃磨	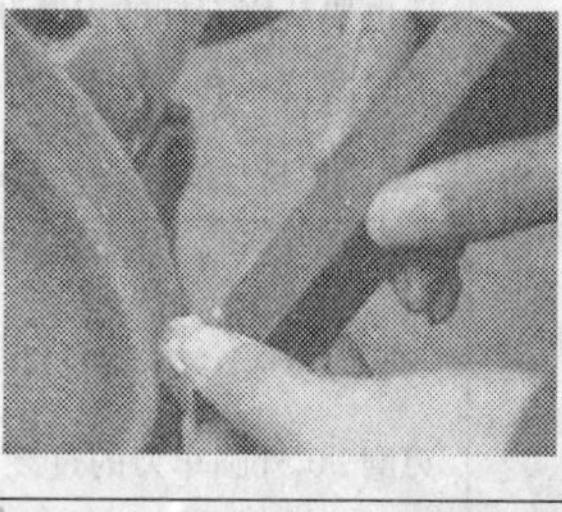
刃磨过渡刃	刃磨 45°端面车刀 2 条过渡刃,注意手法,可以是直线型或圆弧型过渡刃,但不能太大	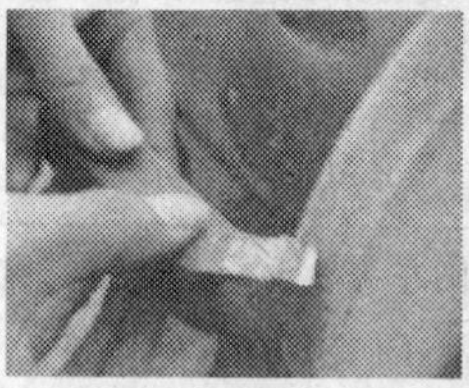 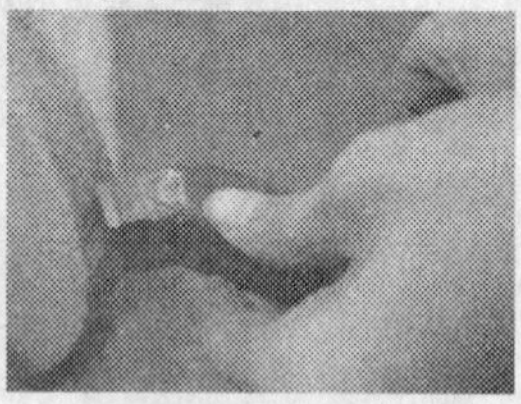
精修	精磨 45°端面车刀各刀面,保证切削刃平直,刀面光洁,角度正确,刀具锋利	略

三、注意事项

1)一片砂轮切不可两人同时使用。

2）车刀高低必须控制在砂轮水平中心，刀头略向上翘，否则会出现后角过大或负后角等弊端。

3）车刀刃磨时应作水平的左右移动，以免砂轮表面出现凹坑。

4）在平型砂轮上磨刀时，尽可能避免磨砂轮侧面，如图 3.8 所示的情况是很危险的，应避免。

5）刃磨硬质合金车刀时，不可把刀头部分放入水中冷却（刀体部分可入水冷却），以防刀片突然冷却而碎裂。刃磨高速钢车刀时，应随时用水冷却，以防车刀过热退火，降低硬度。

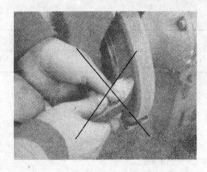

图 3.8　砂轮侧面刃磨（危险）

6）安装砂轮后，要进行检查，经试转后方可使用。

7）结束后，应随手关闭砂轮机电源。

8）刃磨练习可以与常用量具的测量练习交叉进行。

9）车刀刃磨练习的重点是掌握车刀刃磨的姿势和刃磨方法。

实训反馈

一、考核标准

考核标准见表 3.14。

表 3.14　考核标准

序号	考核内容和要求	配分	评 分 标 准	检测	得分
1	主后角	10	超差扣 5～10 分	目测	
2	副后角	10	超差扣 5～10 分	目测	
3	前面	10	超差扣 5～10 分	目测	
4	主偏角	10	超差扣 5～10 分	目测	
5	副偏角	10	超差扣 5～10 分	目测	
6	前角	10	超差扣 5～10 分	目测	
7	刀刃平直	10	超差扣 3～6 分	目测	
8	刀面平整	10	超差扣 3～6 分	目测	
9	磨刀姿势	10	超差扣 3～6 分	目测	
10	安全文明生产	10	不合要求酌情扣分	目测	

二、记事

记事见表 3.15。

表 3.15　记事

日期	学生姓名	砂轮机号	批次	总分	教师签字

思考与练习

一、选择题

1. 刀具两次重磨之间（　　）时间的总和称为刀具寿命。

　　A. 使用　　　　　　　　B. 机动　　　　　　　　C. 纯切削　　　　　　　　D. 工作

2. 刀具材料的硬度越高，耐磨性（　　）。

　　A. 越差　　　　　　　　B. 越好　　　　　　　　C. 不变　　　　　　　　D. 消失

3. 加工中间切入的工件、主偏角一般选（　　）。

　　A. 90°　　　　　　　　B. 45°～60°　　　　　　C. 0°　　　　　　　　D. 负值

4. 控制切屑排屑方向的角度是（　　）。

　　A. 主偏角　　　　　　　B. 前角　　　　　　　　C. 刃倾角　　　　　　　D. 后角

5. 刀尖圆弧半径增大，使切深抗力 F_y（　　）。

　　A. 无变化　　　　　　　B. 有所增加　　　　　　C. 增加较多　　　　　　D. 增加很多

6. 切削脆性金属材料时，刀具磨损会发生在（　　）。

　　A. 前刀面　　　　　　　　　　　　　　　　B. 后刀面

　　C. 前、后刀面　　　　　　　　　　　　　　D. 切削平面

7. 若车刀的主偏角为 75°，副偏角为 6°，其刀尖角为（　　）。

　　A. 99°　　　　　　　　B. 9°　　　　　　　　C. 84°　　　　　　　　D. 15°

8. 下列（　　）情况应选用较小前角。

　　A. 工件材料软　　　　　　　　　　　　　　B. 粗加工

　　C. 高速钢车刀　　　　　　　　　　　　　　D. 半精加工

9. 当刀尖位于切削刃最高点时，刃倾角为（　　）值。

　　A. 正　　　　　　　　　B. 负　　　　　　　　　C. 零　　　　　　　　D. 90°

10. 规定（　　）的磨损量 VB 作为刀具的磨损限度。

　　A. 主切削刃　　　　　　B. 前刀面　　　　　　　C. 后刀面　　　　　　　D. 切削表面

11. 切削强度和硬度高的材料，切削温度（　　）。

　　A. 较低　　　　　　　　B. 较高　　　　　　　　C. 中等　　　　　　　　D. 不变

12. （　　）砂轮适用于硬质合金车刀的刃磨。

　　A. 绿色碳化硅　　　　　　　　　　　　　　B. 黑色碳化硅

　　C. 碳化硼　　　　　　　　　　　　　　　　D. 氧化铝

13. 在氧化物系和碳化物系磨料中，磨削硬质合金时应选用（　　）砂轮。

　　A. 棕刚玉　　　　　　　　　　　　　　　　B. 白刚玉

C. 黑色碳化硅   D. 绿色碳化硅

14. 在主截面内测量的刀具基本角度有（　　）。

    A. 刃倾角   B. 前角和刃倾角

    C. 前角和后角   D. 主偏角

15. 车刀装歪，对（　　）有影响。

    A. 前后角   B. 主副偏角   C. 刃倾角   D. 刀尖角

16. （　　）时应选用较小前角。

    A. 车铸铁件   B. 精加工   C. 车 45#钢   D. 车铝合金

17. （　　）时应选用较小后角。

    A. 工件材料软   B. 粗加工

    C. 高速钢车刀   D. 半精加工

18. 为使切屑排向待加工表面，应采用（　　）。

    A. 负刃倾角   B. 正刃倾角   C. 零刃倾角   D. 正前角

19. 当主、副切削刃为直线，且 $\lambda_s = 0°$，$K_r' = 0°$，$K_r < 90°$，则切削层横截面为（　　）。

    A. 平行四边形   B. 矩形

    C. 正方形   D. 长方形

20. 用中等速度和中等进给量切削中碳钢工件时，刀具磨损形式是（　　）磨损。

    A. 前刀面   B. 后刀面

    C. 前、后刀面   D. 切削平面

二、判断题

（　　）1. 车刀切削部分的材料必须具有高的硬度、好的耐磨性、良好的耐热性、足够的强度和韧性以及良好的工艺性和经济性。

（　　）2. 高速钢车刀的韧性虽然比硬质合金刀好，但不能用于高速切削。

（　　）3. 钨钴类硬质合金中含钴量越高，其韧性越好，承受冲击的性能越好。

（　　）4. 当车削的零件材料较软时，车刀的前角可选择大些。

（　　）5. 粗加工时，为了保证切削刃有足够的强度，车刀应选择较小的前角。

三、简答题

1. 对车刀切削部分材料有哪些要求？

2. 常用的车刀材料有哪两类？简述硬质合金车刀的分类和适合加工的材料。

3. 选择车刀前角的原则是什么？

4. 分别说出车刀的前角和后角的定义和作用？

5. 企业常用的砂轮有哪几种？简述各自应用的场合。

初 级 篇

　　本篇包括轴类零件的加工,圆锥体的加工,切断与切槽,外三角形螺纹的加工,套类零件的加工,成形面的加工与表面修饰以及初级技能训练等方面内容,给学习者提供真实的职业情境。

　　培养学习者初步掌握阅读技术文件、工艺文件的能力和根据零件的图样加工出合格产品的能力。通过单一项目和综合项目的训练,让学习者的技能逐步达到初级工水平。

项目 4

轴类零件的加工

项目导航

本项目主要介绍轴类零件的基本知识、简单台阶轴的手动加工、双向台阶轴的机动加工、钻中心孔与顶尖的使用及一夹一顶加工光轴。

教学目标

熟悉轴类零件的基本知识。

掌握用手动进给车削简单台阶轴的相关知识。

掌握机动车削双向台阶轴的相关知识。

能分析轴类零件的加工质量。

掌握钻中心孔的方法。

掌握一夹一顶车削光轴的相关知识。

技能要求

掌握 45°和 90°外圆车刀的安装和使用。

会用手动进给车削简单台阶轴。

会机动车削双向台阶轴。

会钻中心孔。

会一夹一顶车削光轴。

能合理安排轴类零件的加工工艺。

车工技能实训

任务1 认识轴类零件

任务目标

　　轴是各种机器中最常见的零件之一。通常把长径比大于3、截面形状为圆形的杆类零件称为轴类零件。通过本次训练，熟悉轴类零件的结构、加工工艺，掌握轴类零件的装夹要求，为今后的轴类零件的加工打下基础。

相关知识

一、轴类零件的结构特点

　　轴类零件一般由圆柱表面、端面、台阶、沟槽、键槽、螺纹、倒角和圆弧等部分组成，如图4.1所示。

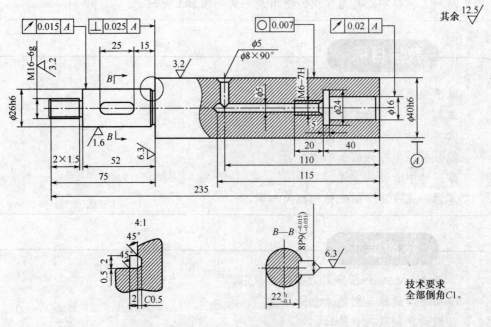

图4.1 主轴

　　轴类零件的工艺结构见表4.1。

表4.1 轴类零件的工艺结构

序号	工艺结构	作用
1	圆柱表面	一般用于支承轴上传动零件
2	端面和台阶	常用来确定安装零件的轴向位置

续表

序号	工艺结构	作用
3	沟槽	使磨削或车螺纹时退刀方便,并使零件装配时有一个正确的轴向位置
4	键槽	主要是周向固定轴上传动零件和传递扭矩
5	螺纹	固定轴上零件的相对位置
6	倒角	去除锐边防止伤人,便于轴上零件的安装
7	圆弧	提高强度和减少应力集中,有效防止热处理中裂纹的产生

二、轴类零件的分类

按轴的形状和轴心线位置可分为光轴、偏心轴、台阶轴、空心轴等,如表 4.2 所示。

表 4.2　轴类零件的分类

序号	轴类名称	图示
1	光轴	
2	偏心轴	
3	台阶轴	
4	空心轴	

三、轴类零件的加工工艺要求

轴类零件的加工工艺要求见表 4.3。

表 4.3　轴类零件的加工工艺要求

序号	工艺要求	主要内容
1	尺寸精度	主要包括直径和长度尺寸的精度,要符合图样中的公差要求
2	形状精度	包括圆度、圆柱度、直线度、平面度等,是保证零件正常使用的必要条件

车工技能实训

续表

序号	工艺要求	主要内容
3	位置精度	包括同轴度、圆跳动、垂直度、平行度等,是保证零件正常使用的必要条件
4	表面粗糙度	表面粗糙度是根据需要确定的,车削加工一般 R_a 为 $0.8\sim12.5\mu m$,对于尺寸精度比较高的外圆通常要求表面粗糙度 R_a 达到 $1.6\mu m$ 以上
5	热处理	根据轴的材料和需要,常进行正火、调质、淬火、表面淬火及表面渗氮或渗碳等热处理工艺,以获得一定的强度、硬度、韧性和耐磨性等。一般轴类零件常采用 45# 钢,若需要正火,则安排在粗车之前,调质常安排在粗车之后进行

四、轴类零件的装夹要求

车削加工前,必须将零件放在机床夹具中定位和夹紧,使零件在整个切削过程中始终保持正确的位置。根据轴类零件的形状、大小、精度、数量的不同,可采用不同的装夹方法,具体见表 4.4。

表 4.4 轴类零件的装夹方法

序号	装夹方法	图示	装夹要求
1	三爪自定心卡盘装夹		三爪自定心卡盘的三个卡爪是同步运动的,能自动定心,装夹时一般不需找正,故装夹零件方便、省时,但夹紧力较小,常用于装夹外形规则的中、小型零件 三爪自定心卡盘有正爪、反爪两种形式,反爪用于装夹直径较大的零件
2	四爪单动卡盘装夹		四爪单动卡盘的卡爪是各自独立运动的,因此在装夹零件时必须找正后才可车削,但找正比较费时。其夹紧力较大,常用于装夹大型或形状不规则的零件 四爪单动卡盘的卡爪可装成正爪或反爪,反爪用于装夹较大的零件

续表

序号	装夹方法	图示	装夹要求
3	双顶尖装夹		对于较长的或工序较多的零件，为保证多次装夹的精度，采用双顶尖装夹的方法。 用双顶尖装夹零件方便，无需找正，重复定位精度高，但装夹前需保证零件总长并在两端钻出中心孔
4	一夹一顶装夹		用双顶尖装夹零件精度高，但刚性较差，故在车削一般轴类零件时采用一端用卡盘夹住，另一端用顶尖顶住的装夹方法。 为防止切削时产生轴向位移，可采用限位支承或台阶限制。其中台阶限位安全，刚性好，能承受较大切削力，故应用广泛

任务 2　简单台阶轴的手动加工

任务目标

利用手动进给加工如图 4.2 所示的零件，达到图样所规定的要求。

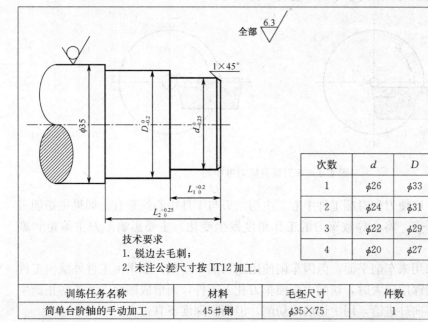

次数	d	D	$L1$	$L2$
1	$\phi26$	$\phi33$	20	50
2	$\phi24$	$\phi31$	21	51
3	$\phi22$	$\phi29$	22	52
4	$\phi20$	$\phi27$	23	53

技术要求
1. 锐边去毛刺；
2. 未注公差尺寸按 IT12 加工。

训练任务名称	材料	毛坯尺寸	件数	基本定额
简单台阶轴的手动加工	45♯钢	$\phi35\times75$	1	30min

图 4.2　手动车削台阶轴

本次训练的任务通过手动车削简单台阶轴，能熟练用手动进给均匀的移动床鞍（大滑板）、中滑板和小滑板，用游标卡尺测量工件的外圆、用钢直尺测量长度并检查平面凹凸，达到图样要求，逐步掌握试切削、试测量的方法车削外圆。

===相关知识===

一、45°和90°外圆车刀的安装和使用

1. 45°外圆车刀的使用

45°车刀有两个刀尖，前端一个刀尖通常用于车削工件的外圆。左侧另一个刀尖通常用来车削平面。主、副切削刃，在需要的时候可用来左右倒角，见图4.3。

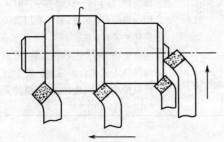

图4.3　45°外圆车刀的使用

车刀安装时，左侧的刀尖必须严格对准工件的旋转中心。否则在车削平面至中心时会留有凸头或造成车刀刀尖碎裂，见图4.4。刀头伸出的长度约为刀杆厚度的 1～1.5 倍，伸出过长，刚性变差，车削时容易引起振动。

2. 90°外圆车刀的使用

90°车刀又称偏刀，按进给方向分右偏刀和左偏刀，下面主要介绍常用的右偏刀。右偏刀一般用来车削工件的外圆、端面和右向台阶，因为它的主偏角较大，车外圆时，用于工件的半径方向上的径向切削力较小，不易将工件顶弯。

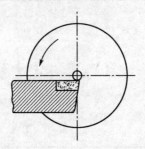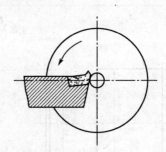

图4.4　车刀装夹应对准中心

车刀安装时，应使刀尖对准工件中心，主切削刃与工件中心线垂直。如果主切削刃与工件中心线不垂直，将会导致车刀的工作角度发生变化，主要影响车刀主偏角和副偏角。

右偏刀也可以用来车削平面，但因车削使用副切削刃切削，如果由工件外缘向工件中心进给，当切削深度较大时，切削力会使车刀扎入工件，而形成凹面，为了防止产生凹面，可改由中心向外进给，用主切削刃切削，但切削深度不宜过大。

二、粗精车的概念

车削工件，一般分为粗车和精车。

1. 粗车

在车床动力条件允许的情况下，通常采用进刀深、进给量大、低转速的做法，以合理的时间尽快把工件的余量去掉，因为粗车对切削表面没有严格的要求，只需留出一定的精车余量即可。由于粗车切削力较大，工件必须装夹牢靠。粗车的另一作用是：可以及时的发现毛坯材料内部的缺陷、如夹渣、砂眼、裂纹等。也能消除毛坯工件内部残存的应力和防止热变形。

2. 精车

精车是车削的末道工序，为了使工件获得准确的尺寸和规定的表面粗糙度，操作者在精车时通常把车刀修磨的锋利些，车床的转速高一些，进给量选的小一些。

三、用手动进给车削平面、外圆和倒角

1. 车平面的方法

开动车床使工件旋转，移动小滑板或床鞍控制进刀深度，然后锁紧床鞍，摇动中滑板丝杠进给、由工件外向中心或由工件中心向外进给车削，见图4.5。

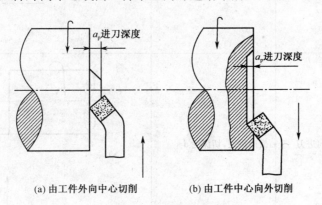

(a) 由工件外向中心切削　　　(b) 由工件中心向外切削

图 4.5　车平面的方法

2. 车外圆的方法

1）移动床鞍至工件的右端，用中滑板控制进刀深度，摇动小滑板丝杠或床鞍纵向移动车削外圆，见图4.6。一次进给完毕，横向退刀，再纵向移动刀架或床鞍至工件右端，进行第二、第三次进给车削，直至符合图样要求为止。

2）在车削外圆时，通常要进行试切削和试测量。其具体方法见表4.5。

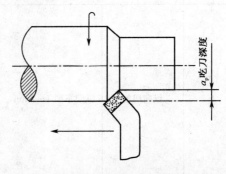

图 4.6　纵向移动车外圆

表 4.5 外圆的试切方法与步骤

序号	步骤	操作	图示
1	开车对接触点	启动车床,手动对接触点	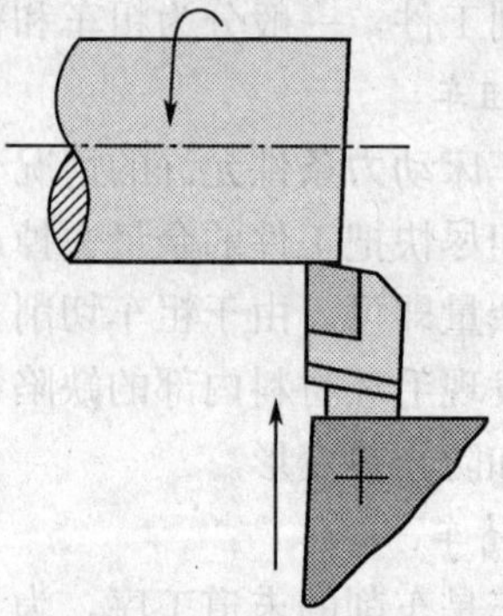
2	向右退出车刀	不改变中滑板位置的情况下向右退出车刀	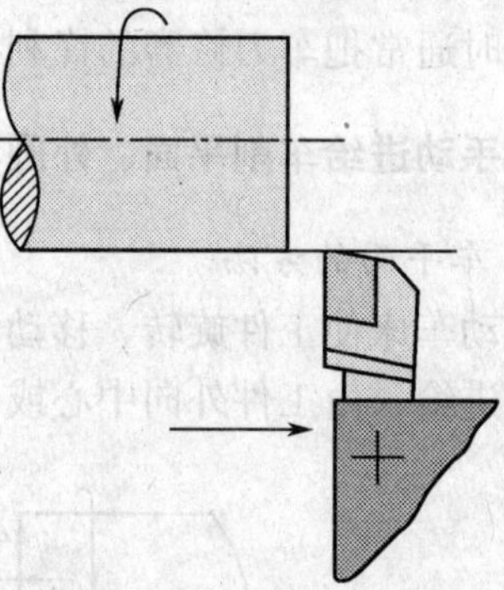
3	横向进刀	横向进刀,切深为 a_{p1}	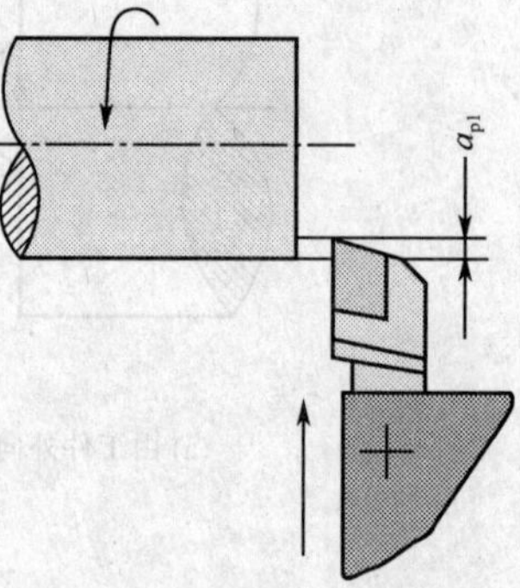
4	纵向切削	纵向车削 1~2mm	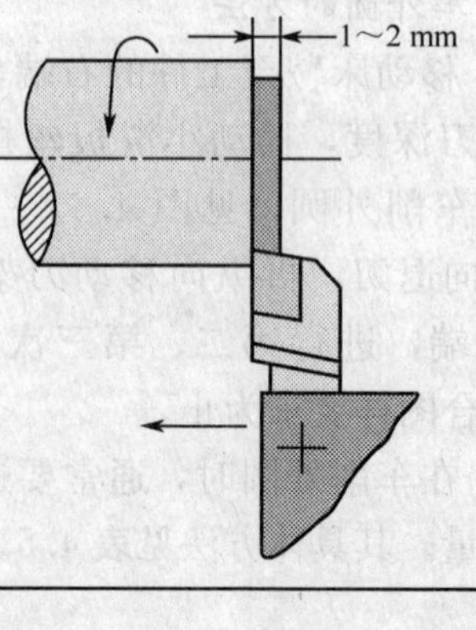

续表

序号	步骤	操作	图示
5	退刀、停车、度量	纵向快速退刀，然后停车测量，注意横向不要退刀	
6	继续试切削和试测量	如未到尺寸，再切深 a_{p2}，按上述方法继续试切削和试测量，直至达到要求为止	

3）为了确保外圆的车削长度，通常先采用刻线痕法，见图4.7，后采用测量法进行，即在车削前根据需要的长度，用钢直尺、样板或卡尺及车刀刀尖在工件的表面刻一条线痕。然后根据线痕进行车削，当车削完毕，再用钢直尺或其他工具复测。

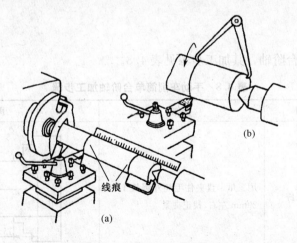

图 4.7　刻线痕确定车削长度

3. 车倒角的方法

当平面、外圆车削完毕，移动刀架、使车刀的切削刃与工件的外圆成 45°夹角，移动床鞍至工件的外圆和平面的相交处进行倒角，见图 4.3，常用的 1×45°、2×45°倒角，是指在外圆上的轴向距离分别为 1mm 和 2mm。

四、切削用量的选择

切削用量的选择见表 4.6。

表 4.6　切削用量的选择

车刀类型	加工性质	转速 $n/(r/min)$	背吃刀量 a_p/mm	进给量 $f/(mm/r)$
硬质合金	粗车	400～500	1～2	手动(0.3 左右)
	精车	800 左右	0.15～0.25	手动(0.1 左右)

技能实训

一、实训条件

实训条件见表 4.7。

表 4.7　实训条件

项目	名称
设备	CA6140 型卧式车床或同类型的车床
刀具	45°端面车刀和 90°外圆车刀
量具	游标卡尺、钢直尺

二、训练项目

手动车削简单台阶轴，其加工步骤见表 4.8。

表 4.8　手动车削简单台阶轴加工步骤

序号	步骤	操作	图示
1	装夹工件	用三爪卡盘夹住毛坯外圆长 15～20mm 左右，找正夹紧	15～20mm　75mm

序号	步骤	操作	图示
2	平端面和粗车外圆	用45°端面车刀平端面用90°外圆车刀粗车外圆 D 和 d，留 0.6～1mm 精车余量，长度方向留 0.2～0.3mm 左右余量	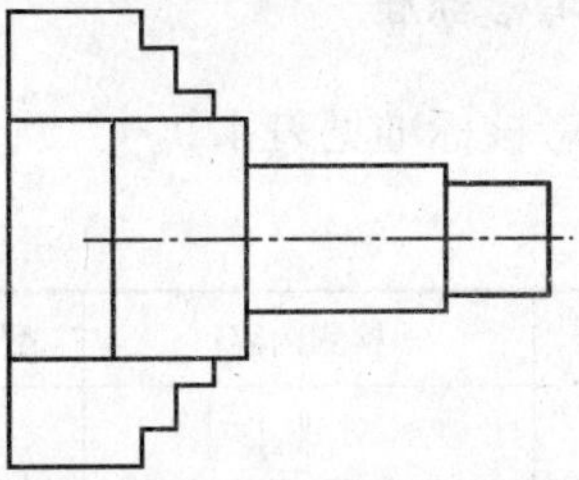
3	精车台阶和倒角	用试切法精车外圆 $D \times L_2$ 和 $d \times L_1$ 至尺寸，并用45°端面车刀倒角 $1 \times 45°$	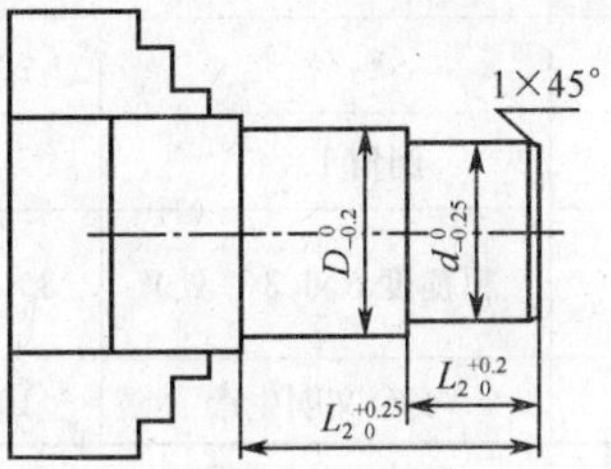

三、注意事项

1）工件平面中心留有凸头，原因是刀尖没有对准工件中心，偏高或偏低。

2）平面不平有凹凸，产生原因是进刀量过深、车刀磨损，滑板移动、刀架和车刀紧固力不足，产生扎刀或让刀。

3）车外圆产生锥度，原因有以下几种：

①用小滑板手动进给车外圆时，小滑板导轨与主轴轴线不平行。

②车速过高，在切削过程中车刀磨损。

③摇动中滑板进给时，没有消除空行程。

4）车削表面痕迹粗细不一，主要是手动进给不均匀。

5）变换转速时应先停车，否则容易打坏主轴箱内的齿轮。

6）切削时应先开车，后进刀。切削完毕时先退刀后停车，否则车刀容易损坏。

7）车削铸铁毛坯时，由于氧化皮较硬，要求尽可能一刀车掉，否则车刀容易磨损。

8）用手动进给车削时，应把有关进给手柄放在空挡位置。

9）车削前应检查滑板位置是否正确，工件装夹是否牢靠，卡盘扳手是否取下。

10）使用游标卡尺测量工件时，松紧要合适。

── 实训反馈 ──────────

一、考核标准

考核标准见表 4.9。

表 4.9　考核标准

序号	检测内容	配分	评分标准	检测量具	检测结果	得分
1	$d_{-0.25}^{0}$	15	超差不得分	游标卡尺		
2	$D_{-0.2}^{0}$	15	超差不得分	游标卡尺		
3	$L_1{}_{0}^{+0.2}$	20	超差不得分	游标卡尺		
4	$L_2{}_{0}^{+0.25}$	20	超差不得分	游标卡尺		
5	倒角 $1\times45°$	5	超差不得分	钢直尺		
6	粗糙度 $R_a6.3$(3处)	3×5	超差不得分	粗糙度对比块或目测		
7	安全文明生产	10	不合要求扣分	目测		

二、记事

记事见表 4.10。

表 4.10　记事

日期	学生姓名	车床号	批次	总分	教师签字

───── **任务3　双向台阶轴的机动加工** ─────

── 任务目标 ──────────

利用机动进给加工如图 4.8 所示的零件，达到图样所规定的要求。

本次训练的任务通过机动车削双向台阶轴，掌握机动进给车削外圆和端面的方法，能正确用游标卡尺和外径千分尺测量工件的长度和外圆，学会用划针盘找正工件，掌握调整机动进给手柄位置的方法，初步学会用接刀车削外圆和控制两端平行度的方法。

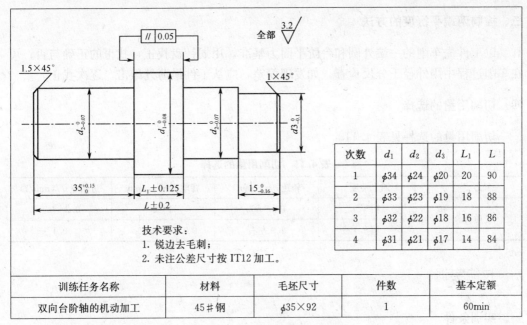

次数	d_1	d_2	d_3	L_1	L
1	$\phi34$	$\phi24$	$\phi20$	20	90
2	$\phi33$	$\phi23$	$\phi19$	18	88
3	$\phi32$	$\phi22$	$\phi18$	16	86
4	$\phi31$	$\phi21$	$\phi17$	14	84

技术要求：
1. 锐边去毛刺；
2. 未注公差尺寸按 IT12 加工。

训练任务名称	材料	毛坯尺寸	件数	基本定额
双向台阶轴的机动加工	45#钢	$\phi35\times92$	1	60min

图 4.8   机动车削双向台阶轴

相关知识

一、机动进给的特点与过程

机动进给比手动进给有很多的优点，如操作者省力，进给均匀，加工后工件表面粗糙度小等。但机动进给是机械传动，操作者对车床手柄位置必须相当熟悉，否则在紧急情况下容易损坏工件或机床。使用机动进给的过程如下：

起动车床带动工件旋转 → 试切削 → 机动进给 → 纵向车外圆｛车至接近需要长度时停止进给｝ / 横向车平面｛车至接近工件中心时停止进给｝

→ 改用手动进给车至｛长度尺寸 / 工件中心｝ → 退刀 → 停车

二、接刀工件的装夹找正和车削方法

装夹接刀工件时，找正必须从严要求，否则会造成表面接刀偏差，直接影响工件质量，为保证接刀质量，通常要求车削工件的第一头时，车的长一些，调头装夹时，两点间的找正距离应大些。工件的第一头精车至最后一刀时，车刀不能直接碰到台阶，应稍离台阶处停刀，以防车刀碰到台阶后突然增加切削量，产生"扎刀"现象。调头精车时，车刀要锋利，最后一刀精车余量要小，否则工件上容易产生凹痕。

三、控制两端平行度的方法

以工件先车削的一端外圆和台阶平面为基准，用划针盘找正，找正的正确与否，可在车削过程中用外径千分尺检查，如发现偏差，应从工件最薄处敲击，逐次找正。

四、切削用量的选择

切削用量的选择见表4.11。

表 4.11　切削用量的选择

车刀类型	加工性质	转速 $n/(\text{r/min})$	背吃刀量 a_p/mm	进给量 $f/(\text{mm/r})$
硬质合金	粗车	400～500	1～2	0.2～0.3
	精车	800 左右	0.15～0.25	0.1

━━ 技能实训 ━━

一、实训条件

实训条件见表4.12。

表 4.12　实训条件

项目	名称
设备	CA6140 型卧式车床或同类型的车床
刀具	45°端面车刀和90°外圆车刀
量具	游标卡尺、外径千分尺、钢直尺
工具	划针盘、铜棒

二、训练项目

机动车削双向台阶轴，其加工步骤见表4.13。

表 4.13　机动车削双向台阶轴加工步骤

序号	步骤	操作	图示
1	装夹工件	用三爪卡盘夹住毛坯外圆长 15～20mm 左右，找正夹紧	15～20 mm 92 mm

续表

序号	步骤	操作	图示
2	平端面和车台阶	用 45°端面车刀粗、精车右端面 A，用 90°外圆车刀粗、精车外圆 d_3 长 15mm、d_2 以及 d_1 至尺寸要求，并用 45°端面车刀倒角 $1\times45°$	
3	调头装夹、平端面和车台阶	调头夹住 d_2 外圆，并找正夹紧后粗、精车端面 B，保证总长，粗、精车外圆 d_2 至尺寸，控制台阶长 L_1 和平行度，并倒角 $1\times45°$	

三、注意事项

1）初学者使用机动进给注意力要集中，以防车刀、滑板等与卡盘碰撞。

2）粗车切削力较大，工件易发生移位，在精车接刀前应进行一次复查。

3）车削较大直径的工件时，表面易产生凹凸，应随时用钢直尺检验。

4）为了保证工件质量，掉头装夹时要垫铜皮或用开口套。

5）使用千分尺测量工件时，松紧要合适。

实训反馈

一、考核标准

考核标准见表 4.14。

表 4.14 考核标准

序号	检测内容	配分	评分标准	检测量具	检测结果	得分
1	$d_1{}_{-0.08}^{\ 0}$	13	超差不得分	外径千分尺		
2	$d_2{}_{-0.07}^{\ 0}$	15	超差不得分	外径千分尺		
3	$d_3{}_{-0.1}^{\ 0}$	12	超差不得分	外径千分尺		
4	$L_1\pm0.125$	9	超差不得分	游标卡尺		
5	$L\pm0.2$	6	超差不得分	游标卡尺		
6	$35_{\ 0}^{+0.15}$	6	超差不得分	游标卡尺		
7	$15_{-0.16}^{\ 0}$	6	超差不得分	游标卡尺		

续表

序号	检测内容	配分	评分标准	检测量具	检测结果	得分
8	倒角1×45°(2处)	2×3	超差不得分	钢直尺		
9	粗糙度R_a3.2(4处)	4×3	超差不得分	粗糙度对比块或目测		
10	// 0.05	5	超差不得分	千分尺		
11	安全文明生产	10	不合要求扣分	目测		

二、记事

记事见表4.15。

表4.15 记事

日期	学生姓名	车床号	批次	总分	教师签字

任务4 钻中心孔

任务目标

加工如图4.9所示的零件，达到图样所规定的要求。

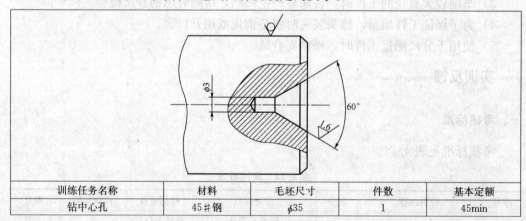

训练任务名称	材料	毛坯尺寸	件数	基本定额
钻中心孔	45♯钢	φ35	1	45min

图4.9 钻中心孔

通过本次训练，了解中心孔的种类、用途，掌握钻中心孔的方法，学会中心孔的质量分析。

相关知识

对于较长的工件（如长轴、长丝杠等）或加工过程中需多次装夹的工件，要求有同一个装夹基准。这时可在工件两端面上用标准中心钻钻出中心孔进行装夹加工，这种装夹方法安装方便，不需校正，装夹精度高。

一、中心孔的形状及用途

中心孔有 A 型（不带护锥）、B 型（带护锥）、C 型（带螺孔）、R 型（弧形）四种（见表 4.16）。

表 4.16 中心孔的形状、特点

序号	类别	图示	特点
1	A 型		A 型中心孔由圆锥孔和圆柱孔两部分组成。圆锥孔的圆锥角一般为 60°（重型工件用 90°）。 它跟顶尖配合，用来承受工件重量、切削力和定中心；圆柱孔用来储存润滑油和保证顶尖的锥面和中心孔圆锥面配合密实，不使顶尖端与中心孔底部相碰，保证定位正确
2	B 型		B 型中心孔是 A 型中心孔的端部另加上 120°的圆锥孔，用以保护 60°锥面不致碰毛，并使端面容易加工。一般精度要求较高、工序较多的工件用 B 型中心孔
3	C 型		C 型中心孔前面是 60°中心孔，接着有一个短圆柱孔（保证攻螺纹时不致碰毛 60°锥孔），后面有一个内螺孔。一般是把其他零件轴向固定在轴上时采用 C 型中心孔
4	R 型		R 型中心孔的形状与 A 型中心孔相似，只将 A 型中心孔的 60°圆锥改为圆弧面。这样与顶尖锥面的配合变成线接触，在装夹工件时，能自动纠正少量的位置偏差

车工技能实训

中心孔的尺寸按 GB/T 145—2001 规定。中心孔的尺寸以圆柱孔直径 D 为基本尺寸，一般所讲的中心孔大小，即指圆柱孔直径 D。

二、钻中心孔的方法

中心孔是轴类零件精加工（如精车、磨削）的定位基准，对加工质量有很大影响。如果两端中心孔连线跟工件外圆轴线不同轴，工件外圆可能加工不出；如果中心孔圆度差，加工出工件圆度也差；如果中心孔圆锥面粗糙，加工出工件表面质量也差。因此，中心孔必须圆整，锥面粗糙度值小，角度正确，两端中心孔必须同轴。经过热处理后仍需继续加工及精度要求较高的工件，中心孔还需经过精车或研磨。

中心孔是用中心钻（图 4.10）在车床或专用机床上钻削出来的。

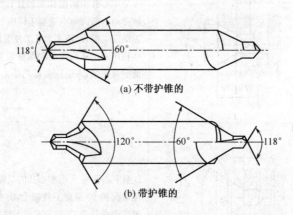

(a) 不带护锥的

(b) 带护锥的

图 4.10　中心钻

1）直径较小的工件在车床上钻中心孔时，为了钻削平稳，把工件装夹在卡盘上时应尽可能伸出短些（图 4.11）。找正后车端面，不能留有凸头，然后缓慢均匀地摇动尾座手轮，使中心钻钻入工件端面。钻到尺寸后，中心钻应停留数秒钟，使中心孔圆整后退出；或轻轻进给，使中心钻的切削刃将 60°锥面切下薄薄一层切屑，这样可降低中心孔表面的粗糙度值。

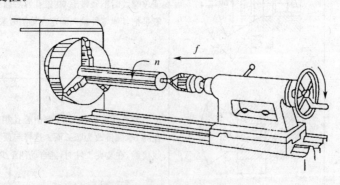

图 4.11　较短工件上钻中心孔

2）在直径大而长的工件上钻中心孔，可采用卡盘夹持并用中心架支承的方法（图 4.12）。

3）钻 C 型中心孔时，首先用两个直径不同的钻头钻螺纹底孔和短圆柱孔［图 4.13（a）、(b)］，内螺纹用丝锥攻出［图 4.13（c）］，60°及 120°锥面可用 60°及 120°锪钻锪出［图 4.13（d）、（e）］或用改制的 B 型中心钻钻出［图 4.13（f）］。

4）工件直径大或形状较复杂，无法在车床上钻中心孔时，可在工件上先划好中心线，然后在钻床上或用电钻钻出中心孔。

钻中心孔的过程中应该注意勤退刀，及时清除切屑，并充分冷却、润滑。

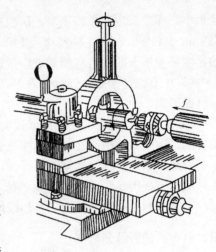

图 4.12　长工件上钻中心孔

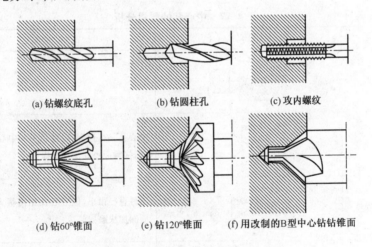

（a）钻螺纹底孔　　　　（b）钻圆柱孔　　　　（c）攻内螺纹

（d）钻60°锥面　　　（e）钻120°锥面　　　（f）用改制的B型中心钻钻锥面

图 4.13　C 型中心孔的加工方法

三、中心钻折断的原因及预防措施

钻中心孔时，由于中心切削部分的直径很小，承受不了过大的切削力，操作中稍不注意，中心钻就会折断。

中心钻折断的原因大致有以下几种。

1）中心钻与工件旋转中心不一致，使中心钻受到一个附加力的影响而折断。这往往是因为尾座偏位、钻夹头柄弯曲等原因造成。所以必须把尾座严格找正，将钻夹头转动一角度来对准中心。

2）工件端面没有车平，在中心处留有凸头，使中心钻不能准确地定心而折断。所以工件端面一定要车平整。

3）切削用量选择不当，即转速太慢而进给太快，造成中心钻折断。由于中心钻直径很小，即使采用较高转速时，切削速度仍然不大。例如，在 CA6140 卧式车床上，用 $\phi2$ mm 中心钻，车床主轴转速为 1400 r/min，切削速度只有 0.147 m/s。由于手摇尾座的速度是差不多的，这样相对进给量过大而折断中心钻。

4）中心钻磨损后，强行钻入工件时也容易折断中心钻。所以中心钻磨损后应及时修磨或更换。

5）没有浇注充分的切削液或没有及时清除切屑，致使切屑堵在中心孔内而使中心钻折断。因此，钻中心孔时应浇注充分的切削液并及时清除切屑。

因此，钻中心孔虽然是简单操作，但若不注意要领，不但会使中心钻折断，还会给工件加工带来困难。所以，必须熟练地掌握钻中心孔的方法。当中心钻断在中心孔内时，必须将断头从孔内取出，并加以修整后，才能进行加工。

四、中心孔的质量分析

中心孔的质量分析见表4.17。

表 4.17　中心孔的质量分析

序号	种类	图示	缺陷
1	正确		
2	钻得太深		中心孔钻得过深，以致顶尖和中心孔不是锥面配合，接触面小而加快磨损
3	钻得过大		工件直径很小，但中心孔钻得很大，使工件无端面而加快磨损
4	钻偏		中心孔钻偏，使工件毛坯车不到规定尺寸而成废品
5	不同轴		两端中心孔的连线与工件轴线不重合，造成工件余量不够而成废品，或因顶尖与中心孔接触不良而影响工件的精度
6	圆柱孔太短		中心孔磨损后，它的圆柱部分修磨得太短，造成顶尖与中心孔底相碰，使 60° 锥面不密合而影响加工精度

五、切削用量的选择

切削用量的选择见表4.18。

表 4.18 切削用量的选择

车刀类型	加工性质	转速 $n/(\text{r/min})$	背吃刀量 a_p/mm	进给量 $f/(\text{mm/r})$
中心钻	钻中心孔	800～1000		手动

技能实训

一、实训条件

实训条件见表 4.19。

表 4.19 实训条件

项目	名称
设备	CA6140 型卧式车床或同类型的车床
刀具	45°端面车刀、中心钻
工具	钻夹头、接杆（配相应车床）、榔头等

二、训练项目

钻出一个合格的中心孔，其加工步骤见表 4.20。

表 4.20 钻中心孔的步骤

序号	步骤	操作	图示
1	装夹工件和平端面	用三爪卡盘夹住毛坯外圆长 15～20mm 左右，找正夹紧。粗、精车右端面	
2	装夹中心钻	把装有中心钻的钻夹头套入尾座锥孔中	

续表

序号	步骤	操作	图示
3	钻中心孔	钻中心孔至尺寸	

三、注意事项

1）钻中心孔之前，必须先车平工件端面。

2）钻夹头柄部先擦拭干净后再套入尾座孔内。

3）中心钻刚接触工件端面时，应以较慢的速度进给，以确定中心位置。

4）手动摇尾座手柄须连贯、均匀。

5）钻中心孔时，一般情况下钻到中心钻锥面的2/3左右为宜。

实训反馈

一、考核标准

考核标准见表4.21。

表 4.21 考核标准

序号	检测内容	配分	评分标准	检测量具	检测结果	得分
1	粗糙度 $R_a1.6$（中心孔内锥面）	30	超差不得分	粗糙度对比块或目测		
2	粗糙度 $R_a3.2$（端面）	20	超差不得分	粗糙度对比块或目测		
3	中心孔形状	30	超差不得分	目测		
4	安全文明生产	20	不合要求扣分	目测		

二、记事

记事见表4.22。

表 4.22　记事

日期	学生姓名	车床号	批次	总分	教师签字

任务5　一夹一顶加工光轴

任务目标

加工如图 4.14 所示的零件，达到图样所规定的要求。

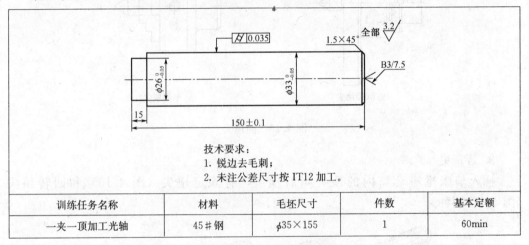

技术要求：
1. 锐边去毛刺；
2. 未注公差尺寸按 IT12 加工。

训练任务名称	材料	毛坯尺寸	件数	基本定额
一夹一顶加工光轴	45♯钢	φ35×155	1	60min

图 4.14　一夹一顶车削光轴

本次训练的任务是通过一夹一顶车削光轴，掌握一夹一顶装夹工件和车削光轴的方法，学会调整尾座，消除车削过程中产生的锥度。

相关知识

一、用一夹一顶装夹工件

工件的一端用卡盘夹持、另一端用后顶尖顶住的安装方法称为一夹一顶装夹。利用在主轴锥孔内装一个限位支承或利用工件的阶台限位，可以有效防止工件在切削力作用下产生轴向位移（见表 4.4）。由于这种安装方法较安全，能承受较大的轴向切削力，安装刚性好，轴向定位准确，故在粗加工及半精加工中得到广泛应用。

二、顶尖

顶尖有前顶尖和后顶尖两种。两种顶尖的尺寸相同，不同的是前顶尖不淬火，后顶尖要淬火。这是因为前顶尖与工件一起旋转，无相对运动，不发生摩擦。而后顶尖不转动，与工件有相对运动而产生摩擦。它们用来定中心，并承受工件的重量和切削力。

1. 前顶尖

插在车床主轴锥孔内跟主轴一起旋转的顶尖称前顶尖。前顶尖安装在一个专用锥套内，再将锥套插入主轴锥孔内［图 4.15（a）］，有时为了准确和方便，可在三爪卡盘上夹一段钢料车出 60°锥角以代替前顶尖［图 4.15（b）］。这种顶尖从卡盘上卸下后，再次使用时，必须将锥面重新修整，以保证顶尖锥面的轴心线与车床主轴旋转中心重合。

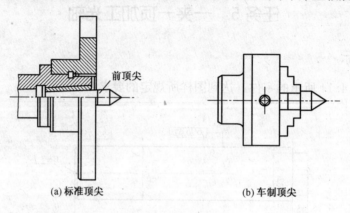

(a) 标准顶尖　　　　　　　(b) 车制顶尖

图 4.15　前顶尖

2. 后顶尖

插入车床尾座套筒内的顶尖叫后顶尖，有固定顶尖（图 4.16）和回转顶尖（图 4.17）两种。

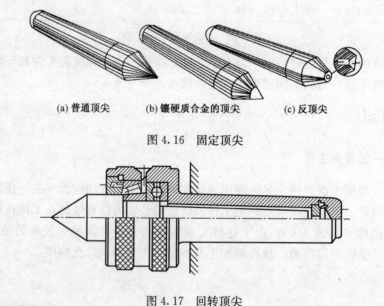

(a) 普通顶尖　　　(b) 镶硬质合金的顶尖　　　(c) 反顶尖

图 4.16　固定顶尖

图 4.17　回转顶尖

（1）固定顶尖

固定顶尖俗称死顶尖，其定心准确而且刚性好，但因工件与顶尖是滑动摩擦，磨损大而发热高，容易把中心孔或顶尖"烧坏"。所以，采用镶硬质合金的顶尖［图 4.16（b）］，它适用于加工精度要求高的工件或高速加工的情况。支承细小工件时可用反顶尖［图 4.16（c）］，这时工件端部要做成顶尖形状。

（2）回转顶尖

回转顶尖俗称活顶尖，其内部装滚动轴承，顶尖和工件一起转动，避免了顶尖和中心孔的摩擦，能承受很高的转速，但支承刚性差。又因活顶尖存在一定的装配累积误差，当滚动轴承磨损后，会使顶尖产生径向圆跳动，从而降低了定心精度。

三、尾座锥度的消除方法

当顶尖中心与工件旋转中心不重合时，一夹一顶装夹车削工件就会产生小锥度，造成工件的圆柱度超差。这时，还应对尾座的锥度进行消除。其具体方法见表 4.23。

表 4.23　尾座锥度的消除方法

序号	步骤	操作	图示
1	装夹	取一根验棒用一夹一顶的装夹方式进行装夹	
2	试车外圆	车验棒外圆，最后一刀，余量应一样，保证车削稳定	
3	测量	测量验棒的两端尺寸，比较两个尺寸，哪头大；若外边大里边小（里边指的是卡盘处，外面指的是顶夹处）则说明尾座中心应向操作者偏移；若外边小里边大则说明尾座中心应向操作者的对面偏移	

序号	步骤	操作	图示
4	松开尾座	松开尾座,便于调整尾座中心	
5	调整	外边大里边小——松内六角螺钉 1,紧内六角螺钉 2 若外边小里边大——松内六角螺钉 2,紧内六角螺钉 1	
6	重新上紧尾座	调节好后,上紧尾座,重新用一夹一顶装夹验棒	
7	再次试车外圆	再次试车外圆,停车测量两端尺寸,比较,如果还存在差异,则重复上面的操作步骤,直至验棒两端的尺寸差异在规定范围内,则说明尾座锥度基本上消除 一般情况下,车削 150mm 长的工件,要求锥度公差在 0.03mm 之内	

四、切削用量的选择

切削用量的选择见表 4.24。

表 4.24　切削用量的选择

车刀类型	加工性质	转速 n/(r/min)	背吃刀量 a_p/mm	进给量 f/(mm/r)
硬质合金	粗车	400～500	1～2	0.2～0.3
	精车	800 左右	0.15～0.25	0.1

技能实训

一、实训条件

实训条件见表 4.25。

表 4.25　实训条件

项目	名称
设备	CA6140 型卧式车床或同类型的车床
刀具	45°端面车刀、90°外圆车刀、B 型中心钻
量具	游标卡尺、千分尺、钢直尺

二、训练项目

用一夹一顶装夹方式车削光轴，其加工步骤见表 4.26。

表 4.26　一夹一顶车削光轴加工步骤

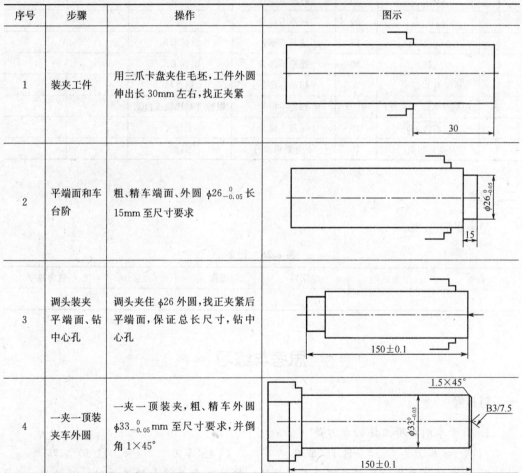

序号	步骤	操作	图示
1	装夹工件	用三爪卡盘夹住毛坯，工件外圆伸出长 30mm 左右，找正夹紧	
2	平端面和车台阶	粗、精车端面、外圆 $\phi26_{-0.05}^{0}$ 长 15mm 至尺寸要求	
3	调头装夹平端面、钻中心孔	调头夹住 $\phi26$ 外圆，找正夹紧后平端面，保证总长尺寸，钻中心孔	
4	一夹一顶装夹车外圆	一夹一顶装夹，粗、精车外圆 $\phi33_{-0.05}^{0}$ mm 至尺寸要求，并倒角 $1\times45°$	

三、注意事项

1) 顶尖支顶不能过松或过紧。过松，工件产生跳动、外圆变形；过紧，易产生摩擦热，烧坏活顶尖和工件中心孔。

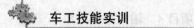

车工技能实训

2）注意工件锥度的方向性。

3）要求用轴向限位支承，以避免工件在轴向切削力作用下产生位移。

实训反馈

一、考核标准

考核标准见表 4.27。

表 4.27 考核标准

序号	检测内容	配分	评分标准	检测量具	检测结果	得分
1	$\phi 26_{-0.05}^{0}$	20	超差不得分	千分尺		
2	$\phi 33_{-0.05}^{0}$	20	超差不得分	千分尺		
3	150 ± 0.1	15	超差不得分	游标卡尺		
4	15	10	超差不得分	游标卡尺		
5	倒角 $1 \times 45°$	3	超差不得分	钢直尺		
6	粗糙度 $R_a 3.2$(4 处)	4×3	超差不得分	粗糙度对比块或目测		
7	$\boxed{/\!\!/\ \ 0.035}$	10	超差不得分	千分尺		
8	安全文明生产	10	不合要求扣分	目测		

二、记事

记事见表 4.28。

表 4.28 记事

日期	学生姓名	车床号	批次	总分	教师签字

思考与练习

一、选择题

1. 用于车削台阶工件的车刀是（　　）。

    A. 90°车刀　　　　　B. 75°车刀　　　　　C. 45°车刀　　　　　D. 60°车刀

2. 粗车轴类工件的外圆或强力车削铸铁、锻件等余量较大的工件时，应选（　　）车刀。

    A. 45°　　　　　B. 75°　　　　　C. 90°　　　　　D. 圆头

3. 车削铸铁、锻钢和形状不规则工件时，车刀应选取（　　）。

    A. 大前角　　　　　　　　　　　B. 减小刀尖圆弧

C. 负刃倾角　　　　　　　　　　　　D. 大后角

4. 下列（　　）情况应选用较大前角。

　　　　A. 工件材料硬　　　　　　　　　　　B. 精加工

　　　　C. 车刀材料强度差　　　　　　　　　D. 半精加工

5. 精加工时，车刀应磨有（　　）。

　　　　A. 较小的后角　　　　　　　　　　　B. 圆弧过渡刃

　　　　C. 较大副偏角　　　　　　　　　　　D. 正值刃倾角

6. 车削中刀杆中心线与进给方向不垂直，会使刀具的（　　）发生变化。

　　　　A. 前、后角　　　　　　　　　　　　B. 主、副偏角

　　　　C. 刃倾角　　　　　　　　　　　　　D. 刀尖角

7. 用两顶尖装夹工件，工件定位（　　）。

　　　　A. 精度高、工件刚性较好　　　　　　B. 精度高、工件刚性较差

　　　　C. 精度低、工件刚性较好　　　　　　D. 精度低、工件刚性较差

8. 四爪单动卡盘适用装夹（　　）工件。

　　　　A. 较小圆柱型　　　　　　　　　　　B. 六棱体

　　　　C. 形状不规则　　　　　　　　　　　D. 长轴类

9. 三爪自定心卡盘适用于装夹（　　）形工件。

　　　　A. 椭圆　　　　　B. 四方体　　　　　C. 六方体　　　　　D. 不规则

10. 对于较长的或必须经过多次装夹才能加工好的工件应采用（　　）的装夹
　　　方法。

　　　　A. 一夹一顶　　　　　　　　　　　　B. 两顶尖

　　　　C. 三爪自定心卡盘　　　　　　　　　D. 四爪单动卡盘

11. 车削（　　）的工件时应采用一夹一顶安装。

　　　　A. 较轻、较短　　　　　　　　　　　B. 较重、较短

　　　　C. 较重、较长　　　　　　　　　　　D. 精度较高

12. 采用一夹一顶安装工件（夹持部分长），这种定位属于（　　）定位。

　　　　A. 重复　　　　　B. 完全　　　　　C. 欠　　　　　D. 部分

13. 工件的外圆形状比较简单，且长度较长，但内孔形状复杂且长度较短要加工，
　　　定位时应当选择（　　）作精基准。

　　　　A. 外圆　　　　　B. 内孔　　　　　C. 端面　　　　　D. 沟槽

14. 车削主轴时，可使用（　　）支承，以增加工件刚性。

　　　　A. 中心架　　　　　　　　　　　　　B. 跟刀架

　　　　C. 过渡套　　　　　　　　　　　　　D. 弹性顶尖

15. 夹紧时，应不破坏工件的正确定位，是（　　）。

　　　　A. 牢　　　　　B. 正　　　　　C. 快　　　　　D. 简

16. 夹紧元件施力方向尽量与（　　）方向一致，使小夹紧力起大夹紧力的作用。

　　　　A. 工件重力　　　　　　　　　　　　B. 切削力

C. 反作用力　　　　　　　　　　　D. 进深抗力

17. 一台 CA6140 车床，$P_E=7.5kW$，$\eta=0.8$，用 YT5 车刀将直径为 60mm 的中碳钢毛坯在一次进给中车成直径为 50mm 的半成品，若选进给量为 0.25mm/r，车床主轴转速为 500r/min，则切削功率为（　　）kW。

A. 6　　　　　　B. 1.96　　　　　　C. 3.925　　　　　　D. 20.8

18. 夹紧元件对工件施加夹紧力的大小应（　　）。

A. 大　　　　B. 适当　　　　C. 小　　　　D. 任意

19. 车削光杠时，应使用（　　）支承，以增加工件刚性。

A. 中心架　　　　　　　　　　　B. 跟刀架

C. 过渡套　　　　　　　　　　　D. 弹性顶尖

20. 在普通车床上以 400r/min 的速度车一直径为 40mm，长 400mm 的轴，此时采用 $f=0.5mm/r$，$a_p=4mm$，车刀主偏角 45°，车一刀需（　　）分钟。

A. 2　　　　　　B. 2.02　　　　　　C. 2.04　　　　　　D. 1

21. 同轴度要求较高、工序较多的长轴用（　　）装夹较合适。

A. 四爪单动卡盘

B. 三爪自定心卡盘

C. 双顶尖

22. 精度要求较高，工序较多的轴类零件，中心孔应选用（　　）型。

A. A　　　　B. B　　　　C. C

23. 钻中心孔时，如果（　　）就不易使中心钻折断。

A. 主轴转速较高　　　　　　　　B. 零件端面不平

C. 进给量较大

24. 用一夹一顶装夹零件时，若后顶尖轴线不在车床主轴轴线上，会产生（　　）。

A. 振动　　　　B. 锥度　　　　C. 表面粗糙度达不到要求

25. 中心孔在各工序中（　　）。

A. 能重复使用，其定位精度不变

B. 不能重复使用

C. 能重复使用，但其定位精度发生变化

二、判断题

（　　）1. 一夹一顶装夹，适用于工序较多、精度要求较高的零件。

（　　）2. 双顶尖装夹适用于装夹重型轴类零件。

（　　）3. 中心孔是轴类零件的定位基准。

（　　）4. 中心孔根据零件的直径（或零件的质量），按国家标准来选用。

（　　）5. 用双顶尖装夹圆度要求较高的轴类零件，如果前顶尖跳动，车出的零件会产生圆度误差。

三、简答题

1. 说出中心孔的作用和类型以及各类型分别用于什么场合。

2. 轴类零件用双顶尖装夹的优点是什么？

3. 钻中心孔时要注意哪些方面？

4. 用四爪单动卡盘、三爪自定心卡盘、双顶尖和一夹一顶装夹轴类零件时，各有什么特点？分别适用于什么场合？

项 目 5

圆 锥 体 的 加 工

项目导航

本项目主要介绍圆锥的基本知识、内外圆锥的车削方法、万能角度尺的使用方法以及用转动小滑板法车削外圆锥。

教学目标

掌握圆锥角度计算方法。
掌握万能角度尺的使用。
掌握转动小滑板法车削圆锥体。

技能要求

掌握转动小滑板车削圆锥体的方法。
根据工件的锥度，会计算小滑板的旋转角度。
会使用万能角度尺测量角度值。

任务 1　圆锥的基本知识

任务目标

在机床和工具中，常遇见使用圆锥面配合情况，圆锥基本知识的掌握对初学者来说尤为重要，该内容主要介绍圆锥角度的计算，莫氏圆锥和米制圆锥的概念。

本次训练的任务是通过学习，具备车圆锥有关计算的能力，认识常用的标准工具圆锥：莫氏圆锥和米制圆锥；了解内、外圆锥的车削方法。

相关知识

一、锥度

在机床与夹具中，有很多地方应用圆锥作为配合面。例如，车床主轴锥孔与前顶尖的配合，车床尾座套筒与后顶尖的配合，麻花钻锥柄与钻套的配合等。

圆锥表面各部分的名称如图 5.1 所示。

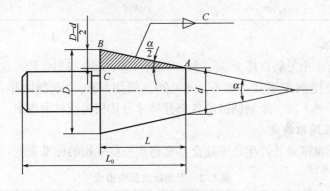

图 5.1　圆锥几何参数

D. 圆锥体的大端直径（mm）；*d.* 圆锥体的小端直径（mm）；*α/2.* 圆锥体的斜角（°）；*α.* 圆锥体的锥角；*L.* 圆锥体的锥形部分长（mm）；L_0. 圆锥体的全长（mm）；*C.* 圆锥体的锥度；*C/2.* 圆锥体的斜度

圆锥体大小端直径之差与圆锥长度之比叫做锥度，即

$$C = (D-d)/L \tag{5.1}$$

圆锥体大小端直径之差的一半与圆锥长度之比叫做斜度，即

$$C/2 = (D-d)/2L \tag{5.2}$$

二、标准圆锥

为了降低生产成本以及使用的方便，把常用的工具圆锥表面做成标准化，即圆锥表面的各部分尺寸，按照规定的几个号码来制造。使用时只要号码相同，圆锥表面就能紧

密配合和互换。

根据标准尺寸制成的圆锥表面叫做标准圆锥，常用的标准圆锥有下列两种。

1. 莫氏圆锥

莫氏圆锥是在机器制造业应用得最广泛的一种，如车床主轴锥孔、顶尖、钻头柄、铰刀柄等都用莫氏圆锥。莫氏圆锥分成 7 个号码，即 0、1、2、3、4、5 和 6 号，其中最小的是 0 号，最大的是 6 号，其号数不同，锥度也不相同，如表 5.1 所示。由于锥度不同，斜角也不同。莫氏圆锥的各部分尺寸可从相关资料中查出。

表 5.1　莫氏圆锥的锥度

号数	锥度	圆锥锥角 α	圆锥半角 $\alpha/2$
0	1：19.212=0.05205	2°58′46″	1°29′23″
1	1：20.048=0.04988	2°51′20″	1°25′40″
2	1：20.020=0.04995	2°51′32″	1°25′46″
3	1：19.922=0.050196	2°52′25″	1°26′12″
4	1：19.254=0.051938	2°58′24″	1°29′12″
5	1：19.002=0.0526625	3°0′45″	1°30′22″
6	1：19.180=0.052138	2°59′4″	1°29′32″

2. 米制圆锥

米制圆锥有 7 个号码，即 4、6、80、100、120、160 和 200 号。这 7 个号码就是大端的直径，而锥度固定不变，即 $C=1：20$。例如，80 号米制圆锥，其大端直径是 80mm，锥度 $C=1：20$。米制圆锥的各部分尺寸可从相关资料中查出。

3. 专用标准圆锥锥度

除常用的标准圆锥外，生产中还会经常遇到一些专用的标准锥度，如表 5.2 所示。

表 5.2　专用标准圆锥锥度

锥度 C	圆锥锥角 α	应用实例
1：4	14°15′	车床主轴法兰及轴头
1：5	11°25′16″	易于拆卸的连接，砂轮主轴与砂轮法兰的结合，锥形摩擦离合器等
1：7	8°10′16″	管件的开关塞、阀等
1：12	4°46′19″	部分滚动轴承内环锥孔
1：15	3°49′6″	主轴与齿轮的配合部分
1：16	3°34′47″	圆锥管螺纹
1：20	2°51′51″	米制工具圆锥，锥形主轴颈
1：30	1°54′35″	装柄的铰刀和扩孔钻柄的配合
1：50	1°8′45″	圆锥定位销及锥铰刀
7：24	16°35′3″	铣床主轴孔及刀杆的锥体
7：64	6°15′38″	刨齿机工作台的心轴孔

三、车削方法

车削方法见表5.3和5.4。

表5.3 外圆锥车削方法

车削方法	特点	图示
转动小滑板法	车削较短和斜角 $\alpha/2$ 较大（$\alpha/2$ 较小也可以）的内外锥体时,可以用转动小滑板的方法。即将小滑板转到与零件中心线成 $\alpha/2$ 的角度	
偏移尾座法	较长和斜角 $\alpha/2$ 较小的外圆锥表面,可以用偏移车床尾座法来车削	
靠模法	零件要求较高（如车工具圆锥、圆锥螺纹等）,或进行大量生产时,可以用靠模法车圆锥表面	
宽刃刀车削法	要求车刀切削刃平直,装刀后保证切削刃与车床主轴轴线夹角等于零件的圆锥半角。要求车床刚性良好,适用车削较短外圆锥	

车工技能实训

表 5.4　内圆锥车削方法

车削方法	特点	图示
转动小滑板法 车削配套锥面	不需要改变小滑板角度,而把车刀反装,使其切削刃向下,车床仍正转,然后车削内圆锥面	
车削对称孔	先将右边锥孔车好,车刀退刀后,不需要改变小滑板角度,而把车刀反装,再车左边锥孔。此方法能保证两对称孔很高的同轴度	
锥形铰刀加工	适合车削较小的精度和较低表面粗糙度的锥孔	

任务 2　使用万能角度尺

任务目标

本次训练的任务是通过学习,熟练掌握万能角度尺的使用方法,体会尺寸的精密性,并通过实践对量具的保养有一个认识。

相关知识

万能角度尺是用来测量工件和样板的内、外角度及角度划线。

一、万能角度尺的结构

万能角度尺的结构如图 5.2 所示，它由尺身 1、90°角尺 2、游标 3、制动器 4、基尺 5、直尺 6、卡块 7、捏手 8、小齿轮 9、扇形齿轮 10 等组成。

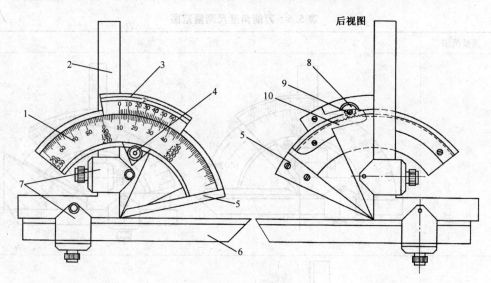

图 5.2　万能角度尺

二、万能角度尺的刻线原理与读数方法

万能角度尺的测量精度有 $5'$ 和 $2'$ 两种。精度为 $2'$ 的万能角度尺的刻线原理是：尺身刻线每格 $2'$，游标刻线是将尺身上所占的弧长等分为 30 格，每格所对的角度为 $(29/30)'$，因此游标 1 格与尺身 1 格相差，即万能角度尺的测量精度为 $2'$，如图 5.3（a）所示。

万能角度尺的刻度原理和读数方法与游标卡尺的读数方法相似，即先从尺身上读出游标零刻刻线左边的刻度整数，然后在游标上读出分的数值（格数×$2'$），两者相加就是被测工件的角度数值，如图 5.3（b）所示。

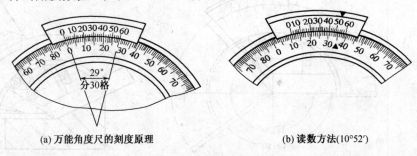

(a) 万能角度尺的刻度原理　　　　　(b) 读数方法(10°52′)

图 5.3　刻线原理和读数方法

车工技能实训

三、万能角度尺的测量范围

游标万能角度尺有Ⅰ型、Ⅱ型两种，其测量范围分别为0°～320°和0°～360°。

Ⅰ型万能角度尺的测量范围及方法如表5.5所示。

表5.5　万能角度尺测量范围

测量范围	图　示
0°～50°	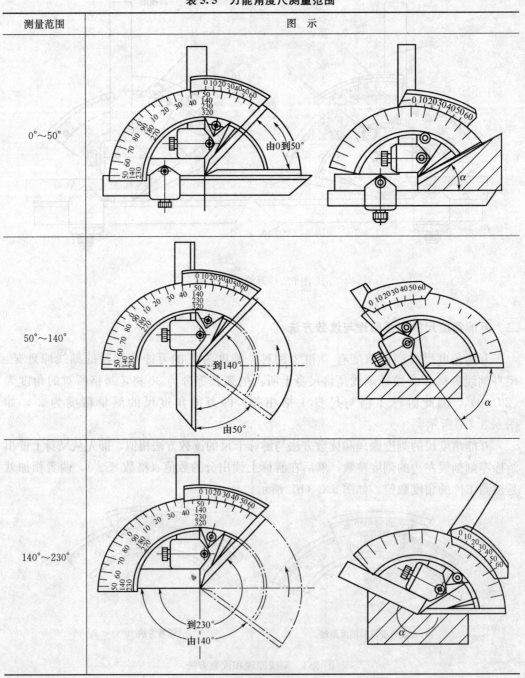
50°～140°	
140°～230°	

续表

测量范围	图示
230°～320°	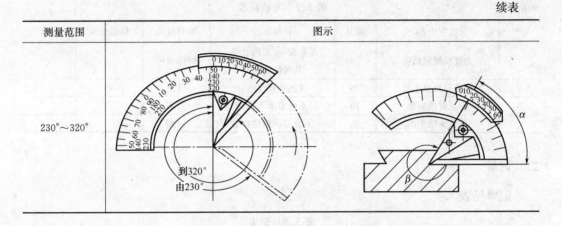

技能实训

一、实训条件

实训条件见表 5.6。

表 5.6　实训条件

项目	名称
量具	万能角度尺
材料	各种加工好的圆锥面工件

二、训练项目

万能角度尺的使用方法，应根据零件形状灵活掌握，根据工件角度大小范围确定其组装结构，然后进行测量。

三、注意事项

1）根据测量工件的不同角度正确选用直尺和 90°角尺。

2）使用前要检查尺身和游标的零线是否对齐，基尺和直尺是否漏光。

3）测量时，工件应与角度尺的两个测量面在全长上接触良好，避免误差。

实训反馈

一、考核标准

考核标准见表 5.7。

表 5.7　考核标准

序号	检测内容	配分	评分标准	检测量具	检测结果	得分
1	角度尺测量精度	60	误差在±4′之间合格， 其余酌情扣分	游标卡尺		
2	角度尺测量速度	20	视熟练程度给分	目测		
3	测量时的姿势	10	不合要求不得分	目测		
4	安全文明生产	10	不合要求酌情扣分	目测		

二、记事

记事见表 5.8。

表 5.8　记事

日期	学生姓名	车床号	批次	总分	教师签字

━━━━ 任务 3　车削圆锥体 ━━━━

▰ 任务目标

加工如图 5.4 所示，达到图样所规定的要求。

通过次任务训练，掌握用转动小滑板车削圆锥体的方法，根据给定的锥度，计算出小滑板的旋转角度，使用万能角度尺检查圆锥角度是否合格。

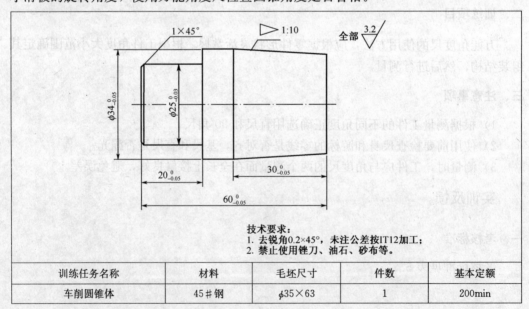

技术要求：
1. 去锐角0.2×45°，未注公差按IT12加工；
2. 禁止使用锉刀、油石、砂布等。

训练任务名称	材料	毛坯尺寸	件数	基本定额
车削圆锥体	45♯钢	φ35×63	1	200min

图 5.4　车削圆锥体

相关知识

车较短的圆锥体时，可以用转动小滑板的方法。小滑板的转动角度也就是小滑板导轨与车床主轴轴线相交的一个角度，它的大小应等于所加工零件的圆锥半角值，小滑板的转动方向决定于工件在车床上的加工位置。

一、转动小滑板车圆锥体的特点

1）能车圆锥角度较大的工件。
2）能车出整个圆锥体和圆锥孔，操作简单。
3）只能手动进给，劳动强度大，但不易保证表面质量。
4）受行程限制只能加工锥面不长的工件。

二、小滑板转动角度的计算

根据被加工零件给定的已知条件，可应用下面公式计算圆锥半角，即

$$\tan \alpha/2 = C/2 = (D-d)/2L \tag{5.3}$$

式中，$\alpha/2$——圆锥半角（度）；

　　　C——锥度；

　　　D——最大圆锥直径（mm）；

　　　d——最小圆锥直径（mm）；

　　　L——最大圆锥直径与最小圆锥直径之间的轴向距离（mm）。

应用上面公式计算出 $\alpha/2$，须查三角函数表得出角度，比较麻烦。如果 $\alpha/2$ 较小，在 $1°\sim13°$ 之间，可用乘上一个常数的近似方法来计算。即

$$\alpha/2 = 常数 \times (D-d)/L \tag{5.4}$$

其常数可从表 5.9 中查得。

表 5.9　小滑板转动角度近似公式常数

圆锥半角 $\alpha/2$	$(D-d)/L$ 或 C	常数
$C \times$ 常数	$0.10\sim0.20$	$28.6°$
$C \times$ 常数	$0.20\sim0.29$	$28.5°$
$C \times$ 常数	$0.29\sim0.36$	$28.4°$
$C \times$ 常数	$0.36\sim0.40$	$28.3°$
$C \times$ 常数	$0.40\sim0.45$	$28.2°$

备注：本表适用 $\alpha/2$ 在 $6°\sim13°$ 之间，$6°$ 以下常数值为 $28.7°$。

三、对刀方法

1）车外锥时，利用端面中心对刀。
2）车内锥时，可利用尾座顶尖对刀或者在孔端面上涂上显示剂，用刀尖在端面上

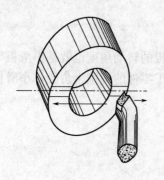

图 5.5　车圆锥体的对刀方法

划一条直线，卡盘旋转 180°，再划一条直线，如果重合则车刀已对准中心，否则继续调整垫片厚度达到对准中心的目的，如图 5.5 所示。

四、加工锥度的方法及步骤

1）根据图纸得出角度，将小滑板转盘上的两个螺母松开，转动一个圆锥半角后固定两个螺母。

2）进行试切削并控制尺寸，要求锥度在三次以内合格。

3）检查。

五、检查方法

用万能角度尺测量（适用于精度不高的圆锥表面）。根据工件角度调整量角器的安装，量角器基尺与工件端面通过中心靠平，直尺与圆锥母线接触，利用透光法检查，人视线与检测线等高，在检测线后方衬一白纸以增加透视效果，若合格即为一条均匀的白色光线。当检测线从小端到大端逐渐增宽，即锥度小，反之则大，需要调整小滑板角度，如图 5.6 所示。

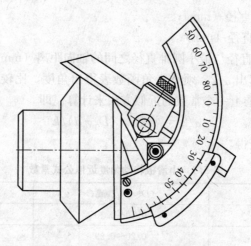

图 5.6　用万能角度尺检验角度

六、车锥体尺寸的控制方法

车锥体尺寸的控制方法见图 5.7。

1. 计算法

$$a_p = a \times C/2$$

式中，a_p——切削深度；

a——为锥体剩余长度；

C——锥度。

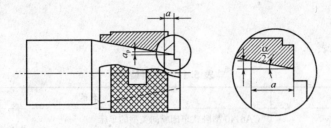

图 5.7 车圆锥体控制尺寸的方法

2. 移动床鞍法

根据量出长度 a，使车刀轻轻接触工件小端表面，接着移动小滑板，使车刀离开工件平面一个 a 的距离，然后移动床鞍使车刀同工件平面接触，这时虽然没有移动中滑板，但车刀已切入一个需要的深度，如图 5.8 所示。

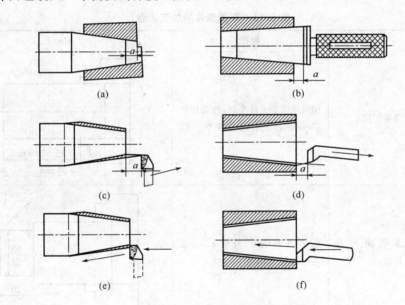

图 5.8 用移动床鞍车圆锥体控制尺寸的方法

七、切削用量的选择

切削用量的选择见表 5.10。

表 5.10 切削用量选择

车刀类型	加工性质	转速 n/(r/min)	背吃刀量 a_p/mm	进给量 f/(mm/r)
硬质合金	粗车	400~500	1~2	手动
	精车	800 左右	0.15~0.25	手动

车工技能实训

技能实训

一、实训条件

实训条件见表 5.11。

表 5.11　实训条件

项目	名称
设备	CA6140 型卧式车床或同类型的车床
量具	游标卡尺、外径千分尺、万能角度尺、钢直尺
刀具	硬度合金 45°,90°车刀、切断刀

二、训练项目

外圆锥体的加工步骤见表 5.12。

表 5.12　车圆锥体的加工步骤

序号	步骤	操作	图示
1	装夹工件	用三爪卡盘夹住毛坯,外圆伸长 35～40mm 左右,找正夹紧	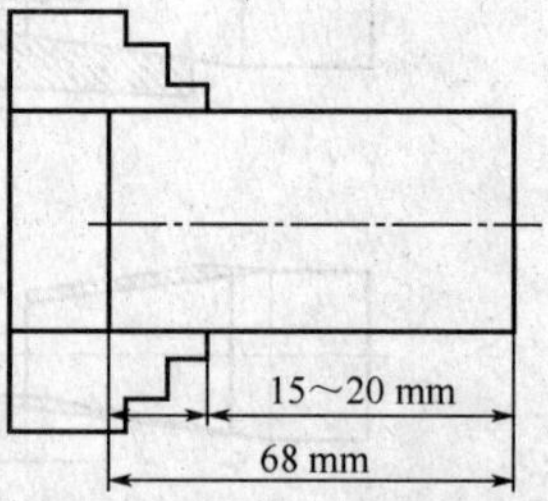
2	平端面和车外圆	粗、精车右端面、外圆 $\phi25^{0}_{-0.03}$ 长 20mm,并倒角 $1\times45°$	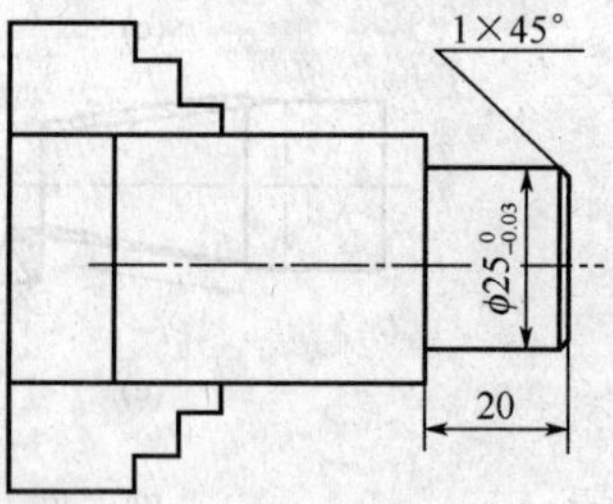
3	调头装夹、平端面和车外圆	调头夹住 $\phi25^{0}_{-0.03}$ 外圆,长度在 15mm 左右,并找正夹紧后,粗、精车端面,保证总长 L,粗、精车外圆 D 至尺寸要求	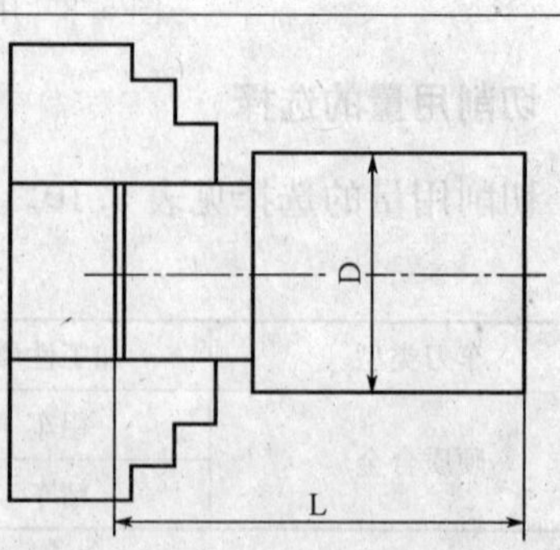

续表

序号	步骤	操作	图示
4	车锥度	小滑板转过一个圆锥半角,手动车锥度	（图示）30
5	检查锥度	用万能角度尺检查,合格卸车	

三、注意事项

1）车削前,需要调整小滑板镶条的位置,转动小滑板松紧度适宜。

2）车刀必须对准工件旋转中心,避免产生双曲线（母线不直）误差。

3）车削圆锥体前对圆柱直径的要求,一般按圆锥体大端直径放余量 1mm 左右。

4）应两手握小滑板手柄,均匀移动小滑板。

5）车时,进刀量不宜过大,应先找正锥度,以防车小报废,精车余量一般留 0.5mm。

6）用量角器检查锥度时,测量边应通过工件中心。

7）转动小滑板时,应稍大于圆锥半角,然后逐步找正。当小滑板角度调整到相差不多时,只需把紧固的螺母稍松一些,用左手拇指紧贴在小滑板转盘与中滑板底盘上,用铜棒轻轻敲小滑板所需找正的方向,凭手指的感觉决定微调量,这样可较快找正锥度。注意要消除中滑板间隙。

8）当车刀在中途刃磨以后装夹时,必须重新调整,使刀尖严格对准工件中心。

9）注意在扳紧固螺钉时打滑而伤手。

实训反馈

一、考评标准

考评标准见表 5.13。

表 5.13　考核标准

序号	检测内容	配分	评分标准	检测量具	检测结果	得分
1	$\phi25_{-0.03}^{0}$	10	超差不得分	千分尺		
2	$\phi34_{-0.05}^{0}$	12	超差不得分	千分尺		
3	20	8	超差不得分	游标卡尺		

车工技能实训

续表

序号	检测内容	配分	评分标准	检测量具	检测结果	得分
4	30	6	超差不得分	游标卡尺		
5	$60_{-0.05}^{\ 0}$	15	超差不得分	游标卡尺		
6	倒角 $1\times45°$	3	超差不得分	钢直尺		
7	粗糙度 $R_a3.2$(3处)	3×3	超差不得分	粗糙度对比块或目测		
8	锥度	30	超差不得分	万能角度尺		
9	安全文明生产	10	不合要求酌情扣分	目测		

二、记事

记事见表 5.14。

表 5.14 记事

日期	学生姓名	车床号	批次	总分	教师签字

思考与练习

一、选择题

1. 圆锥面配合当圆锥角在（　　）时，可传递较大转矩。
   A. 小于 3° 　　　　 B. 小于 6° 　　　　 C. 小于 9° 　　　　 D. 大于 10°

2. 通过圆锥轴线的截面内，两条素线间的夹角称为（　　）。
   A. 顶角 　　　　 B. 圆锥半角 　　　　 C. 锐角 　　　　 D. 圆锥角

3. 莫氏圆锥号数不同，锥度角（　　）。
   A. 不同 　　　　 B. 相同 　　　　 C. 任意 　　　　 D. 相似

4. 加工锥度较大、长度较短的圆锥面，常采用（　　）法。
   A. 转动小滑板 　　　　　　　　 B. 偏移尾座
   C. 仿形 　　　　　　　　　　　 D. 宽切削刃车削

5. 偏移尾座法可加工（　　）的圆锥。
   A. 长度较长、锥度较小 　　　　 B. 内、外
   C. 有多个圆锥面 　　　　　　　 D. 长度较长、任意圆锥

6. 加工锥度较小、锥形部分较长的外圆锥时，常采用（　　）法。
   A. 转动小滑板 　　　　　　　　 B. 偏移尾座
   C. 宽刃车刀车圆锥 　　　　　　 D. 仿形

· 110 ·

7. 用仿形法车圆锥，由于仿形装置的角度调整范围小，一般应用于圆锥半角在（　　）以内的工件。

    A. 6°　　　　　　B. 12°　　　　　　C. 10°　　　　　　D. 3°

8. 加工长度较短的圆锥时，可用（　　）加工。

    A. 铰内圆锥法　　　　　　　　　　　B. 宽切削刃车削法

    C. 仿形法　　　　　　　　　　　　　D. 偏移尾座法

9. 圆锥大、小端直径用（　　）来检验。

    A. 千分尺　　　　　　B. 游标卡尺　　　　　　C. 卡钳　　　　　　D. 圆锥量规

10. 对配合精度要求较高的锥度零件，用（　　）检验。

    A. 涂色法　　　　　　　　　　　　　B. 游标万能角度尺

    C. 角度样板　　　　　　　　　　　　D. 专用量规

11. 铰圆锥孔时，对锥度和直径较小的内圆锥采用（　　）的方法较好。

    A. 钻孔后直接铰锥孔　　　　　　　　B. 钻孔后粗铰锥孔，然后精铰锥孔

    C. 钻孔后车锥孔　　　　　　　　　　D. 钻孔后粗车锥孔，然后精铰锥孔

12. 车圆锥体时，刀尖高于工件回转轴线，则车出的工件表面会产生（　　）误差。

    A. 尺寸精度　　　　　B. 椭圆度　　　　　　C. 双曲线　　　　　D. 圆度

13. 车削一圆锥孔，孔的大端直径 $D=\phi50$，小端直径 $d=\phi36$，锥孔长度 $L=50mm$，加工后测量时塞规刻线距孔端面 $A=3mm$，问尚需进刀（　　）mm。

    A. 0.84　　　　　　B. 0.42　　　　　　C. 0.21　　　　　　D. 3

14. 用正弦规检验锥度的量具有检验平板、（　　）规、量块、百分表、活动表架等。

    A. 正弦　　　　　　B. 塞　　　　　　C. 环　　　　　　D. 圆

15. 正弦规由工作台、两个直径相同的精密圆柱、（　　）挡板和后挡板等零件组成。

    A. 下　　　　　　B. 前　　　　　　C. 后　　　　　　D. 侧

16. 使用中心距为 200mm 的正弦规，检验圆锥角为（　　）的莫氏圆锥塞规，其圆柱下应垫量块组尺寸是 5.19mm。

    A. 2°29′36″　　　　B. 2°58′24″　　　　C. 3°12′24″　　　　D. 3°12′33″

17. 测量外圆锥体的量具有检验平板、两个直径相同圆柱形检验棒、（　　）尺等。

    A. 直角　　　　　　B. 深度　　　　　　C. 千分　　　　　　D. 钢板

18. 对于无法直接测出圆锥体大端直径的工件，也可用量棒间接测出，其方法和测量小端直径（　　）。

    A. 相同　　　　　　B. 相似　　　　　　C. 相反　　　　　　D. 相近

19. 把直径为 D_1 的大钢球放入锥孔内，用高度尺测出钢球 D_1 最高点到工件的距离，通过计算可测出工件（　　）的大小。

    A. 圆锥角　　　　　B. 小径　　　　　　C. 高度　　　　　　D. 孔径

20. 圆锥体的基本参数：圆锥角或锥度 C、大端直径 D、（　　）和圆锥长度 L。

    A. 小端直径 d　　　B. 圆柱直径 D　　　C. 圆锥半角　　　D. 顶角

21. 对于同一圆锥体来说，锥度总是（　　）。

    A. 等于斜度　　　　　　　　　　B. 等于斜度的 2 倍

    C. 等于斜度的 1/2　　　　　　　　D. 顶角

22. 车 60° 圆锥面可采用（　　）法。

    A. 转动小滑板　　　　　　　　　B. 靠模

    C. 偏移尾座　　　　　　　　　　D. 以上三种方法均可

23. 圆锥面的基本尺寸是指（　　）。

    A. 母线长度　　　B. 大端直径　　　C. 小端直径　　　D. 圆锥角

24. 一个零件上有多个圆锥面时，最好是采用（　　）法车削。

    A. 转动小滑板　　　　　　　　　B. 偏移尾座

    C. 靠模　　　　　　　　　　　　D. 以上三种方法均可

25. 检验一般精度的圆锥面角度时，常采用（　　）测量。

    A. 千分尺　　　　　　　　　　　B. 圆锥量规

    C. 游标万能角度尺　　　　　　　D. 游标卡尺

二、判断题

（　　）1. 圆锥角是圆锥母线与圆锥轴线之间的夹角。

（　　）2. 米制圆锥的号数是指大端直径。

（　　）3. 对于长度较长、精度要求较高的圆锥面，一般不宜采用靠模法车削。

（　　）4. 加工锥齿轮时除采用转动小滑板法外，也可以采用靠模法车圆锥面。

（　　）5. 用转动小滑板法车削圆锥体时，由于受小滑板行程的限制，且只能手动进给，零件表面粗糙度难控制。

（　　）6. 采用偏移尾座法车削圆锥体，因为受尾座偏移量的限制，不能车削锥度很大的零件。

（　　）7. 靠模法车削锥度，适合于单件生产。

（　　）8. 用圆锥塞规涂色检验内圆锥时，如果小端接触，大端未接触，说明内圆锥的圆锥角太大。

（　　）9. 由于车刀装得高于或低于零件中心，车出的圆锥母线不直，形成双曲线误差。

三、简答题

1. 转动小滑板法车锥度有什么优缺点？怎样来确定小滑板转动的角度？

2. 靠模法车削锥度有哪些特点？

3. 圆锥的锥度测量方法有哪些？

项目 6

切断与切槽

项目导航

本项目主要介绍切断刀、切槽刀的刃磨方法，能正确安装切断刀、切槽刀，学会工件的切断和车削矩形槽。

教学目标

熟悉切断刀、切槽刀的种类。

明确切断刀、切槽刀的几何角度。

了解切断刀、切槽刀刀头宽度的计算。

掌握切断刀、切槽刀的刃磨方法。

能正确安装切断刀、切槽刀。

掌握直进法和左右借刀法切断工件。

了解沟槽的种类和作用。

掌握矩形槽的车削方法和测量方法。

技能要求

能正确刃磨切断刀、切槽刀。

能正确安装切断刀、切槽刀。

掌握直进法和左右借刀法切断工件。

掌握矩形槽的车削方法和测量方法。

任务 1 切断刀和切槽刀的刃磨

任务目标

刃磨如图 6.1 所示的切断刀、切槽刀，达到图样所规定的要求。

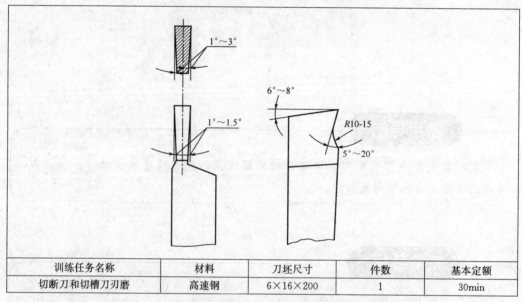

训练任务名称	材料	刀坯尺寸	件数	基本定额
切断刀和切槽刀刃磨	高速钢	6×16×200	1	30min

图 6.1 切断刀和切槽刀的刃磨练习

本次训练的任务是通过学习，了解切断刀、切槽刀的种类，熟悉切断刀、切槽刀的组成部分和几何角度，掌握切断刀、切槽刀的刃磨方法。

相关知识

矩形切槽刀和切断刀的几何形状基本相似，刃磨方法也基本相同，只是刀头部分的宽度和长度有所区别，有时也通用，故合并讲解。

一、切断刀、切槽刀的种类

切断刀、切槽刀的种类见表 6.1。

表 6.1 切断刀、切槽刀的种类

序号	种类	图示	特点
1	高速钢切断刀		刀头和刀杆是同一种材料锻造而成，当切断刀损坏以后，可以通过锻打后再使用，因此比较经济，目前应用较为广泛

续表

序号	种类	图示	特点
2	硬质合金切断刀		刀头用硬质合金焊接而成,适宜高速切削
3	弹性切断刀		为节省高速钢材料,切断刀作成片状,再夹在弹簧刀杆内,这种切断刀即节省刀具材料又富有弹性,当进给过快时刀头在弹性刀杆的作用下会自动产生让刀,这样就不容易产生扎刀而折断车刀

二、切断刀、切槽刀的几何角度

切断刀、切槽刀的几何角度见表 6.2,如图 6.2 所示。

表 6.2　切断刀、切槽刀的几何角度

序号	角度名称	角度范围
1	前角	切断中碳钢:$\gamma_0 = 20°\sim30°$　　切断铸铁:$\gamma_0 = 0\sim10°$
2	主后角	$\alpha_0 = 6°\sim8°$
3	主偏角	切断刀以横向进给为主 $\kappa_\gamma = 90°$
4	副偏角	$\kappa_\gamma' = 1°\sim1.3°$
5	副后角	$\alpha_0' = 1°\sim3°$

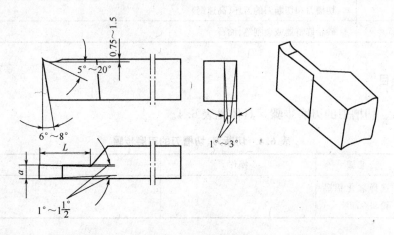

图 6.2　高速钢切断刀

三、切断刀、切槽刀刀头宽度的经验计算公式

1. 刀头宽度

刀头不能磨的太宽，刀头太宽不但浪费工件材料而且会因切削力太大而引起振动，刀头宽度与工件直径有关，一般按经验公式计算，即

$$a = (0.5 \sim 0.6)\sqrt{D} \tag{6.1}$$

式中，a——刀头宽度（mm）；

　　　D——工件待加工表面直径（mm）。

2. 刀头长度

刀头长度 L 过长易引起振动和刀头折断，刀头长度 L 可按下式计算，即

$$L = H + (2 \sim 3)\text{mm} \tag{6.2}$$

式中，L——刀头长度（mm）；

　　　H——切入深度（mm）。切断实心工件时，切入深度等于被切工件的半径；切断空心工件时，切入深度等于被切工件的壁厚。

━━━ 技能实训 ━━━

一、实训条件

实训条件见表 6.3。

表 6.3　实训条件

项目	名称
设备	砂轮
量具	游标卡尺
刀具	切槽刀和切断刀的刀坯（高速钢）
工具（工具）	砂轮修整器或金刚笔、油石

二、训练项目

切断刀、切槽刀的刃磨步骤，具体见表 6.4。

表 6.4　切断刀、切槽刀的刃磨步骤

序号	步骤	操作	图示
1	选择氧化铝砂轮和冷却液		

续表

序号	步骤	操作	图示
2	刃磨左侧副后面	两手握刀，车刀前面向上，同时磨出左侧副后角和副偏角	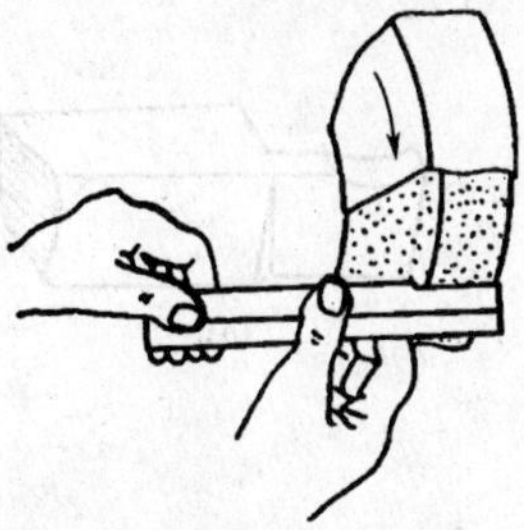
3	刃磨右侧副后面	两手握刀，车刀前面向上，同时磨出右侧副后角和副偏角	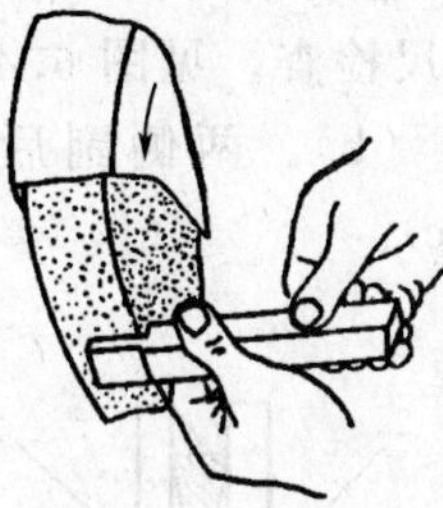
4	刃磨主后面	两手握刀，车刀前面向上，同时磨出主后角和主偏角（主切削刃）	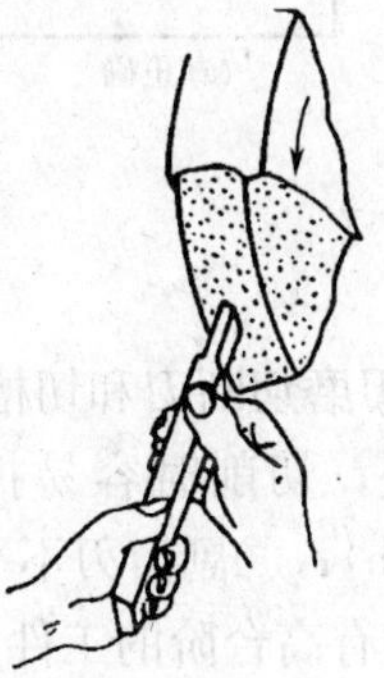
5	刃磨前面	两手握刀，车刀前面对着砂轮磨削表面，磨出前角，尽量保证两刀夹处于同一高度	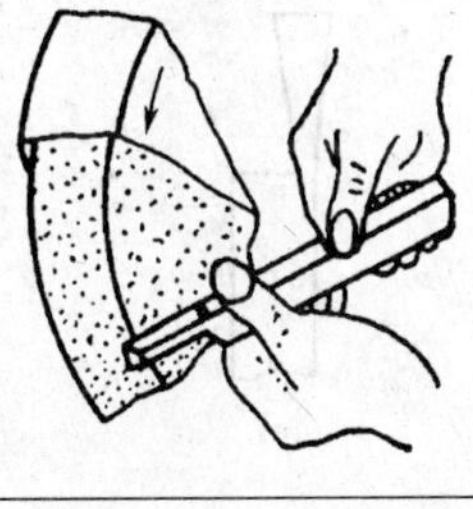
6	修磨刀尖圆弧		

三、注意事项

1）卷屑槽不宜过深，一般 0.75～1.5 mm，见图 6.3（a）。卷屑槽刃磨太深，其刀头强度差，容易折断，见图 6.3（b）。更不能把前面磨低或磨成台阶形，切削时切屑流出不顺利，排屑困难，切削力增加刀具强度相对降低易折断，如图6.3（c）。

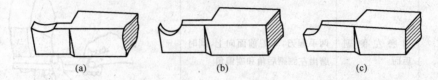

图 6.3　前角的正确与错误示意图

2）刃磨切断刀和切槽刀的两侧副后角时，应以车刀的底面为基准，用钢直尺或 90°角尺检查，见图 6.4（a）。副后角一侧有负值，切断时要与工件侧面摩擦，见图 6.4（b）。两侧副后角的角度太大，刀强度变差，切削时容易折断，见图6.4（c）。

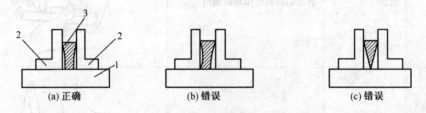

图 6.4　用 90°角尺检查切断刀的副后角
1. 平板；2. 90°角尺；3. 切断刀

3）刃磨切断刀和切槽刀的副偏角时，要防止产生下列情况：①副偏角太大，刀头强度变差，切削时容易折断，见图 6.5（a）；②副偏角负值，不能用直进法切削见图 6.5（b）；③副刀刃不平直，不能用直进法切割见图 6.5（c）；④车刀左侧磨去太多，不能切割有高台阶的工件见图 6.5（d）。

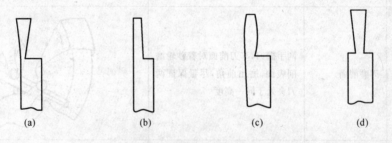

图 6.5　切断刀副偏角的几种错误磨法

4）高速钢车刀刃磨时，要随时冷却以防退火。硬质合金刀刃磨时不能在水中冷却，以防止刀片碎裂。

5）硬质合金车刀，刃磨时不能用力过猛，以防刀片烧结处产生高热脱焊，使刀片脱落。

6）刃磨切断刀和切槽刀时，通常左侧副后面磨出即可，刀宽的余量应放在车刀右侧磨去。

7）刃磨副刀刃时，刀侧与砂轮接触点应放在砂轮的边缘处，仔细观察和修整副刀刃的直线度。

8）主刀刃和两侧副刀刃之间应对称和平直。

实训反馈

一、考核标准

考核标准见表 6.5。

表 6.5 考核标准

序号	检测内容	配分	评分标准	检测量具	检测结果	得分
1	前角	10	超差扣 5～10 分	目测		
2	后角	10	超差扣 5～10 分	目测		
3	副后角（2 个）	20	超差扣 5～10 分	目测		
4	主偏角	10	超差扣 5～10 分	目测		
5	副偏角	10	超差扣 5～10 分	目测		
5	刀刃平直	10	超差扣 3～6 分	目测		
6	刀面平整	10	超差扣 3～6 分	目测		
7	磨刀姿势	10	超差扣 3～6 分	目测		
8	安全文明生产	10	不合要求酌情扣分			

二、记事

记事见表 6.6。

表 6.6 记事

日期	学生姓名	砂轮机号	批次	总分	教师签字

任务 2 切　　断

任务目标

加工如图 6.6 所示的零件，达到图样所规定的要求。

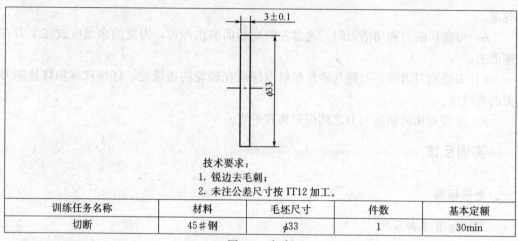

技术要求：
1. 锐边去毛刺；
2. 未注公差尺寸按IT12加工。

训练任务名称	材料	毛坯尺寸	件数	基本定额
切断	45♯钢	φ33	1	30min

图6.6 切断

本次训练的任务是通过工件的切断练习，掌握切断刀的正确安装方法，掌握直进法和左右借刀法切断工件，对于不同材料的工件，能选用不同角度的切断刀进行切断，并要求切割面平整光洁。

相关知识

在车床上把较长的工件切断成短料或将车削完成的工件从原材料上切下的加工方法叫切断。

一、切断刀的安装

切断刀装夹是否正确，对切断工件能否顺利进行，切断的工件平面是否平直有直接的关系，所以切断刀的安装要求较严。

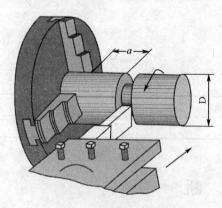

图6.7 切断刀的安装

1）切断实心工件时，切断刀的主刀刃必须严格对准工件中心，刀头中心线与轴线垂直，如图6.7所示。

切断刀安装时，切断刀的刀尖必须与工件轴线等高。切断刀安装过低，刀头易被压断[图6.8（a）]，切断刀安装过高，刀具后面顶住工件，不易切削［图6.8（b）]。

2）为了增加切断刀的强度，刀杆不易伸出过长，以防振动。

二、切断方法

切断方法见表6.7。

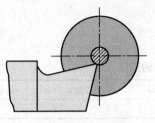

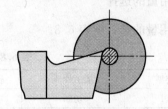

(a) 切断刀安装过低　　　　　　　　　　(b) 切断刀安装过高

图 6.8　切断刀装夹

表 6.7　切断方法

序号	切断方法	图示	特点
1	直进法		所谓直进法是指垂直于工件轴线方向进给切断。这种切断方法切断效率高，但对车床、刀具刃磨、装夹有较高的要求，否则容易造成切断刀的折断
2	左、右借刀法		在切削系统(刀具、工件、车床)刚性等不足的情况下，可采用左、右借刀法切断工件，这种方法是指切断刀在轴线方向反复地往返移动，随之两侧径向进给，直至工件切断
3	反切法		反切法是指工件反转车刀反装，这种切断方法易用于较大直径工件。其优点：①反转切断时作用在工件上的切削力与主轴重力方向一致向下，因此主轴不容易产生上下跳动，所以切断工件比较平稳；②切屑从下面流出，不会堵塞在切屑槽中，因而能比较顺利的切削但必须指出，在采用反切法时卡盘与主轴的连接部分必须有保险装置，否则卡盘会因倒车而脱离主轴，产生事故

车工技能实训

三、切削用量的选择

切削用量的选择见表 6.8。

表 6.8　切削用量的选择

车刀类型	加工性质	转速 $n/(r/min)$	背吃刀量 a_p/mm	进给量 $f/(mm/r)$
切断刀	切断	200		手动进给

技能实训

一、实训条件

实训条件见表 6.9。

表 6.9　实训条件

项目	名称
设备	CA6140 型卧式车床或同类型的车床
刀具	45°端面车刀、90°外圆车刀和切断刀(高速钢)
量具	游标卡尺、钢直尺

二、训练项目

工件切断加工步骤,具体见表 6.10。

表 6.10　工件切断加工步骤

序号	步骤	操作	图示
1	装夹工件	用三爪卡盘夹住毛坯,工件伸长 15mm 左右,找正夹紧	
2	平端面和车外圆	粗、精车右端面、外圆 ϕ33 长为:切断刀刀宽+3mm	

• 122 •

续表

序号	步骤	操作	图示
3	切断	切断工件,保证长度 3±0.1mm 至尺寸	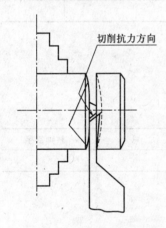

三、注意事项

1) 被切工件的平面产生凹凸的原因如下所述。

①切断刀两侧的刀尖刃磨或磨损不一致,造成让刀,因而使工件平面产生凹凸。

②窄切断刀的主刀刃与工件轴心线有较大的夹角,左侧刀尖有磨损现象,进给时在侧向切削力的作用下,刀头易产生偏斜,势必产生工件平面内凹,见图6.9。

③主轴轴向窜动。

④车刀安装歪斜或副刀刃没磨直等。

2) 切断时产生振动主要的原因如下所述。

①主轴和轴承之间间隙过大。

②切断的棒料过长,在离心力的作用下产生振动。

③切断刀远离工件支撑点。

④工件细长,切断刀刃口太宽。

⑤切断时转速过高,进给量过小。

⑥切断刀伸出过长。

3) 切断刀折断的主要原因如下所述。

①工件装夹不牢靠、切割点远离卡盘,在切削力作用下,工件抬起,造成刀头折断。

②切断时排屑不良,铁屑堵塞,造成刀头载荷增大,使刀头折断。

③切断刀的副偏角、副后角磨得太大,削弱了刀头强度,使刀头折断。

④切断刀装夹跟工件轴心线不垂直,主刀刃与轴心不等高。

⑤进给量过大,切断刀前角过大。

⑥床鞍、中、小滑板松动,切削时产生"扎刀",致使切断刀折断。

4) 切割前应调整中、小滑板的松紧,一般宜紧些为好。

图 6.9　主刀刃歪斜、左侧刀尖磨损对工件平面的影响

5) 用高速钢刀切断工件时，应浇注切削液，这样可以延长切断刀的使用寿命；用硬质合金刀切断工件时，中途不准停车，否则刀刃易碎裂。

6) 一夹一顶或两顶尖安装工件时，不能把工件直接切断，以防切断时工件飞出伤人。

7) 用左、右借刀法切断工件时，借刀速度应均匀，借刀距离要一致。

实训反馈

一、考核标准

考核标准见表 6.11。

表 6.11 考核标准

序号	检测内容	配分	评分标准	检测量具	检测结果	得分
1	$\phi33$	30	超差不得分	游标卡尺		
2	3 ± 0.1	50	超差不得分	游标卡尺		
3	粗糙度	10	超差不得分	粗糙度对比块或目测		
4	安全文明生产	10	不合要求酌情扣分			

二、记事

记事见表 6.12。

表 6.12 记事

日期	学生姓名	车床号	批次	总分	教师签字

任务3 切 槽

任务目标

加工如图 6.10 所示的零件，达到图样所规定的要求。

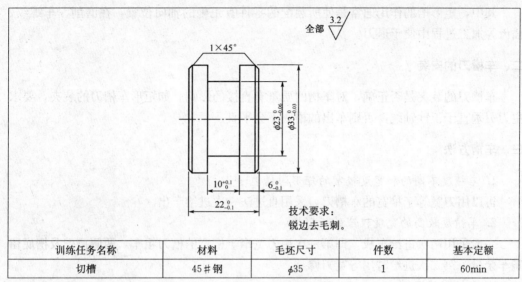

训练任务名称	材料	毛坯尺寸	件数	基本定额
切槽	45#钢	φ35	1	60min

图 6.10　切槽

本次训练的任务通过矩形槽的车削练习，了解沟槽的种类和作用，掌握矩形槽的车削方法和测量方法，了解车槽时可能产生的问题和防止方法。

相关知识

一、沟槽的种类

在零件上加工各种形状的槽的操作，叫做切沟槽。常见的沟槽有外沟槽、内沟槽和端面沟槽，见表 6.13。

表 6.13　沟槽的种类

序号	沟槽名称	图示
1	外沟槽（外圆上的沟槽）	
2	内沟槽（内孔的沟槽）	
3	端面沟槽（端面上的沟槽）	

其中，矩形槽的作用通常是使所装配的零件有正确的轴向位置，在磨削、车螺纹、插齿等加工过程中便于退刀。

二、车槽刀的安装

车槽刀的装夹是否正确，对车槽的质量有直接的影响。如矩形车槽刀的装夹，要求主刀刃垂直于工件轴线，否则车出的槽底不会平直。

三、车槽方法

1. 车精度不高的和宽度较窄的矩形沟槽

可以用刀宽等于槽宽的车槽刀，采用直进法一次进给车出。

2. 车精度较高的宽度较窄的矩形槽

一般采用两次进给车成，即第一次用刀宽窄于槽宽的槽刀粗车，两侧槽壁及槽底留精车余量，第二次进给时用等宽刀修整。

3. 车较宽的沟槽

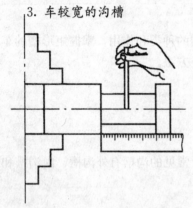

可以采用多次直进法车削，具体步骤如下：

1）划线确定沟槽的轴向位置。

2）粗车成形，在两侧槽壁及槽底留 0.1～0.3 mm 的精车余量。

3）精车基准槽壁，精确定位。

4）精车第二槽壁，通过试切削保证槽宽。

5）精车槽底，保证槽底直径。

四、沟槽的测量

图 6.11　用卡钳、钢直尺测量沟槽

1）精度要求低的沟槽，一般采用钢直尺和卡钳测量（图 6.11）。

2）精度较高的沟槽，底径可用千分尺，槽宽可用样板、游标卡尺、塞规等检查测量（图 6.12）。

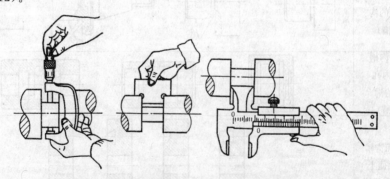

(a) 用外径千分尺测量沟槽直径　　(b) 用样板游标卡尺测量沟槽宽度

图 6.12　测量较高精度沟槽的几种方法

五、切削用量的选择

切削用量的选择见表 6.14。

表 6.14 切削用量的选择

车刀类型	加工性质	转速 $n/(r/min)$	背吃刀量 a_p/mm	进给量 $f/(mm/r)$
切断刀	切断	200	刀宽	手动进给
切槽刀	粗切槽	200	刀宽	手动进给
	精切槽	100	0.1~0.2	0.12

技能实训

一、实训条件

实训条件见表 6.15。

表 6.15 实训条件

项目	名称
设备	CA6140 型卧式车床或同类型的车床
刀具	45°端面车刀、90°外圆车刀和切槽刀、切断刀(高速钢)
量具	游标卡尺、千分尺、钢直尺

二、训练项目

矩形槽的车削加工步骤,具体见表 6.16。

表 6.16 矩形槽的车削加工步骤

序号	步骤	操作	图示
1	装夹工件,平端面	用三爪卡盘夹住毛坯,工件伸长35mm 左右,找正夹紧,平端面	
2	粗车外圆	粗车外圆 ϕ33.7mm,长 28mm	

车工技能实训

续表

序号	步骤	操作	图示
3	粗切槽两侧	粗切槽两侧,保证槽深 $\phi23.3$mm,长度尺寸 9.4mm 和 6.3mm 至尺寸要求	
4	精切槽两侧	精切槽两侧,保证槽宽 $10^{+0.1}_{0}$mm 以及长度尺寸 $6^{0}_{-0.1}$mm 至尺寸要求	
5	精切槽底	精切槽底,保证槽深 $\phi23$mm 至尺寸要求	
6	精车外圆	精车外圆,保证外圆 $\phi33^{0}_{-0.03}$mm 至尺寸要求	

续表

序号	步骤	操作	图示
7	倒角与去毛刺	倒角 $1 \times 45°$，以及去毛刺	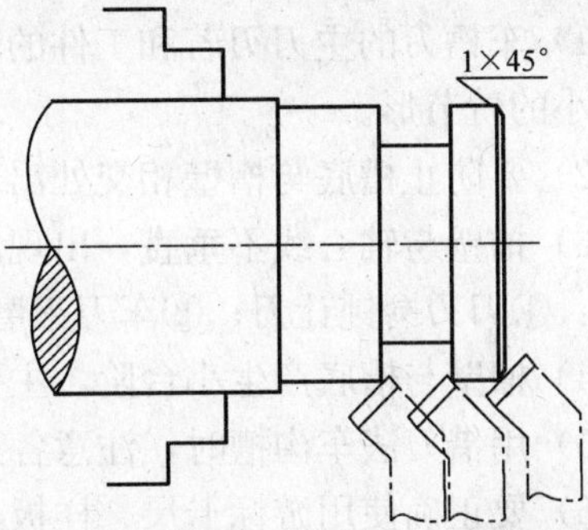
8	切断	切断工件，保证长度 22.5mm 左右	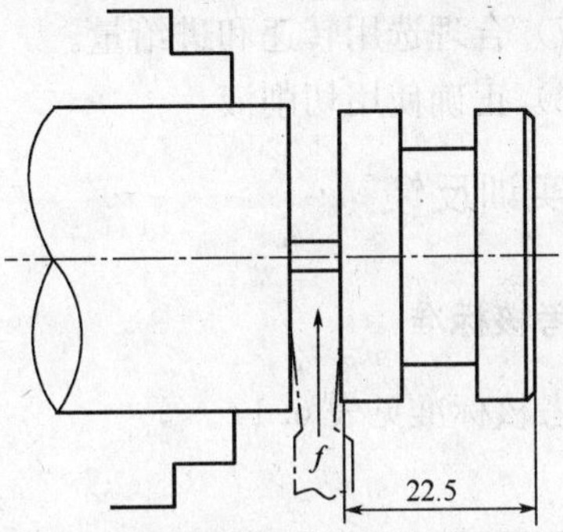
9	调头平端面	调头，找正夹紧后，粗、精车端面，保证总长 $22_{-0.1}^{0}$ mm	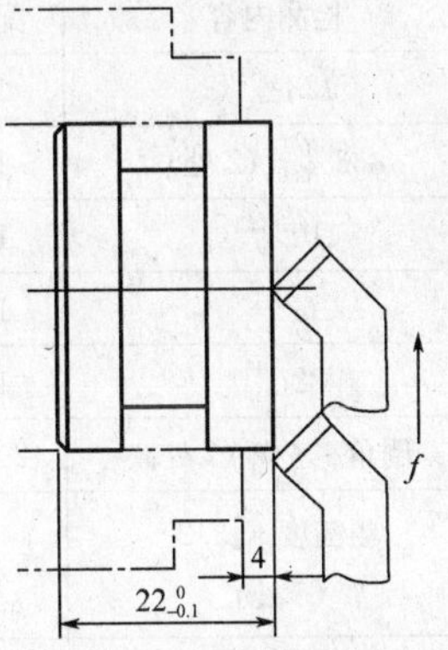
10	倒角	倒角 $1 \times 45°$	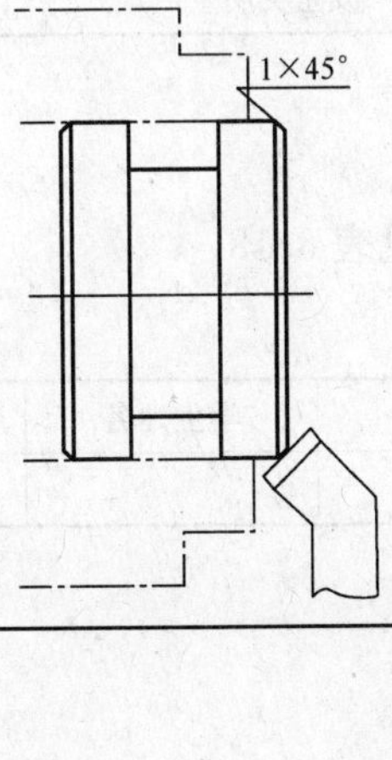

三、注意事项

1) 车槽刀的主刀刃若和工件的轴心线不平行，则车出的沟槽一侧直径大，另一侧直径小的竹节形。

2) 要防止槽底与槽壁相交处出现圆角和槽底中间尺寸小，靠近槽壁两侧尺寸大。

3) 槽壁与轴心线不垂直，出现内槽狭窄外口大的喇叭形，造成这种现象的主要原因是：①刀刃磨钝让刀；②车刀刃磨角度不正确；③车刀装夹不垂直。

4) 槽壁与槽底产生小台阶，主要原因是接刀当所造成。

5) 用借刀法车沟槽时，注意各条槽距。

6) 要正确使用游标卡尺、样板、塞规测量沟槽。

7) 合理选用转速和进给量。

8) 正确使用切削液。

实训反馈

一、考核标准

考核标准见表 6.17。

表 6.17 考核标准

序号	检测内容	配分	评分标准	检测量具	检测结果	得分
1	$\phi23_{-0.06}^{0}$	15	超差不得分	千分尺		
2	$\phi33_{-0.03}^{0}$(2处)	16	超差不得分	千分尺		
3	$10_{0}^{+0.1}$	15	超差不得分	游标卡尺		
4	$6_{-0.1}^{0}$	10	超差不得分	游标卡尺		
5	$22_{-0.1}^{0}$	15	超差不得分	游标卡尺		
6	倒角 $1\times45°$(2处)	2×2	超差不得分	钢直尺		
7	粗糙度 $R_a3.2$ (5处)	5×3	超差不得分	粗糙度对比块或目测		
8	安全文明生产	10	不合要求扣分			

二、记事

记事见表 6.18。

表 6.18 记事

日期	学生姓名	车床号	批次	总分	教师签字

思考与练习

一、选择题

1. 反切断刀适用于切断（　　）。
   A. 硬材料　　　　　　　　　　　　B. 大直径零件
   C. 细长轴

2. 切断实心零件时，切断刀主切削刃必须装得（　　）零件轴线。
   A. 高于　　　　　　　B. 等高于　　　　　　C. 低于

3. 切断刀的副后角应选（　　）。
   A. 6°～8°　　　　　B. 1°～2°　　　　　C. 12°　　　　　D. 5°

4. 切断刀的副偏角一般选（　　）。
   A. 6°～8°　　　　　B. 20°　　　　　C. 1°～1.5°　　　　　D. 45°～60°

二、判断题

（　　）1. 外圆沟槽的槽深不等于它的切入深度。

（　　）2. 切断直径相同的棒料和套，都应当选择刀头宽度相同的切断刀。

（　　）3. 切断实心零件时，切断刀的刀头长度应比零件半径长 2～3mm。

（　　）4. 可以在双顶尖装夹的情况下切断零件。

三、计算题

用高速钢切断刀切断直径为 100mm 的棒料，试计算刀头宽度和刀头长度。

项 目 7

外三角螺纹的加工

项目导航

　　本项目主要介绍螺纹的基本知识、三角形螺纹车刀的角度刃磨、三角形螺纹的车削加工以及三角形螺纹的单项测量和综合测量方法。

教学目标

　　了解螺纹的基本组成要素以及常用螺纹的标记。
　　掌握三角形螺纹车刀角度的刃磨方法和刃磨要求。
　　掌握三角形螺纹车刀角度的样板检查和刀尖角的修正。
　　能根据具体的加工要求准确调整机床各手柄位置和挂轮。
　　掌握车三角形螺纹的基本动作和方法。
　　掌握螺纹车削加工时中途对刀的方法。
　　掌握螺纹中径的常用测量方法。

技能要求

　　掌握三角形螺纹车刀角度的刃磨方法和刃磨要求。
　　掌握车三角形螺纹的基本动作和方法。
　　掌握螺纹车削加工时中途对刀的方法。
　　掌握螺纹中径的常用测量方法。

任务 1 认识螺纹

▮ 任务目标

在各类机械产品中，带有螺纹的零件应用广泛。它主要用作连接件、传动零件、紧固零件和测量用的零件等。在车床上车削螺纹的方法也是车工的基本技能要求。通过本任务的学习，能知道螺纹是如何形成，以及螺纹的基本组成要素，以便于我们在实践过程中正确地进行螺纹加工。

▮ 相关知识

一、螺纹的形成和基本要素

1. 螺纹的形成

螺纹为回转体表面上沿螺旋线所形成的、具有相同剖面的连续凸起和沟槽。实际上可以认为是平面图形绕和它共平面的回转线做螺旋运动时的轨迹。在圆柱上形成的螺纹为圆柱螺纹（见图 7.1）；在圆锥面上形成的螺纹为圆锥螺纹。螺纹在回转体外表面时为外螺纹（见图 7.1）；在内表面（即孔壁上）时为内螺纹（见图 7.2）。

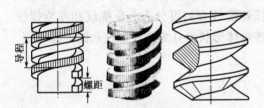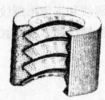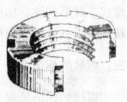

图 7.1 螺纹的形成（外螺纹）　　　　　图 7.2 内螺纹

2. 螺纹的基本组成要素

螺纹牙型是通过螺纹轴线剖面上的螺纹轮廓形状。以普通螺纹的牙型（见图 7.3）为例介绍螺纹的基本要素（见表 7.1）。另外，螺纹的公称直径通常指的是螺纹大径的基本尺寸。

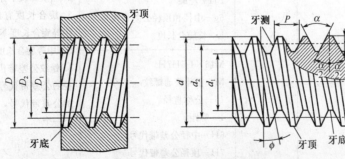

图 7.3 普通螺纹的基本要素

表 7.1　螺纹的基本组成要素

序号	名称	符号	概念
1	牙型角	α	螺纹牙型上相邻两牙侧间的夹角
2	螺距	P	相邻两牙在中径线上对应两点间的轴向距离
3	导程	P_h	在同一条螺旋线上相邻两牙在中径线上对应两点间的轴向距离。导程等于螺纹线数 n 乘以螺距，即 $P_h = n \times P$
4	螺纹大径	d、D	与外螺纹牙顶或内螺纹牙底相切的假想圆柱面或圆锥面的直径。外螺纹和内螺纹的大径分别用 d 和 D 表示
5	螺纹小径	d_1、D_1	与外螺纹牙底或内螺纹牙顶相切的假想圆柱面或圆锥面的直径。外螺纹和内螺纹的大径分别用 d_1 和 D_1 表示
6	螺纹中径	d_2、D_2	母线通过牙型上沟槽与凸起宽度相等地方的一个假想圆柱体直径。同规格的外螺纹中径 d_2 与内螺纹中径 D_2 的公称尺寸相等
7	牙型高度	h_1	在螺纹的牙型上，牙顶到牙底在垂直于螺纹轴线方向上的距离
8	螺旋升角	ψ	在中径圆柱或中径圆锥上，螺旋线的切线与垂直于螺纹轴线的平面的夹角

二、螺纹的类型

螺纹按用途可分为紧固螺纹、管螺纹和传动螺纹；按牙型可分为三角形螺纹、矩形螺纹、圆形螺纹、梯形螺纹和锯齿形螺纹；按螺旋线方向可分为右旋螺纹和左旋螺纹；按螺旋线线数可分为单线螺纹和多线螺纹；按母体形状可分为圆柱螺纹和圆锥螺纹等。

三、螺纹的标记

螺纹的标记见表 7.2。

表 7.2　常用螺纹的标记

螺纹种类		特征代号	牙型角	标记示例	标记方法
普通螺纹	粗牙	M	60°	M16LH-6g-L M—粗牙普通螺纹 16—公称直径 LH—左旋 6g—中径和顶径公差带代号 L—长旋合长度	1. 粗牙普通螺纹不标记螺距； 2. 右旋螺纹不标记旋向代号； 3. 旋合长度有长旋合长度 L、中等旋合长度 N 和短旋合长度 S，中等旋合长度不标记； 4. 螺纹公差带代号中前者为中径的公差带代号，后者为顶径的公差带代号，两者相同只标记一个
	细牙			M16×1-6H7H M—粗牙普通螺纹 16—公称直径 1—螺距 6H—中径公差带代号 7H—顶径公差带代号	

螺纹种类	特征代号	牙型角	标记示例	标记方法
梯形螺纹	Tr	30°	Tr24×12 (P6)-7H Tr—梯形螺纹 24—公称直径 12—导程 P6—螺距为 6mm 7H—中径公差带代号 右旋，双线，中等旋合长度	1. 单线螺纹只标记螺距，多线螺纹应同时标记螺距和导程； 2. 右旋不标记旋向代号； 3. 旋合长度有长旋合长度 L、中等旋合长度 N 和短旋合长度 S，中等旋合长度不标记； 4. 只标记中径公差带代号
矩形螺纹		0°	矩形 36×8 36—公称直径 8—螺距	

四、螺纹的基本尺寸计算

普通螺纹、英制螺纹和管螺纹的牙型都是三角形，故统称为三角形螺纹。梯形螺纹是常用的传动螺纹，其承载能力较大，具有良好的自锁性能，在千斤顶、机床丝杠等机电设备中有较大的应用。

1. 普通螺纹的牙型和基本尺寸计算

普通螺纹是应用最为广泛的一种三角形螺纹，它有粗牙和细牙之分。当公称直径相同时，细牙普通螺纹比粗牙普通螺纹的螺距小。粗牙普通螺纹的螺距不直接标注。普通螺纹的基本牙型如图 7.4 所示，尺寸计算见表 7.3。

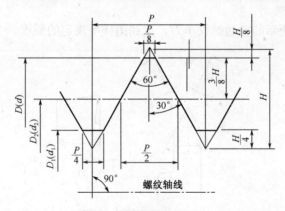

图 7.4　普通螺纹的牙型

表 7.3　普通螺纹基本参数的计算公式

基本参数	外螺纹	内螺纹	计算公式
牙型角	α		$\alpha=60°$
公称直径	d	D	$d=D$
中径	d_2	D_2	$d_2=D_2=d-0.6495×P$
牙型高	h_2		$h_1=0.5413×P$
小径	d_1	D_1	$d_1=D_1=d-1.0825×P$

【例7.1】 计算普通外螺纹 M16×2 各部分尺寸。

解：已知 $d=16mm$，$P=2mm$，$\alpha=60°$，依据表7.3有

$$d_2=D_2=d-0.6495\times P=16-0.6495\times 2=14.701mm$$
$$d_1=D_1=d-1.0825\times P=16-1.0825\times 2=13.835mm$$
$$h_1=0.5413\times P=0.5413\times 2=1.083mm$$

2. 英制螺纹

由于机电设备市场的开放，国外先进的机电设备大量使用了英制螺纹，因此在某些机电设备的日常维修和养护时英制螺纹有较大的应用。

英制螺纹的牙型角为55°（美制螺纹为60°），公称直径是指内螺纹的大径，用 in 表示。螺距 P 以 1 in（25.4mm）中的牙数 n 表示。英制螺纹 1 in 内的牙数及各基本要素的尺寸可以通过查《机械设计手册》获得。

3. 管螺纹

管螺纹是在管子上加工的特殊的细牙螺纹，其使用范围仅次于普通螺纹，牙型角有55°和60°两种。

4. 梯形螺纹

梯形螺纹有英制和米制两种，我国常采用米制梯形螺纹。梯形螺纹知识见项目11。

任务2 外三角螺纹车刀的刃磨

任务目标

刃磨如图7.5所示的普通螺纹车刀，达到图样所规定的要求。

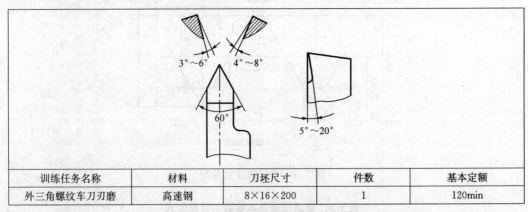

训练任务名称	材料	刀坯尺寸	件数	基本定额
外三角螺纹车刀刃磨	高速钢	8×16×200	1	120min

图7.5 普通螺纹车刀刃磨训练图

通过本次训练，了解螺纹车刀切削部分的常用材料、三角形螺纹车刀的角度及选择原则，掌握外三角形螺纹车刀的刃磨方法和检测方式，磨出合格的外三角螺纹车刀。

■■■ 相关知识 ■■■

一、螺纹车刀切削部分的常用材料

一般情况下，螺纹车刀切削部分的常用材料主要有高速钢和硬质合金两种。一般的选用原则见表7.4所示。

表7.4 螺纹车刀切削部分材料的选择

项目	高速钢	硬质合金
根据选择的主轴转速选刀具	低速切削	高速切削
根据加工工件的材料选刀具	有色金属、铸钢、橡胶等	钢件

二、三角形螺纹车刀的几何角度

三角形螺纹车刀在刃磨时主要考虑的车刀角度有刀尖角 ε_r、前角 γ_0 和后角 α_0。螺纹车刀主要角度的初步选择可以参考表7.5进行。

表7.5 螺纹车刀刀具几何角度及初步选择

角度名称	角度符号	初步选择
刀尖角	ε	1. 刀尖角应等于牙型角 2. 车普通螺纹时刀尖角为60°，车英制螺纹时刀尖角为55°
前角	γ_0	1. 高速钢三角形螺纹车刀粗加工时前角一般取为5°~15°。因为螺纹车刀的纵向前角对牙型角有很大影响，所以精车时或精度要求高的螺纹，径向前角可以取得小一些，约0°~5° 2. 硬质合金钢三角形螺纹车刀粗加工时前角一般取为0°~5°，而精加工时一般取前角为0°左右
后角	α_0	1. 一般为5°~10°，实际生产时经常刃磨成6°左右 2. 因受螺纹升角的影响，在加工大螺距（$P>2mm$）螺纹时进刀方向一面的后角应磨得稍大一些，刃磨角度值为后角 α_0 加上螺旋升角 ψ。但大直径、小螺距的三角形螺纹，这种影响可忽略不计 3. 车削材料较硬时，也可以在车刀两侧切削刃上磨出0.2mm左右的倒棱

三、三角形螺纹车刀的刃磨

1. 刃磨要求

1）根据粗、精车的要求以及刀具材料的不同，刃磨出合理的前、后角。粗车刀前角大、后角小，精车刀则相反。高速钢车刀的前角大，硬质合金车刀的前角小。

2）车刀的左右刀刃必须是直线，无崩刃。

3）刀头不歪斜，牙型半角相等。

2. 刀尖角的刃磨和检查

由于螺纹车刀刀尖角要求高、刀头体积小,因此刃磨起来比一般车刀困难。在刃磨高速钢螺纹车刀时,若感到发热烫手,必须及时用水冷却,否则容易引起刀尖退火;刃磨硬质合金车刀时,应注意刃磨方法,刃磨两侧面时,应由下往上刃磨。在精磨时,应注意防止压力过大而震碎刀片,同时要防止刀具在刃磨时骤冷而损坏刀具。

为了保证磨出准确的刀尖角,在刃磨时可用螺纹角度样板测量,如图7.6所示。测量时把刀尖角与样板贴合,对准光源,仔细观察两边贴合的间隙,并进行修磨。

对于具有纵向前角的螺纹车刀可以用一种厚度较厚的特制螺纹样板来测量刀尖角,如图7.7所示。测量时样板应与车刀底面平行,用透光法检查,这样量出的角度近似等于牙型角。

图 7.6 螺纹角度样板

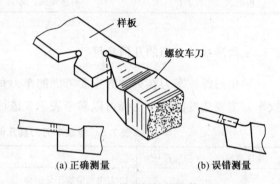

(a) 正确测量   (b) 误错测量

图 7.7 用特制螺纹样板修正法

四、三角形螺纹车刀的检测方法

螺纹车刀的刀尖角 ε_r 可以采用图7.6所示的螺纹样板进行检测,主、副后角和前角可以通过目测的方法进行简单的测量。但加工大螺距($P>2mm$)螺纹时,主后角角度值必须进行较精确的测量,可以采用角度尺进行精确测量。

▌技能实训

一、实训条件

实训条件见表7.6。

表7.6 实训条件

项目	名称	项目	名称
设备	砂轮机	刀具	高速钢 8×16×200
量具	螺纹样板	工具	金刚笔、油石等

二、训练项目

外三角螺纹车刀的刃磨步骤见表 7.7。

表 7.7　外三角螺纹车刀的刃磨步骤

步骤	操作	图示
磨主、副后刀面	粗磨主、副后刀面	
磨前刀面及前角	粗、精磨前面，保证前角角度为 15°，这时刀头基本成形	
角度样板检查	检查外三角螺纹车刀的牙型角，保证其角度正确	
刀尖角修正	精磨主、副后面，刀尖角用样板检查修正，保证切削刃平直，刀面光洁，角度正确，刀具锋利	

三、注意事项

1）磨刀时，人的站立位置要正确。

2）刃磨高速钢车刀时，宜选用 80♯氧化铝砂轮，磨刀时压力应小于一般车刀，并及时蘸水冷却，以免过热而失去刀刃硬度。

3）粗磨时也要用样板检查刀尖角，若磨有纵向前角的螺纹车刀，粗磨后的刀尖角略大于牙型角，待磨好前角后再修正刀尖角。

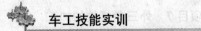车工技能实训

4）刃磨螺纹车刀的刀刃时，要稍带移动，这样容易使刀刃平直。

5）刃磨车刀时应注意安全。

实训反馈

一、考核标准

考核标准见表 7.8。

表 7.8　考核标准

序号	检测内容	配分	评分标准	检测量具	检测结果	得分
1	刀尖角	30	超差扣 5～10 分	角度样板		
2	前角	10	超差扣 5～10 分	目测		
3	主后角	10	超差扣 5～10 分	目测		
4	副后角	10	超差扣 5～10 分	目测		
5	刀刃平直	10	超差扣 3～6 分	目测		
6	刀面平整	10	超差扣 3～6 分	目测		
7	磨刀姿势	15	超差扣 3～6 分	目测		
8	安全文明生产	5	不合要求扣分	目测		

二、记事

记事见表 7.9。

表 7.9　记事

日期	学生姓名	砂轮机号	批次	总分	教师签字

任务 3　外三角形螺纹的加工

任务目标

加工如图 7.8 所示的零件，达到图样所规定的要求。

通过本次训练，掌握用螺纹样板正确装夹车刀，熟悉三角形螺纹车削的基本动作和方法，初步掌握中途对刀的方法，并能正确采用直进法和左右车削法，加工出合格的外三角形螺纹。

· 140 ·

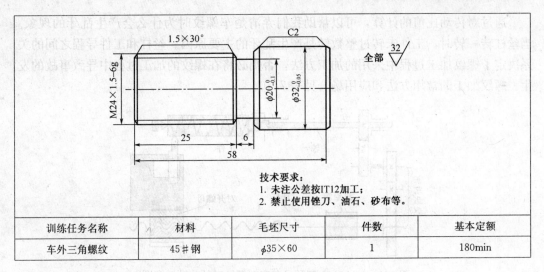

技术要求:
1. 未注公差按IT12加工;
2. 禁止使用锉刀、油石、砂布等。

训练任务名称	材料	毛坯尺寸	件数	基本定额
车外三角螺纹	45♯钢	$\phi 35 \times 60$	1	180min

图 7.8 螺纹车削零件图

相关知识

一、螺纹车刀的装夹

三角形螺纹的特点是:螺距小、螺纹长度短。其基本要求是,螺纹轴向剖面必须正确、两侧表面粗糙度小;中径尺寸符合精度要求;螺纹与工件轴线保持同轴。

1)装夹螺纹车刀时,刀尖应安装在与工件轴心线等高的位置上(可根据尾座顶尖高度检查)。

2)车刀刀尖的对称中心线必须与工件轴心线垂直,装刀时可以用螺纹角度样板来对刀(如图 7.9 所示)。

3)刀头伸出长度不宜过长,以免降低车刀的刚性,一般取值为 20~25mm(约为刀杆厚度的 1.5 倍)。

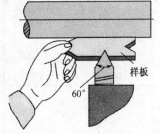

图 7.9 外螺纹车刀的位置

二、车螺纹时车床的调整

1. 传动比的计算

如图 7.10 所示为 CA6140 型卧式车床车螺纹时的传动示意图。当工件旋转一周时,车刀必须沿工件轴线方向移动一个螺纹的导程 nP_g。在一定时间内,车刀的移动距离等于工件转数 n_g 与工件螺纹导程 nP_g 的乘积,也等于丝杠转数 n_s 与丝杠螺距 P_s 的乘积,即

$$n_g \times nP_g = n_s \times P_s$$

$$i = \frac{n_s}{n_g} = \frac{nP_g}{P_s}$$

通过对传动比值的计算，可以帮助我们弄清楚车螺纹时为什么会产生乱牙的现象。当丝杠转一转时，工件未转过整数转是产生乱牙的主要原因。丝杠和工件导程之间的关系决定了螺纹加工过程中采用的加工方法，否则必将在螺纹的加工过程中导致事故的发生。螺纹加工的常用方法和应用场合见表7.10。

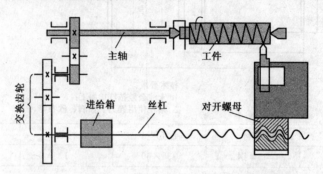

图 7.10 CA6140 型卧式车床车螺纹时的传动示意图

表 7.10 普通螺纹的车削方法和应用场合

序号	螺纹车削方法	图例	应用场合及特点
1	开合螺用法车螺纹		当丝杠的导程是工件导程的整数倍时，我们可以采用开合螺母法车螺纹，节省了加工时间，提高了加工效率
2	开倒顺车法车螺纹		当丝杠导程不是工件导程的整数倍时，可以采用开倒顺车法车螺纹。该方法可以避免乱牙现象的发生

2. 调整滑板间隙

调整中、小滑板镶条时，不能太紧，也不能太松。太紧了，摇动滑板费力，操作不灵活；太松了，车螺纹时容易产生"扎刀"。顺时针方向旋转小滑板手柄，可以消除小滑板丝杠与螺母的间隙。

三、车螺纹时的动作练习

1. 机床性能检查

选择主轴转速为 200r/min 左右，开动车床，将主轴倒、顺转数次，然后合上开合螺母，检查丝杠与开合螺母的工作情况是否正常，若有跳动和自动抬闸现象，必须消除。

2. 空刀练习车螺纹的动作

选螺距 2mm，长度为 25mm，转速 165～200r/min。开车空刀练习开合螺母的分合动作［如图 7.11（a）、（b）所示］，先退刀、后提开合螺母，动作协调。

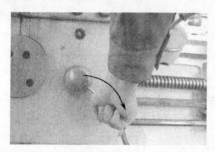 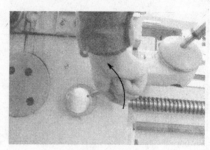

(a) 压下开合螺母　　　　　　(b) 提起开合螺母

图 7.11　开合螺母的提起与压下动作练习

3. 螺纹车削加工

螺纹车削加工见表 7.11。

表 7.11　螺纹车削加工过程

序号	普通螺纹车削加工过程描述	加工过程图示表达
1	开车，使车刀与工件轻微接触，将中拖板刻度盘对"0"位，向右退出车刀（便于切削加工时的刻度记忆）	
2	合上开合螺母，横向进刀，开顺车使车刀在工件表面车出一条螺旋线，横向退出车刀，停车	

序号	普通螺纹车削加工过程描述	加工过程图示表达
3	开反车使车刀退到工件右端。停车,用钢直尺检查螺距是否准确	
4	利用中滑板刻度盘调整切深。开顺车切削,车削钢料时加注冷却液	
5	车刀将至行程终了时,应做好退刀停车准备。先快速退出车刀,然后停车,开反车将刀具退至工件右端。(动作熟练之后,当车刀刀尖离开工件之后,可以迅速横向退刀,直接开反车退刀至工件右端)	
6	再次横向切入,继续切削。切削过程如图所示。精加工牙侧面时,降低主轴转速,进行车削。完成一次循环之后可以用螺纹止通规进行检测。直到通规顺利通过,止规止住为止	快速退出　开车切削　进刀　开反车返回

4. 车无退刀槽的钢件螺纹

1) 车钢件螺纹的车刀:一般选用高速钢车刀。为了排屑顺利,磨有纵向前角。

2) 车削方法:采用左右切削法或斜进法,如图7.12所示。

车螺纹时,除了用中滑板刻度控制车刀的径向进给外,同时使用小滑板的刻度,使车刀左、右微量进给［如图 7.12（a）］。采用左右切削法时，要合理分配切削余量。粗车时亦可用斜进法［如图 7.12（b）］，顺走刀一个方向偏移。一般每边留精车余量 0.2～0.3mm。精车时，为了使螺纹两侧面都比较光洁，当一侧面车光以后，再将车刀偏移到另一侧面车削。两面均车光后，再将车刀移至中间，用直进法把牙底车光，保证牙底清晰。精车使用较低的主轴转速（$n < 30\text{r/min}$）和较小的进刀深度（$a_p < 0.1\text{mm}$）。粗车时 $n = 80\sim100\text{r/min}$，$a_p = 0.15\sim0.3\text{mm}$。

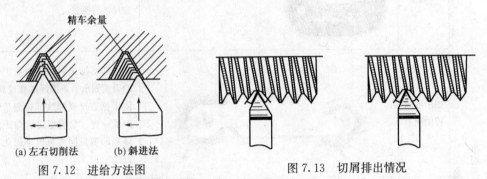

图 7.12 进给方法图   图 7.13 切屑排出情况

这种切削方法操作较复杂，偏移的走刀量要适当，否则会将螺纹车乱或牙顶车尖。它适用于低速切削螺距大于 2mm 的塑性材料。由于车刀用单刃切削，所以不容易产生扎刀现象。在车削过程中亦可用观察法控制左右微量进给。当排出的切屑很薄时（像锡箔一样，如图 7.13 所示），车出的螺纹表面粗糙度就会很小。

3）乱牙及其避免方法：使用按、提开合螺母车螺纹时，应首先确定被加工螺纹的螺距是否乱牙，如乱牙，则采用倒顺车法。即使用操纵杆正反切削。

4）切削液：低速车削时必须加乳化液。

5. 车有退刀槽的螺纹

有很多螺纹，由于工艺和技术上的要求，须有退刀槽。退刀槽的直径应小于螺纹小径（便于拧螺母），槽宽约为 2～3 个螺距。车削时车刀移至槽中即退刀，并提开合螺母或开倒车。

四、螺纹的检测

车削普通螺纹时，应根据不同的质量要求和生产批量的大小，相应地选择不同的检测方法（见表 7.12）。

五、切削用量选择

切削用量选择见表 7.13。

表 7.12　螺纹的检测方法

螺纹的检测方法	检测项目	检测工量具	测量过程说明
单项测量法	螺纹大径的测量		一般用游标卡尺或千分尺测量。精度要求较高时一般均采用千分尺进行测量
	螺距或导程的测量		螺纹试切加工时，我们在工件的表面划出一条很浅的螺旋线，使用钢直尺或螺纹样板测量螺距或导程。车削螺纹后螺距或导程的测量同样可以采用此种方法
	螺纹中径的测量		三角形螺纹的中径可以用螺纹千分尺测量。其测量头有 60°和 55°两套，测量时可根据实际需要进行测量头的选择，但必须在测量前对千分尺进行校"0"工作。测量时，根据螺纹牙型角相同的上下两个测量头正好卡在螺纹的牙侧上，因此其所测得的千分尺读数就是该螺纹的中径实际尺寸。螺纹千分尺的测量误差较大，为 0.1mm 左右。一般用来测量精度不高、螺距为 0.4～6mm 的三角形螺纹
综合测量法	螺纹环规综合测量	M16×2 螺纹环规　　止 M16×2 过 螺纹塞规	螺纹环规主要用来检测外螺纹，螺纹塞规主要用来检测内螺纹。用螺纹环规综合检查三角形外螺纹。首先应对螺纹的直径、螺距、牙型、和粗糙度进行检查，然后再用螺纹环规测量外螺纹的尺寸精度。如果环规通端拧进去，而止端拧不进，说明螺纹合格。对精度要求不高的螺纹也可用标准螺母检查，以拧上工件时是否顺利和松紧的感觉来确定。检查有退刀槽的螺纹时，环规应通过退刀槽与台阶平面靠平

表 7.13　普通螺纹切削用量的选择

车刀类型	加工性质	转速 $n/(\text{r/min})$	背吃刀量 a_p/mm	进给量 $f/(\text{mm/r})$
硬质合金 90°	粗车	400～600	1～2	0.15～0.2
	精车	1000 左右	0.15～0.25	0.08～0.1
高速钢 60°	粗车	50～150	0.2～0.5	螺距
	精车	14～28	0.02～0.05	螺距
高速钢切槽刀	粗车	120 左右	刀宽	手动
	精车	45～56	0.02～0.05	手动

技能实训

一、实训条件

实训条件见表 7.14。

表 7.14　实训条件

项目	名称
设备	CA6140 型卧式车床或同类型的车床
量具	游标卡尺、0～25mm 千分尺、25～50mm 千分尺螺纹环规、钢直尺
工具	90°车刀、切槽刀、螺纹车刀
	卡盘夹紧钥匙一套、垫刀片若干、铜片

二、训练项目

外三角螺纹零件的加工步骤见表 7.15。

表 7.15　外三角螺纹零件的加工步骤

序号	步骤	操作	图示
1	装夹工件，粗精车外圆	找正并装夹工件。平端面，粗、精车工件外圆，保证 $\phi 32_{-0.05}^{0}$ mm 至尺寸，倒 C2 角	6.3 $\phi 28$ 32

车工技能实训

续表

序号	步骤	操作	图示
2	调头装夹，粗精车外圆	调头装夹 φ32 外圆，平端面保总长、粗、精车外圆 φ23.85×31	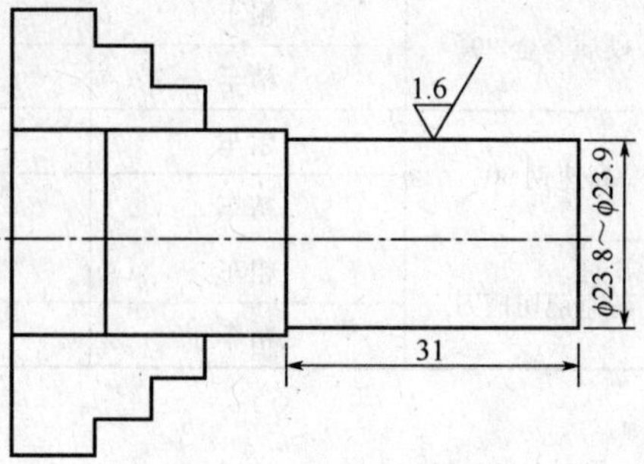
3	车退刀槽	粗、精车切退刀槽 φ20×6	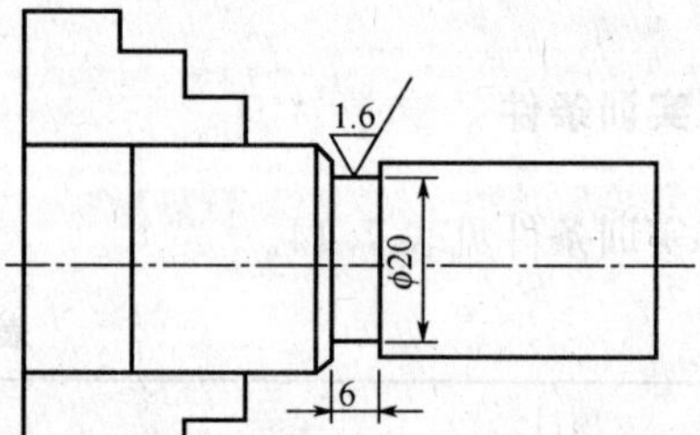
4	倒角	φ23.85×25 阶台轴两端倒角 1.5×30°，倒 C2 倒角	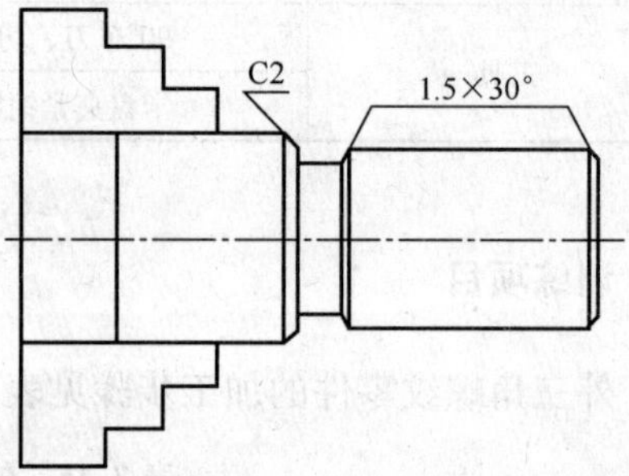
5	按进给箱铭牌上标注的螺距调整手柄相应位置		
6	车螺纹	粗、精车普通螺纹 M24×1.5-6g 直至符合图样要求。	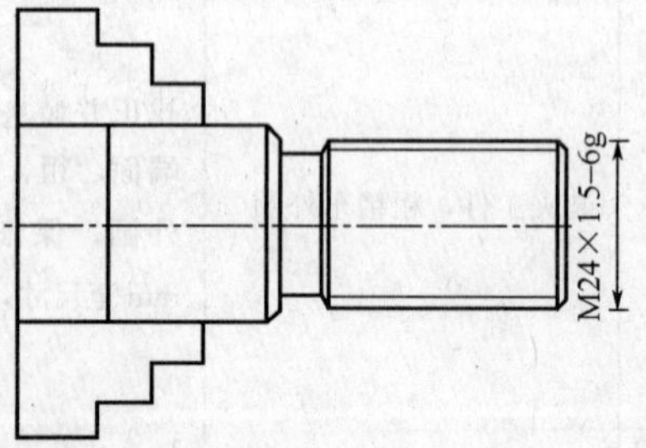
7	检验		

· 148 ·

三、注意事项

1) 车螺纹前,应对车床的倒车操作机构和开合螺母等进行仔细的检查,以防止操作失灵产生事故。

2) 在吃刀时,必须注意中滑板不要多摇一圈,否则会发生车刀撞坏、工件顶弯或工件飞出等设备和人身事故。

3) 不能用手去摸螺纹表面,更不能用纱头或揩布去擦正在回转的螺纹(特别是直径较小的内螺纹),以防手指卷入孔内而折断。

实训反馈

一、考核标准

考核标准见表7.16。

表7.16　考核标准

序号	检测内容	配分	评分标准	检测量具	检测结果	得分
1	$\phi32-^{0}_{0.05}$	10	超差扣5~10分	千分尺		
2	$\sqrt{\frac{3.2}{}}$ 5处	10	增加一级扣3分/处	粗糙度对比块或目测		
3	$\phi20^{0}_{-0.1}$	5	超差全扣	千分尺		
4	6	4	超差全扣	游标卡尺		
5	M24×1.5-6g	45	超差全扣	螺纹环规		
6	25	3	超差全扣	游标卡尺		
7	1.5×30°(2处)	4	超差全扣	目测		
8	C2(2处)	4	超差全扣	钢直尺		
9	操作姿势	10	不合要求扣分	目测		
10	安全文明生产	5	不合要求扣分			

二、记事

记事见表7.17。

表7.17　记事

日期	学生姓名	车床号	批次	总分	教师签字

思考与练习

一、填空题

1. 凸起是指螺纹两侧面间的实体部分,又称为_____;螺纹两侧面间的非实体部分是_____。

2. 螺纹按用途可分为_____和_____。

3. 粗牙普通螺纹代号用_____和_____表示。

4. 细牙普通螺纹代号用_____及_____乘以_____表示。

5. 在有进给箱的车床上车削常用螺距（或导程）的螺纹和蜗杆时，一般按照车床_____铭牌上标注的数据，变换_____外的手柄位置并配合更换_____内的交换齿轮就可以得到常用的螺距（或导程）。

6. 螺纹车刀切削部分的常用材料有_____和_____两种。_____常用在高速切削的场合，_____常用在低速切削的场合。

二、选择题

1. 螺纹底径是指（　　）。

    A. 外螺纹大径　　　B. 外螺纹小径　　　C. 外螺纹中径　　　D. 内螺纹小径

2. （　　）属于综合测量方法。

    A. 三针测量　　　B. 螺纹千分尺　　　C. 螺纹量规　　　D. 游标卡尺

3. 螺纹的顶径是指（　　）。

    A. 外螺纹大径　　　B. 外螺纹小径　　　C. 内螺纹大径　　　D. 内螺纹中径

4. 用厚度较厚的螺纹样板测具有纵向前角的车刀的刀尖角时，样板应（　　）放置。

    A. 水平　　　　　　　　　　　　B. 平行于车刀切削刃

    C. 平行工件轴线　　　　　　　　D. 平行于车刀底平面

5. 左右切削法车削螺纹（　　）。

    A. 适于螺距较大的螺纹　　　　　B. 易扎刀

    C. 螺纹牙型准确　　　　　　　　D. 牙底平整

6. 在同一条螺旋槽上，螺纹外径上的螺纹升角（　　）中径上的螺纹升角。

    A. 大于　　　　　　　　　　　　B. 等于

    C. 小于　　　　　　　　　　　　D. 大于、小于或等于

7. 粗车螺纹时，硬质合金螺纹车刀的刀尖角应（　　）螺纹的牙型角。

    A. 大于　　　B. 等于　　　C. 小于　　　D. 小于或等于

8. 普通螺纹的牙顶应为（　　）形。

    A. 圆弧　　　B. 尖　　　C. 削平　　　D. 凹面

9. 车螺纹时，在每次往复行程后，除中滑板横向进给外，小滑板只向一个方向作微量进给，这种车削方法是（　　）法。

    A. 直进　　　B. 左右切削　　　C. 斜进　　　D. 车直槽

10. 顺时针旋入的螺纹为（　　）螺纹。

    A. 右旋　　　B. 左旋　　　C. 普通　　　D. 管

11. 影响螺纹配合性质的主要原因是螺纹（　　）径的实际尺寸。

A. 大　　　　　　B. 小　　　　　　C. 中　　　　　　D. 孔

12. 英制螺纹的牙型角是（　　）。

A. 30°　　　　　B. 29°　　　　　C. 60°　　　　　D. 55°

13. 非螺纹密封的管螺纹，其牙型角为（　　）。

A. 30°　　　　　B. 60°　　　　　C. 29°　　　　　D. 55°

14. 精车精度要求高的螺纹时，一般应选用（　　）车刀。

A. 工具钢　　　　B. 合金钢　　　　C. 硬质合金　　　D. 高速钢

15. 当螺纹车刀的径向前角 $\gamma_0 > 0°$ 时，车出的螺纹牙型角会（　　）车刀的刀尖角，所以刃磨车刀时刀尖角应进行修正。

A. 大于　　　　　B. 小于　　　　　C. 不变　　　　　D. 突变

16. 刃磨右旋螺纹车刀时，为了保证刀头有足够的强度，车削顺利，螺纹车刀左侧副后角应刃磨出（　　）角度。

A. (3°+5°)+φ　B. 6°～8°　　　C. (3°～5°)−γ　D. 3°～5°

17. 高速车螺纹时，只能采用（　　）。

A. 斜进法　　　　B. 直进法　　　　C. 左右切削法　　D. 车直槽

18. 车削 M36×2 的内螺纹，工件材料为 45 钢，则车削内螺纹前的孔径尺寸为（　　）mm。

A. 34　　　　　　B. 33.9　　　　　C. 33.835　　　　D. 36

19. 安装螺纹车刀时，螺纹车刀刀尖角的对称线与（　　）必须垂直，否则车出的牙型歪斜。

A. 顶尖　　　　　B. 外圆表面　　　C. 工件轴线　　　D. 螺纹大径

20. 预防乱牙的方法是（　　）。

A. 直进　　　　　B. 开倒顺车　　　C. 对刀　　　　　D. 拧开合螺母

21. 普通螺纹的公称直径指的是（　　）。

A. 大径　　　　　B. 小径　　　　　C. 中径　　　　　D. 外螺纹底径

22. 车螺纹时"扎刀"和顶弯工件的原因是（　　），螺距不正确是（　　）等原因造成的。

A. 车刀径向前角太大　　　　　　　B. 工件刚性差

C. 车床丝杠窜动　　　　　　　　　D. 挂轮错了

23. （　　）螺纹是在管子上加工的特殊的细牙螺纹，其牙型角有 60°和 55°两种。

A. 普通　　　　　B. 英制　　　　　C. 管　　　　　　D. 小

24. （　　）法车三角形外螺纹时，切削用量可取大些。

A. 左右切削　　　　　　　　　　　B. 斜进

C. 直进　　　　　　　　　　　　　D. 斜进法或左右切削

25. 车削多线螺纹时，应按（　　）来计算挂轮。

A. 螺距　　　　　B. 导程　　　　　C. 周节　　　　　D. 线数

三、判断题

（　　）1. 同规格的外螺纹中径和内螺纹中径的基本尺寸相等，螺纹中径处的沟槽和凸起宽度相等。

（　　）2. 螺纹的公称直径指的是内螺纹的顶径和外螺纹的大径。

（　　）3. 常用的三角形螺纹就是指的普通螺纹。

（　　）4. 在同一螺旋线上，大径上的螺旋升角大于中径上的螺旋升角。

（　　）5. 高速车削螺纹时可以选用切削部分为硬质合金材料的螺纹刀具。

（　　）6. 螺纹车刀的安装角度与螺纹的牙型正确与否没有关系。

（　　）7. 常用的螺纹检测方法主要有单项测量和综合测量两种。螺纹量规的测量属于综合测量法。

（　　）8. 螺纹车削过程中为了加快加工速度，可以中途提起开合螺母进行螺纹车削。

（　　）9. 三针测量普通螺纹的精度比单针测量的精度要高。

（　　）10. 普通螺纹的牙型角和梯形螺纹的牙型角均为 $60°$。

四、简答计算题

1. 已知车床螺距 $P_丝＝6mm$，要车削的螺纹螺距为 2.5mm 和 3mm，问用开合螺母法车削是否会乱牙？

2. 什么叫多线螺纹？多线螺纹的导程和螺距之间有什么关系？

3. 求普通螺纹 $M30×2$ 各部分尺寸：公称直径 d、小径 d_1、中径 d_2、牙型高度 h_1。

项目 8

套类零件的加工

项目导航

本项目主要介绍麻花钻和内孔车刀的刃磨方法，内径百分表的使用方法和套类零件的加工方法。

教学目标

了解套类零件和麻花钻的基本知识。

掌握麻花钻的刃磨及钻孔的方法。

掌握内径百分表的使用方法。

掌握内孔车刀的刃磨及车孔的方法。

技能要求

会刃磨麻花钻。

会使用麻花钻钻孔。

会刃磨内孔车刀。

会调整和使用内径百分表。

会用内孔车刀车削内孔。

任务 1　认识套类零件和麻花钻

任务目标

本次训练的任务是了解套类零件的基本知识，理解麻花钻组成部分和几何形状。

相关知识

一、套类零件的基本知识

在机械零件中，一般把轴套、衬套等零件称为套类零件。为了与轴类工件相配合，套类工件上一般加工有精度要求较高的孔，尺寸精度为 IT7～IT8，表面粗糙度 R_a 要求达到 $0.8～1.6\mu m$。此外，有些套类工件还有形位公差的要求，如图 8.1 所示。

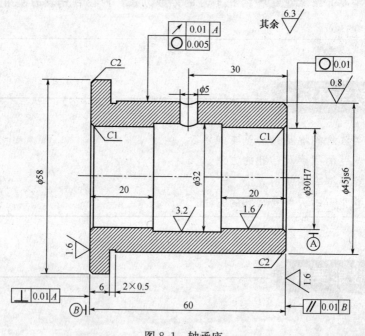

图 8.1　轴承座

套类工件的车削工艺主要是指圆柱孔的加工工艺，圆柱孔的加工比车削外圆要困难得多，几个难点见表 8.1。

二、麻花钻的基本知识

1. 麻花钻的组成

麻花钻的种类及组成部分见表 8.2。

表 8.1　套类零件加工的难点分析

序号	难点	分析
1	切削情况的观察	孔加工是在工件内部进行的,观察切削情况较困难。尤其是孔小且深时,根本无法观察
2	刀具的刚度	刀柄由于受孔径和孔深的限制,不能做得太粗,又不能太短,因此刚度不足。特别是加工孔径小、长度长的孔时,此问题更为突出
3	排屑和冷却	车削盲孔时,因孔的一边是端面,所以铁屑只能从一边排出。同样,加工孔径小、长度长的孔时,此问题更为突出。对于孔径小、长度长的孔,冷却液也很难到达孔的内部
4	测量	圆柱孔的测量,不管用什么样的量具都不如测量外圆方便,若测量方法不正确或不熟练,就测不到孔的真实尺寸。因此孔的测量比较困难

表 8.2　麻花钻的种类及组成部分

序号	种类	实物图	结构图
1	锥柄麻花钻		
2	直柄麻花钻		

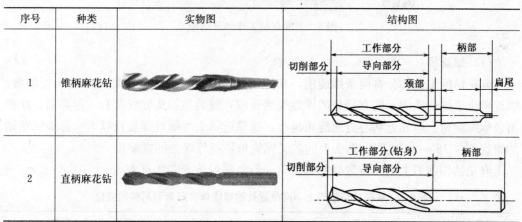

直柄麻花钻的直径一般为 0.3~16mm。莫氏锥柄麻花钻的直径见表 8.3。

表 8.3　莫氏锥柄麻花钻的直径

莫氏圆锥号(Morse No.)	No. 1	No. 2	No. 3	No. 4	No. 5	No. 6
钻头直径 d/mm	3~14	14~23.02	23.02~31.75	31.75~50.8	50.8~75	75~80

麻花钻各组成部分的作用见表 8.4。

表 8.4　麻花钻各组成部分的作用

序号	组成部分		作用
1	柄部		麻花钻的柄部在钻削时起夹持定心和传递扭矩的作用
2	颈部		直径较大的麻花钻在颈部用来标注麻花钻直径、材料牌号和商标。直径小的直柄麻花钻没有明显的颈部
3	工作部分	切削部分	切削部分主要起切削作用
4		导向部分	导向部分在钻削过程中能起到保持钻削方向、修光孔壁的作用,同时也是切削的后备部分

2. 麻花钻工作部分的几何形状

麻花钻工作部分结构如图8.2所示，它有两条对称的主切削刃，两条副切削刃和一条横刃。其切削部分可看成是正反两把车刀，所以其几何角度概念与车刀基本相同，但也有其特殊性。

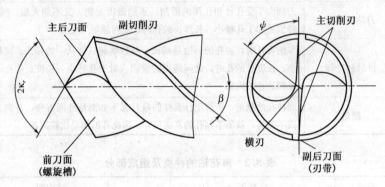

图8.2 麻花钻工作部分结构

（1）螺旋槽

麻花钻的工作部分有两条螺旋槽，其作用是构成切削刃、排出切屑和流通切削液。螺旋角位于螺旋槽内不同直径处的螺旋线展开成直线后与钻头轴线都有一定夹角，此夹角通称螺旋角。越靠近钻心处螺旋角越小，越靠近钻头外缘处螺旋角越大。标准麻花钻的螺旋角在 $18°\sim30°$ 之间。钻头上的名义螺旋角是指外缘处的螺旋角。

麻花钻切削刃上不同位置处的螺旋角、前角和后角的变化见表8.5。

表8.5 麻花钻切削刃上不同位置处的螺旋角、前角和后角的变化

角度	螺旋角	前角	后角
符号	β	γ_O	α_O
定义	螺旋槽上最外缘的螺旋线展开后与麻花钻轴线之间的夹角	基面与前刀面的夹角	切削平面与后刀面的夹角
变化规律	麻花钻切削刃上的位置不同，其螺旋角 β、前角 γ_o 和后角 α_o 也不同		
	自外缘向钻心逐渐减小	自外缘向钻心逐渐减小，并且在 $d/3$ 处前角为 $0°$，再向钻心则为负前角	自外缘向钻心逐渐增大
靠近外缘处	最大（名义螺旋角）	最大	最小
靠近钻心处	较小	较小	较大
变化范围	$18°\sim30°$	$-30°\sim+30°$	$8°\sim12°$
关系	对麻花钻前角的变化影响最大的是螺旋角。螺旋角越大，前角就越大		

（2）前刀面

麻花钻的螺旋槽面称为前刀面。

（3）主后刀面

麻花钻钻顶的螺旋圆锥面称为主后刀面。

（4）主切削刃

前刀面和主后刀面的交线称为主切削刃，担任主要的钻削任务。

（5）顶角

在通过麻花钻轴线并与两主切削刃平行的平面上，两主切削刃投影间的夹角称为顶角，如图 8.2 所示。一般麻花钻的顶角 $2\kappa_r$ 为 $100°\sim140°$，标准麻花钻的顶角 $2\kappa_r$ 为 $118°$。在刃磨麻花钻时，可根据表 8.6 来判断顶角的大小。

表 8.6 麻花钻顶角的大小对切削刃和加工的影响

顶角	$2\kappa_r>118°$	$2\kappa_r=118°$	$2\kappa_r<118°$
图示	凹形切削刃	直线形切削刃	凸形切削刃
两主切削刃的形状	凹曲线	直线	凸曲线
对加工的影响	顶角大，则切削刃短、定心差，钻出的孔容易扩大；同时前角也增大，使切削省力	适中	顶角小，则切削刃长、定心准，钻出的孔不容易扩大；同时前角也减小，使切削阻力增大
适用的材料	适用于钻削较硬的材料	适用于钻削中等硬度的材料	适用于钻削较软的材料

（6）前角

基面与前刀面的夹角称为前角，其有关内容见表 8.5。

（7）横刃

麻花钻两主切削刃的连接线称为横刃，也就是两主后面的交线。横刃担负着钻心处的钻削任务。横刃太短会影响麻花钻的钻尖强度，横刃太长会使轴向的进给力增大，对钻削不利。

（8）后角

麻花钻上后角的有关内容见表 8.5，为了测量方便，后角在圆柱面内测量，见图 8.3。

（9）横刃斜角

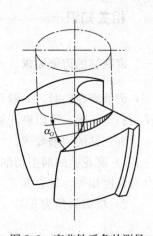

图 8.3 麻花钻后角的测量

在垂直于麻花钻轴线的端面投影图中，横刃与主切削刃之间的夹角称为横刃斜角 ψ（图 8.2）。它的大小由后角决定，后角大时，横刃斜角减小，横刃变长；后角小时，情况相反。横刃斜角一般为 $\psi=55°$。

（10）棱边

在麻花钻的导向部分特地制出了两条略带倒锥形的刃带，即棱边，如图 8.2 所示。它减少了钻削时麻花钻与孔壁之间的摩擦。

任务 2 麻花钻的刃磨

任务目标

刃磨如图 8.4 所示的麻花钻，达到图样所规定的要求。

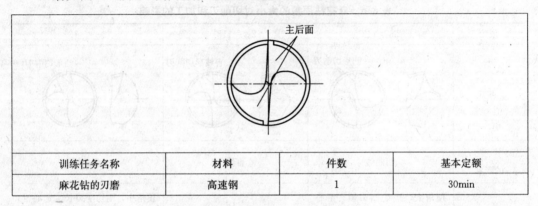

训练任务名称	材料	件数	基本定额
麻花钻的刃磨	高速钢	1	30min

图 8.4 麻花钻的刃磨练习

通过本次训练，掌握麻花钻的刃磨要求，了解刃磨不正确的麻花钻对钻孔的质量影响，并能磨出合格的麻花钻。

相关知识

一、麻花钻的刃磨要求

刃磨麻花钻时，一般只刃磨两个主后面（见图 8.4），但同时要保证后角、顶角和横刃斜角正确，所以麻花钻的刃磨是比较困难的。

麻花钻的刃磨要求：

1）麻花钻的两主切削刃应对称，也就是两主切削刃与麻花钻的轴线成相同的角度，并且长度相等，见表 8.7。

2）横刃斜角为 55°。

二、刃磨不正确的麻花钻对钻孔的质量影响

刃磨不正确的麻花钻对钻孔的质量影响很大，见表 8.7。

表 8.7　麻花钻刃磨情况对加工质量的影响

刃磨情况	麻花钻刃磨正确	麻花钻刃磨得不正确		
		顶角不对称	切削刃长度不对称	顶角不对称且切削刃长度不对称
图示				
钻削情况	钻削时，两条主切削刃同时切削，两边受力平衡，麻花钻磨损均匀	切削时，只有一条主切削刃在切削，而另一条切削刃不起作用，两边受力不平衡，使麻花钻很快磨损	钻削时，麻花钻的工作中心偏移，切削不均匀，使麻花钻磨损很快	钻削时，两条切削刃受力不平衡，而且麻花钻的工作中心偏移，使麻花钻很快磨损
对钻孔质量影响	钻出的孔不会扩大、倾斜和产生台阶	使钻出的孔扩大和倾斜	使钻出的孔径扩大	钻出的孔不仅孔径扩大，而且还会产生台阶

技能实训

一、实训条件

实训条件见表 8.8。

表 8.8　实训条件

项目	名称	项目	名称
设备	砂轮机	量具	万能角度尺
刀具	麻花钻	工具	金刚笔

二、训练项目

麻花钻的刃磨步骤见表 8.9。

三、注意事项

1) 使用砂轮前，检查砂轮是否有裂纹，表面是否平整，有无跳动。若不理想，用金刚笔修整或更换。

2) 为了保证顶角正确，刃磨时，要经常用万能角度尺测量顶角。

3) 为了保证顶角对称、主切削刃长度对称和横刃斜角，刃磨两个主后面的手法要相同。

4) 刃磨时，要时常将麻花钻放入冷却液冷却，避免麻花钻过热。

表8.9 麻花钻的刃磨步骤

步骤	操作	图示
刃磨第一个主后面	两只手一前一后握住麻花钻,刃磨麻花钻的第一个主后面并保证角度和主切削刃平直。刃磨时用右手握住钻头前端作支点,左手握住钻尾,以钻头前端支点为圆心,钻尾作上下摆动,并略带旋转,但不能转动过多,或上下摆动太大,以防磨出负后角,或把另一面主切削刃磨掉,特别是在刃磨小麻花钻时更应注意	
刃磨第二个主后面	将麻花钻翻转180°,刃磨麻花钻的第二个主后面并保证角度和主切削刃平直,方法同上	

实训反馈

一、考核标准

考核标准见表8.10。

表8.10 考核标准

序号	检测内容	配分	评分标准	检测量具	检测结果	得分
1	顶角角度	20	超差扣5~15分	万能角度尺		
2	顶角是否对称	25	超差扣5~20分	目测		
3	主切削刃长度是否对称	25	超差扣5~20分	目测		
4	横刃斜角角度	20	超差扣5~15分	目测		
5	安全文明生产	10	不合要求扣分	目测		

二、记事

记事见表8.11。

表 8.11　记事

日期	学生姓名	砂轮机号	批次	总分	教师签字

任务 3　钻　孔

任务目标

加工如图 8.5 所示的零件，达到图样所规定的要求。

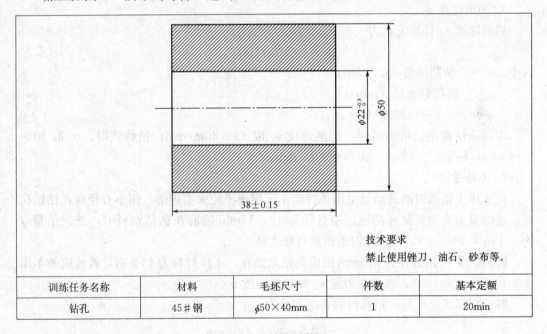

技术要求
禁止使用锉刀、油石、砂布等。

训练任务名称	材料	毛坯尺寸	件数	基本定额
钻孔	45♯钢	φ50×40mm	1	20min

图 8.5　钻孔零件图

通过本次训练，掌握用麻花钻钻孔的方法，了解刃磨不正确的麻花钻对钻孔的质量影响，并能钻出合格的孔。

相关知识

一、麻花钻的装夹

1. 直柄麻花钻的装夹

安装时，用钻夹头夹住麻花钻直柄，然后将钻夹头的锥柄用力装入尾座套筒内即可使用。拆卸钻头时动作相反。

2. 锥柄麻花钻的装夹

麻花钻的锥柄如果和尾座套筒锥孔的规格相同，可直接将钻头插入尾座套筒锥孔内进行钻孔，如果麻花钻的锥柄和尾座套筒锥孔的规格不相同，可采用锥套作过渡。拆卸时，用斜铁插入腰形孔，敲击扁尾就可把钻头卸下来。

二、钻孔时的切削用量

1. 背吃刀量 a_p

钻孔时的背吃刀量为麻花钻的半径，即

$$a_p = d/2 \tag{8.1}$$

式中，a_p——背吃刀量（mm）；

d——麻花钻直径（mm）。

2. 切削速度 v_c

切消速度 v_c 计算公式为

$$v_c = \pi dn / 1000 \tag{8.2}$$

式中，v_c——切削速度（m/min）；

d——麻花钻直径（mm）；

n——车床主轴转速（r/min）。

用高速钢麻花钻钻钢料时，切削速度 v_c 取 15～30m/min；钻铸铁时，v_c 取 10～25m/min；钻铝合金时，v_c 取 75～90m/min。

3. 进给量 f

在车床上钻孔时的进给量是用手转动车床尾座手轮来实现的。用小直径麻花钻钻孔时，进给量太大会折断麻花钻。用直径为 12～15mm 的麻花钻钻钢料时，选进给量 f 为 0.15～0.35mm/r，钻铸铁时进给量可略大些。

【例 8.1】 用直径为 ϕ25mm 的麻花钻来钻孔，工件材料为 45# 钢，若选用的车床主轴转速为 400r/min，求背吃刀量 a_p 和切削速度 v_c。

解：根据式（8.1），钻孔时的背吃刀量为

$$a_p = \frac{d}{2} = \frac{25}{2} = 12.5\text{mm}$$

钻孔时的切削速度可根据式（8.2）计算，即

$$v_c = \pi dn / 1000 = 3.14 \times 25 \times 400 / 1000 = 31.4\text{m/min}$$

三、钻孔时切削液的选用

在车床上钻孔，属于半封闭加上，切削液很难深入到切削区域，因此，对钻孔时切削液的要求较高，其选用见表 8.12。加工过程中，浇注量和压力也要大一些；同时还应经常退出钻头，以利于排屑和冷却。

四、切削用量选择

切削用量选择见表 8.13。

表 8.12　钻孔时切削液的选用

麻花钻的种类	被钻削的材料		
	低碳钢	中碳钢	淬硬钢
高速钢麻花钻	用1%～2%的低浓度乳化液、电解质水溶液或矿物油	用3%～5%的中等浓度乳化液或极压切削油	用极压切削油
镶硬质合金麻花钻	一般不用，如用可选3%～5%的中等浓度乳化液		用10%～20%的高浓度乳化液或极压切削油

表 8.13　钻孔切削用量的选择

车刀类型	加工性质	转速 $n/(r/min)$	背吃刀量 a_p/mm	进给量 $f/(mm/r)$
高速钢麻花钻 $\phi 22$	粗车	400 左右	11	手动
45°端面车刀	粗车	500 左右	1	0.3
	精车	800 左右	0.2～0.3	0.1

技能实训

一、实训条件

实训条件见表 8.14。

表 8.14　实训条件

项目	名称
设备	CA6140 型卧式车床或同类型的车床
刀具	$\phi 22$ 高速钢麻花钻、45°端面车刀
量具	游标卡尺，钢直尺
工具	变径套（配相应机床）

二、训练项目

钻孔的加工步骤见表 8.15。

表 8.15　钻孔的加工步骤

序号	步骤	操作	图示
1	装夹工件，平端面	用三爪卡盘夹住毛坯外圆伸出长 10～20mm 左右，找正夹紧粗、精车端面	

序号	步骤	操作	图示
2	钻孔	在尾座套筒内安装 φ22 麻花钻，手动进给钻 φ22 通孔（钻孔前可先钻中心孔）	
3	调头平端面	调头找正夹紧，粗、精车端面保证总长	

【小技巧】

钻孔时，当钻头最初与工件端面接触时很容易跑偏，如操作不当还有可能造成钻头的折断。原因在于钻头伸出长度较长，刚度不好。为解决这个问题，可以在钻孔前先用中心钻定位，然后再用麻花钻钻孔。因为中心钻的刚度要比麻花钻好，所以定心好。

另外，还可以采用图 8.6 所示的方法防止钻头晃动。用一厚刀垫顶住钻头头部，使之定心后，撤回刀垫。

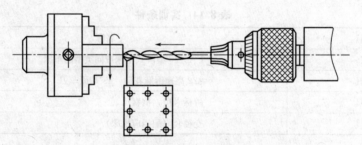

图 8.6　防止钻头晃动的方法

三、注意事项

1）车端面时要把端面车平，不能留有凸台，否则容易引起钻头跑偏。

2）起钻时进给量要小，待钻头头部进入工件后才可正常钻削。

3）手动进给钻孔时要尽量保持进给速度均匀，用两只手操作，不要忽快忽慢，细心观察切削情况，注意正确使用冷却液。

4）如果钻孔深度比较深，要适当退刀，将遗留在孔内的铁屑排出，以免铁屑堵塞而使铅头"咬死"或折断。

5）若发现麻花钻钻削吃力，要及时刃磨麻花钻。

实训反馈

一、考核标准

考核标准见表 8.16。

表 8.16　考核标准

序号	检测内容	配分	评分标准	检测量具	检测结果	得分
1	38 ± 0.15	40	超差全扣	游标卡尺		
2	$\phi22^{+0.3}_{0}$	50	超差全扣	游标卡尺		
3	安全文明生产	10	不合要求酌情扣分	目测		

二、记事

记事见表 8.17。

表 8.17　记事

日期	学生姓名	车床号	批次	总分	教师签字

任务 4　内孔车刀的刃磨

任务目标

刃磨如图 8.7 所示的内孔车刀，达到图样所规定的要求。

本次训练的任务是通过学习，掌握盲孔车刀的刃磨方法。

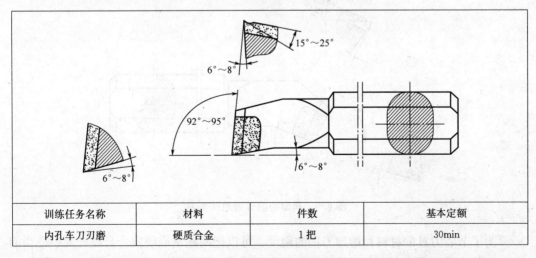

训练任务名称	材料	件数	基本定额
内孔车刀刃磨	硬质合金	1 把	30min

图 8.7　内孔车刀刃磨练习

相关知识

车孔的方法基本和车外圆相同，但内孔车刀和外圆车刀相比有差别。根据不同的加工情况，内孔车刀可分为通孔车刀和盲孔车刀两种。

一、通孔车刀

从图 8.8 中可以看出，通孔车刀的几何形状基本上与 75°外圆车刀相似，为了减小背向力 F_p，防止振动，主偏角 κ_r 应取较大值，一般取 $\kappa_r = 60°\sim75°$，取副偏角 $\kappa_r' = 15°\sim30°$。

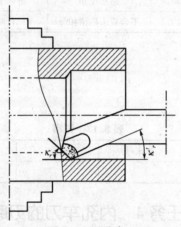

图 8.8　通孔车刀

图 8.9 所示为典型的前排屑通孔车刀，其几何参数为：$\kappa_r = 75°$，$\kappa_r' = 15°$，$\lambda_s = 6°$。在该车刀上磨出断屑槽，使切削排向孔的待加工表面，即向前排屑。

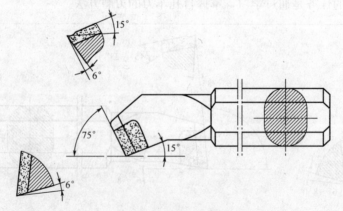

图 8.9　典型的前排屑通孔车刀

为了节省刀具的材料和增加刀柄的刚度，可以把高速钢或硬质合金做成大小适当的刀头，装在碳钢或合金钢制成的刀柄上，在前端或上面用螺钉紧固，如图 8.10 所示。

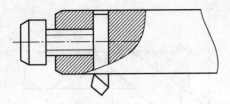

图 8.10 自制刀柄

二、盲孔车刀

盲孔车刀是用来车盲孔或台阶孔的，切削部分的几何形状基本上与偏刀相似。图 8.11所示为最常用的一种盲孔车刀，其主偏角一般取 $\kappa_r = 90° \sim 95°$。车平底盲孔时，刀尖在刀柄的最前端，刀尖与刀柄外端的距离 a 应小于内孔半径R，否则孔的底平面就无法车平。车内孔台阶时，只要与孔壁不碰即可。

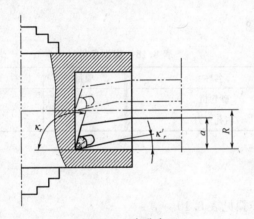

图 8.11 盲孔车刀

后排屑盲孔车刀的形状如图 8.12 所示，其几何参数为：$\kappa_r = 93°$，$\kappa'_r = 6°$，$\lambda_s = -2° \sim 0°$。其上磨有卷屑槽，使切屑成螺旋状沿尾座方向排出孔外，即后排屑。

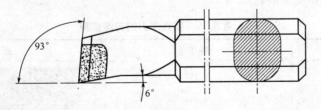

图 8.12 后排屑盲孔车刀

图 8.13 所示为盲孔刀柄，其上的方孔应加工成斜的。

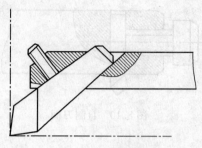

图 8.13　盲孔刀柄

技能实训

一、实训条件

实训条件见表 8.18。

表 8.18　实训条件

项目	名称	项目	名称
设备	砂轮机	工具	金刚笔、油石
刀具	内孔车刀		

二、训练项目

盲孔车刀的刃磨步骤见表 8.19。

三、注意事项

1) 使用砂轮前，检查砂轮是否有裂纹，表面是否平整，有无跳动。若不理想，用金刚笔修整或直接更换砂轮。

表 8.19　盲孔车刀的刃磨步骤

步骤	操作	图示
刃磨主后面	刃磨内孔刀的主后面，注意手法，保证主后角和主偏角	

续表

步骤	操作	图示
刃磨副后面	刃磨内孔刀的副后面，注意手法，保证副后角和副偏角	
刃磨前刀面	刃磨内孔刀的前刀面，注意手法，保证前角	
刃磨断屑槽	刃磨内孔刀的断屑槽，注意手法，保证深度和宽度	
刃磨过渡刃	刃磨内孔刀的过渡刃，注意手法，可以是直线型或圆弧形过渡刃，但不能太大	
精修	精磨内孔刀各刀面，保证切削刃平直，刀面光洁，角度正确，刀具锋利	略

2）刃磨刀具各刀面时，要使刀具左右移动，这样可保证刀面平整、切削刃平直。

3）为了保证各角度正确，刃磨时，要经常用万能角度尺测量各角度。

4）刃磨时，刀具硬质合金部分不能放入冷却液冷却，要使其自然冷却，待其冷却后方可刃磨。

车工技能实训

实训反馈

一、考核标准

考核标准见表 8.20。

表 8.20　考核标准

序号	检测内容	配分	评分标准	检测量具	检测结果	得分
1	主偏角	15	超差扣 5~10 分	目测		
2	副偏角	15	超差扣 5~10 分	目测		
3	主后角	15	超差扣 5~10 分	目测		
4	副后角	15	超差扣 5~10 分	目测		
5	断屑槽	15	超差扣 5~10 分	目测		
6	前角	10	超差扣 3~7 分	目测		
7	过渡刃	5	超差不得分	目测		
8	安全文明生产	10	不合要求酌情扣分	目测		

二、记事

记事见表 8.21。

表 8.21　记事

日期	学生姓名	砂轮机号	批次	总分	教师签字

任务5　内径百分表的使用

任务目标

本次训练的任务是通过学习，了解内径百分表的基础知识，熟练掌握内径百分表的调整、校对和使用方法，初步学会用内径百分表测量内孔的方法和技巧。

图 8.14 所示为内径百分表的实物图。

图 8.14　内径百分表的实物图

▌相关知识▐

一、钟面式内径百分表

内径百分表由百分表测量杆和百分表组成，用相对测量法来测量孔径和形状误差。它的结构如图 8.15 所示。

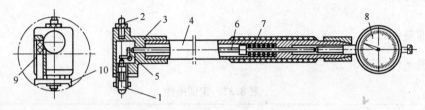

图 8.15 内径百分表

1. 活动测头；2. 可换测头；3. 测架；4. 测杆；5. 杠杆；6. 传动杆；7. 弹簧；8. 百分表；9. 定位弹簧；10. 定心器

测量时，将内径百分表的测头先压入被测孔中，活动测头 1 的微小位移通过杠杆 5 按 1：1 传递给传动杆 6，而百分表测头与传动杆 6 是始终接触的，因此活动测头移动 0.01 毫米，使传动杆也移动 0.01 毫米，百分表指针转动 1 格。故测头移动量可在百分表上读得。定心器 10 起找正径向直径位置的作用，它保证了活动测头 1 和可换测头 2 的轴线位于被测孔的直径位置中间。

使用内径百分表测量属于比较测量法。测量时必须摆动内径百分表，所得的最小尺寸是孔的实际尺寸。如图 8.16 所示。

内径百分表可与千分尺配合使用，可以比较测量出孔径的实际尺寸。

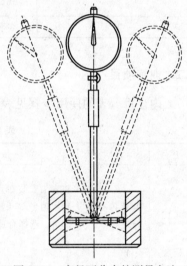

图 8.16 内径百分表的测量方法

二、数显百分表

新式的百分表用数字计数器计数和读数，称其为数显百分表，如图 8.17 所示。

图 8.17 数显百分表

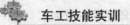

数显百分表可在其测量范围内任意给定位置，按动表体上的置零钮使显示屏上的读数置零，然后直接读出被测工件尺寸的正、负偏差值。保持钮可以使其正、负偏差值保持不变。数显百分表的测量范围是 0～30mm，分辨率为 0.01mm。数显百分表的特点是体积小、质量小、功耗小、测量速度快、结构简单，便于实现机电一体化，且对环境要求不高。

技能实训

一、实训条件

实训条件见表 8.22。

表 8.22　实训条件

项目	名称
量具	游标卡尺、0～25mm 外径千分尺、25～50mm 外径千分尺、18～35mm 内径百分表
工具	各种带孔零件

二、训练项目

内径百分表的使用步骤见表 8.23。

表 8.23　内径百分表的使用步骤

序号	步骤	操作	图示
1	组装内径百分表	将表头安装在直管上，根据表针示值使表头压入 0.5～1mm 即可。选择合适的可换测头并安装	
2	粗调	用游标卡尺调整测量尺寸，比测量尺寸大 0.5mm 左右即可	

续表

序号	步骤	操作	图示
3	调整千分尺	让外径千分尺准确调整至所要测量的尺寸值。操作时可用一手指顶住外径千分尺螺杆，以消除间隙误差	
4	对零位（精调）	用内径百分表配合千分尺精确对零位。调整时可先按几下活动杆，试一下表针的运动情况和示值的稳定性	
5	测量	用调整好的百分表测量带孔零件	
6	保养	内径百分表使用后要将各部分拆卸下来并擦拭干净，上油，放入盒内	

三、注意事项

1）用游标卡尺粗调时，调整尺寸要大于测量尺寸 0.5mm。

2）用千分尺精调时，内径百分表在校"零"时应注意手握直管上的隔热手柄，使测头进入测量面内，摆动直管，观察百分表的示值变化，反复几次；当百分表指针在最小值处转折摆向时（即表针上的拐点），用手旋转百分表盘，使指针对零位。多摆动几次观察指针是否在同一零点转折。

3）用内径量表测量工件孔径时，要摆动量表，观察指针转折点的位置，记录相对零点的差值，即工件的尺寸偏差，如图 8.18 所示。

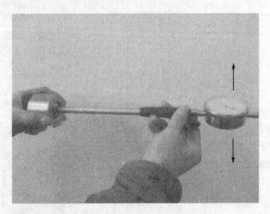

图 8.18　内径百分表测量方法

实训反馈

一、考核标准

考核标准见表 8.24。

表 8.24　考核标准

序号	检测内容	配分	评分标准	检测量具	检测结果	得分
1	卡尺配合百分表	10	视熟练程度给分	目测		
2	千分尺配合百分表	20	视熟练程度给分	目测		
3	调整速度	10	视熟练程度给分	目测		
4	百分表测量内孔	40	视熟练程度给分	目测		
5	测量时的姿势	10	视熟练程度给分	目测		
6	安全文明生产	10	视情况给分	目测		

二、记事

记事见表 8.25。

表 8.25　记事

日期	学生姓名	车床号	批次	总分	教师签字

任务 6　车　孔

任务目标

加工如图 8.19 所示的零件，达到图样所规定的要求。

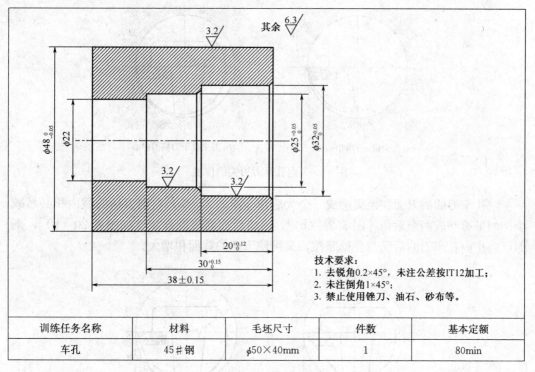

技术要求：
1. 去锐角0.2×45°，未注公差按IT12加工；
2. 未注倒角1×45°；
3. 禁止使用锉刀、油石、砂布等。

训练任务名称	材料	毛坯尺寸	件数	基本定额
车孔	45♯钢	$\phi50\times40$mm	1	80min

图 8.19　车孔零件图

本次训练的任务是通过学习，熟练掌握用内孔车刀车削内孔的方法。

相关知识

一、车孔

铸造孔、锻造孔或用钻头钻出的孔，为了达到尺寸精度和表面粗糙度的要求，还需要车孔。车孔是常用的孔加工方法之一，既可以作为粗加工，也可以作为精加工，加工范围很广。车孔精度可达 IT7～IT8，表面粗糙度值 Ra 可达 1.6～3.2μm，精细车削可以达到更小（0.8μm），车孔还可以修正孔的直线度。

二、车孔的关键技术

车孔的关键技术是解决内孔车刀的刚度和排屑问题。

1. 增加内孔车刀刚度

增加内孔车刀刚度主要采取以下两项措施。

（1）尽量增加刀杆截面积

一般的内孔车刀的刀尖位于刀柄的上面，这样的车刀有一个缺点，即刀柄的截面积小于孔截面积的1/4，如图 8.20（a）所示。如果使内孔车刀的刀尖位于刀柄的中心线上 [图 8.20（b）]，则刀柄的截面积可大大地增加。

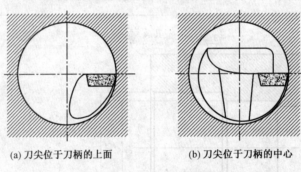

(a) 刀尖位于刀柄的上面　　　　(b) 刀尖位于刀柄的中心

图 8.20　内孔车刀刀尖的位置

内孔车刀的后刀面如果刃磨成一个大后角 [图 8.21（a）]，则刀柄的截面积必然减少。如果刃磨成两个后角 [图 8.21（b）]，或将后面磨成圆弧状 [如图 8.20（b）]，则即可防止内孔车刀的后面与孔壁摩擦，又可使刀柄的截面积增大。

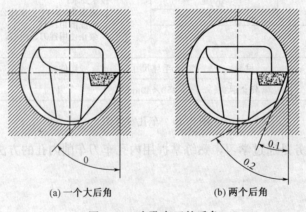

(a) 一个大后角　　　　(b) 两个后角

图 8.21　内孔车刀的后角

（2）刀杆的伸出长度尽可能缩短

如果刀柄伸出太长，就会降低刀柄的刚度，容易引起振动。使用时要根据不同的孔深调节刀柄的伸出长度。调节时只要刀柄的伸出长度大于孔深即可，这样有利于使刀柄以最大刚度的状态工作。

2. 解决排屑问题

排屑问题主要是控制切屑流出的方向。精车孔时，要求切屑流向待加工表面（即前排屑），前排屑主要是采用正值刃倾角的内孔车刀。车削盲孔时，切屑从孔口排出（后排屑），后排屑主要是采用负值刃倾角的内孔车刀。

三、切削用量选择

切削用量选择见表8.26。

表8.26 车孔切削用量的选择

车刀类型	加工性质	转速 n/(r/min)	背吃刀量 a_p/mm	进给量 f/(mm/r)
高速钢麻花钻 $\phi22$	粗车	400左右	11	手动
盲孔车刀	粗车	400左右	1	0.2
	精车	600左右	0.15	0.1
45°端面车刀	粗车	500左右	1	0.3
	精车	800左右	0.2~0.3	0.1

内孔车刀的刀柄细长，刚度低，车孔时排屑较困难，故车孔时的切削用量应选得比车外圆时要小些。车孔时的背吃刀量 a_p 是车外圆余量的一半；进给量 f 比车外圆时小20%~40%；切削速度 v_c 比车外圆时低10%~20%。

技能实训

一、实训条件

实训条件见表8.27。

表8.27 实训条件

项目	名称
设备	CA6140型卧式车床或同类型的车床
量具	游标卡尺、千分尺、内径百分表、钢直尺
刀具	$\phi22$麻花钻、盲孔车刀、45°端面车刀、90°外圆车刀
工具	变径套（配相应机床）

二、训练项目

车孔的加工步骤见表8.28。

车工技能实训

表 8.28　车孔的加工步骤

序号	步骤	操作	图示
1	装夹工件平端面、钻孔	用三爪卡盘夹住毛坯外圆，伸出长 20mm 左右，找正夹紧粗、精车端面、用 $\phi22$ 麻花钻钻孔	
2	车外圆、内孔	粗、精车外圆至尺寸；粗、精车内孔至尺寸；倒角车内孔的顺序应先粗车小内孔，再粗车大内孔，最后再依次精车	
3	调头车端面和外圆	粗、精车端面，保证总长粗、精车外圆至尺寸	

三、注意事项

1）内孔车刀安装时要对准工件的回转中心，保证刀具正确的工作角度。

2）内孔车刀的伸出长度要适当，过长会引起振动，过短则会使刀架与工件发生碰撞。

3）在车削内孔的端面时，切削深度不能太大，否则会引起振动。

4）因为车削内孔时刀具在工件的内部，观察比较困难，所以一定要注意观察车床大拖板的刻度，及时将自动走刀改为手动走刀，控制好车削的深度，避免发生撞刀事故。

5）如果车削时出现振动，则要及时调整切削用量或重新刃磨刀具，消除振动现象。

实训反馈

一、考核标准

考核标准见表 8.29。

表 8.29　考核标准

序号	检测内容	配分	评分标准	检测量具	检测结果	得分
1	$\phi 32^{+0.05}_{0}$	20	超差全扣	内径百分表		
2	$\phi 25^{+0.05}_{0}$	20	超差全扣	内径百分表		
3	$\phi 22$	10	超差全扣	游标卡尺		
4	38 ± 0.15	10	超差全扣	游标卡尺		
5	$30^{+0.15}_{0}$	10	超差全扣	游标卡尺		
6	$20^{+0.12}_{0}$	10	超差全扣	游标卡尺		
7	倒角（两处）	10	超差全扣	钢直尺		
8	安全文明生产	10	不合要求酌情扣分	目测		

二、记事

记事见表 8.30。

表 8.30　记事

日期	学生姓名	车床号	批次	总分	教师签字

思考与练习

一、选择题

1. 麻花钻切削时的轴向力主要由（　　）产生。
　　A. 横刃　　　　　　B. 主刀刃　　　　　　C. 副刀刃　　　　　　D. 副后刀刃

2. 车孔刀，为了防止振动。主偏角一般为（　　）。
　　A. 45°　　　　　　B. 60°～75°　　　　　　C. 30°　　　　　　D. 90°

3. 普通麻花钻靠外缘处前角为（　　）。
　　A. −54°　　　　　　B. 0°　　　　　　C. +30°　　　　　　D. 45°

4. 修磨麻花钻横刃的目的是（　　）。
　　A. 缩短横刃，降低钻削力　　　　　　B. 减小横刃处前角
　　C. 增大或减小横刃处前角　　　　　　D. 增加横刃强度

5. 修磨麻花钻前刀面的目的是（　　）前角。
　　A. 增大　　　　　　B. 减小　　　　　　C. 增大或减小　　　　　　D. 增大边缘处

6. 用百分表测量时，测量杆应预先压缩 0.3～1mm。以保证一定的初始测力，避免（　　）测不出来。
　　A. 尺寸　　　　　　B. 公差　　　　　　C. 形状公差　　　　　　D. 负偏差

7. 套类工件加工的特点是（　　　　）。
  A. 刀杆刚性差　　　　　　　　　　　B. 用定尺寸刀具加工孔
  C. 不用观察孔的切削情况　　　　　　D. 质量比外圆容易保证

8. 麻花钻由（　　　）组成。
  A. 柄部、颈部和螺旋槽　　　　　　　B. 柄部、切削部分和工作部分
  C. 柄部、颈部和工作部分　　　　　　D. 柄部、颈部和切削部分

9. 麻花钻的（　　　）在钻削时主要起切削的导向作用。
  A. 柄部　　　　　　　B. 颈部　　　　　　　C. 切削部分　　　　　　D. 工作部分

10. 标准麻花钻顶角一般为（　　　）。
  A. 118°　　　　　　　B. 120°　　　　　　　C. 130°　　　　　　　D. 90°

11. 麻花钻刃磨时，只需磨（　　　）。
  A. 前刀面　　　　　　B. 后刀面　　　　　　C. 棱边　　　　　　　D. 横刃

12. 车孔的关键技术是解决内孔（　　　）问题。
  A. 车刀的刚性　　　　　　　　　　　B. 排屑
  C. 车刀的刚性和排屑　　　　　　　　D. 车刀的刚性和冷却

13. 麻花钻的横刃太短，会影响钻尖的（　　　）。
  A. 耐磨性　　　　　　B. 强度　　　　　　　C. 抗震性　　　　　　D. 韧性

14. 钻孔时的背吃刀量是麻花钻（　　　）。
  A. 直径尺寸　　　　　B. 半径尺寸　　　　　C. 直径的 1 倍　　　　D. 半径的 1/2

15. 通孔车刀的主偏角一般取（　　　），盲孔车刀的主偏角一般取（　　　）。
  A. 35°～45°　　　　　B. 60°～75°　　　　　C. 90°～95°　　　　　D. 120°～125°

16. 前排屑通孔车刀应选择（　　　）刃倾角。
  A. 正值　　　　　　　B. 负值　　　　　　　C. 零　　　　　　　　D. 无所谓

二、判断题

（　　）1. 圆柱孔的测量比外圆方便。

（　　）2. 钻头一般用高速钢制成，所以钻削时可以高速钻削。

（　　）3. 用内径百分表测量内孔时，必须摆动内径百分表，所得最大尺寸是孔的
      实际尺寸。

（　　）4. 车孔精度一般可达到 IT7～IT8，表面粗糙度 Ra 达 1.6～3.2μm。

（　　）5. 车削套类工件，一次安装加工主要是可获得高的尺寸精度。

（　　）6. 普通麻花钻横刃长，定心好，轴向力大。

（　　）7. 内径百分表的活动测量头不能根据孔径大小更换。

（　　）8. 钻孔时，材料的强度、硬度高，钻头直径大时，宜用较高的切削速度，
      进给量也要大些。

（　　）9. 当钻头直径小于 5mm 时，应选用很低的转速。

（　　）10. 麻花钻的后角变小时，横刃斜角也随之变小，横刃变长。

（　　）11. 棱边是为了减少麻花钻与孔壁之间的摩擦。

（　　）12. 钻孔时不宜选择较高的机床转速。

（　　）13. 孔将要钻穿时，进给量可以取大些。

（　　）14. 钻铸铁时进给量可比钢料略大一些。

（　　）15. 前排屑通孔车刀的刃倾角为正值，后排屑盲孔车刀的刃倾角为负值。

（　　）16. 盲孔车刀的主偏角应大于90°。

（　　）17. 盲孔车刀的副偏角应比通孔车刀大些。

（　　）18. 车孔时，若内孔车刀刀尖高于工件中心，则前角增大，后角减小。

三、简答题

1. 麻花钻的横刃斜角一般为多少度？横刃斜角的大小与后角有什么关系？

2. 对麻花钻的刃磨有什么要求？

3. 车孔的关键技术问题有哪些？

4. 如何提高内孔车刀的刚度？

四、计算题

用直径为 $\phi30$ 的麻花钻来钻孔，工件材料为 45# 钢，若选用的车床主轴转速为 300r/min，求背吃刀量 a_p 和切削速度 v_c。

项目 9

成形面的加工与表面修饰

项目导航

本项目主要介绍成形面的加工方法以及抛光和滚花加工的方法。

教学目标

掌握用双手控制法车成形面。
掌握用锉刀和砂布抛光的方法。
掌握滚花的方法。

技能要求

会用双手控制法车成形面。
会用锉刀、砂布修饰成形面。
会用滚花刀滚花。

任务 1 圆弧刃车刀的刃磨

任务目标

刃磨如图 9.1 所示的圆弧刃车刀，达到图样所规定的要求。

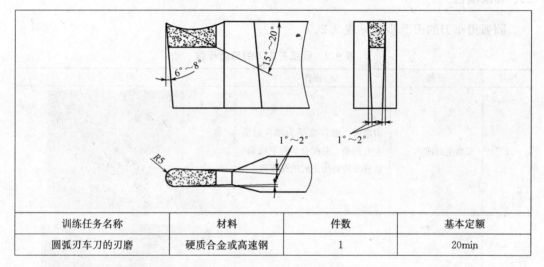

训练任务名称	材料	件数	基本定额
圆弧刃车刀的刃磨	硬质合金或高速钢	1	20min

图 9.1 圆弧刃车刀的刃磨

本次训练的任务是通过学习，了解圆弧刃车刀的几何角度，掌握圆弧刃车刀的刃磨方法。

相关知识

一、圆弧刃车刀的几何角度

圆弧刃车刀是用来车削成形面的。下一个任务会涉及到采用双手控制法，利用圆弧刃车刀车削成形面。圆弧刃车刀的几何角度与切断刀或切槽刀类似，如图 9.1 所示，不同之处在于其主切削刃的形状。圆弧刃车刀的主切削刃为圆弧形。

二、圆弧刃车刀的刃磨要求

1）刀具的两个副偏角和两个副后角要对称。
2）主后角不宜过大。
3）圆弧刃要过渡圆滑，表面光洁。

技能实训

一、实训条件

实训条件见表 9.1。

表 9.1　实训条件

项目	名称	项目	名称
设备	砂轮机	刀具	硬度锥切断刀或高速钢
量具	半径规	工具	金钢笔、油石

二、训练项目

圆弧刃车刀的刃磨步骤见表 9.2。

表 9.2　圆弧刃车刀的刃磨步骤

序号	步骤	操作	图示
1	刃磨主后面	刃磨时，要以前手为轴，后手左右摆动，并配合半径规检验，这样才能磨出正确的圆弧刃	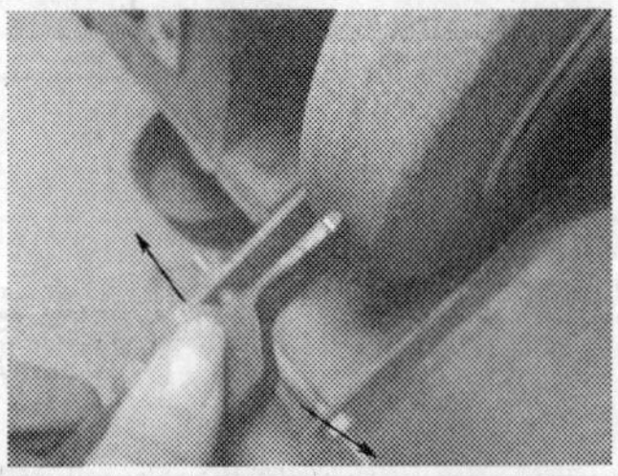
2	刃磨两个副后面	刃磨时，注意手法，要保证两个副后角、两个副偏角对称	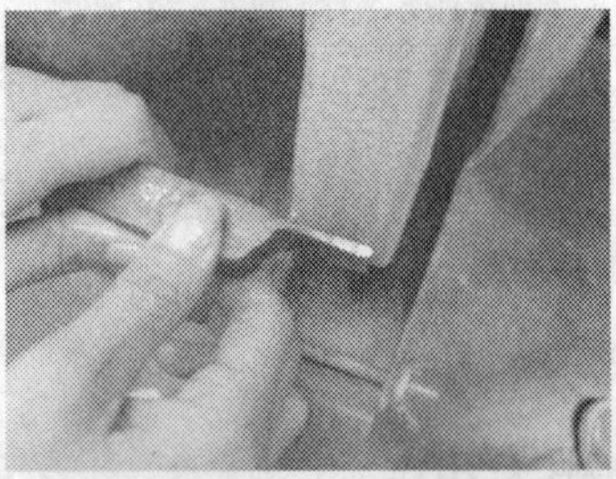 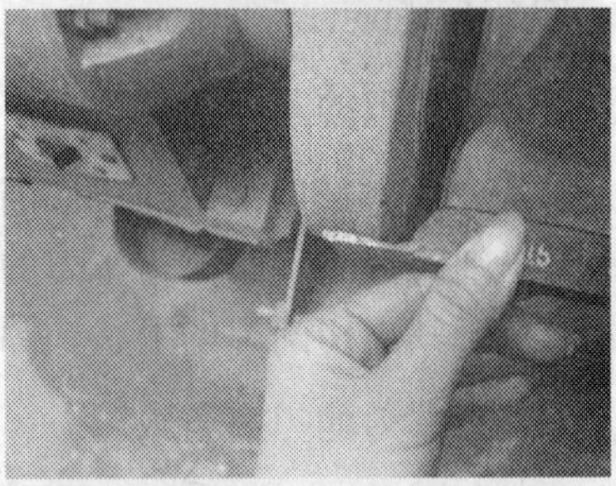
3	刃磨前刀面	刃磨时，保证前角符合要求	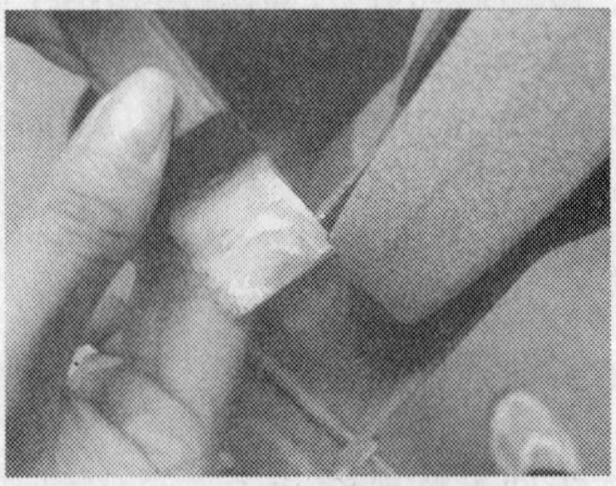

三、注意事项

1）砂轮使用前，检查砂轮是否有裂纹，表面是否平整，有无跳动。若不理想，用金刚笔修整或更换。

2）刃磨圆弧刃车刀主后面时，要用半径规时常测量主切削刃的形状，保证半径值正确。

3）为了保证两个副后角、两个副偏角对称，可将刀具放到一个固定平台上观察，以刀柄的下表面定位，观察两个副后角、两个副偏角是否对称。

4）刃磨时，刀具硬质合金部分不能放入冷却液冷却，要使其自然冷却，待其冷却后方可刃磨。

实训反馈

一、考核标准

考核标准见表 9.3。

表 9.3　考核标准

序号	检测内容	配分	评分标准	检测量具	检测结果	得分
1	圆弧刃	30	超差扣 5～15 分	半径规		
2	前角	10	超差扣 3～7 分	目测		
3	主后角	10	超差扣 3～7 分	目测		
4	副后角	20	超差扣 5～10 分	目测		
5	副偏角	20	超差扣 5～10 分	目测		
6	安全文明生产	10	不合要求酌情扣分	目测		

二、记事

记事见表 9.4。

表 9.4　记事

日期	学生姓名	砂轮机号	批次	总分	教师签字

任务 2　双手控制法车削成形面

任务目标

加工如图 9.2 所示的零件，达到图样所规定的要求。

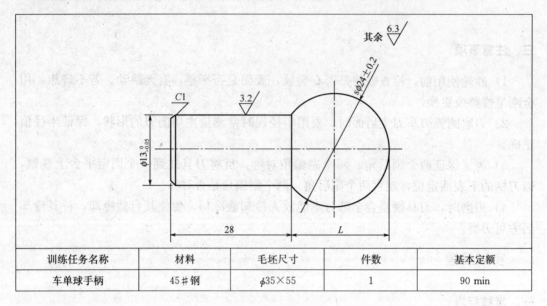

训练任务名称	材料	毛坯尺寸	件数	基本定额
车单球手柄	45#钢	φ35×55	1	90 min

图 9.2 车削单球手柄

本次训练的任务是通过学习,掌握双手控制法车成形面的方法,并掌握用半径规检验零件的方法。

相关知识

一、车削方法

在车削时,用右手控制小滑板的进给,用左手控制中滑板的进给(见图 9.3),通过双手的协调操纵,使圆弧刃车刀(见图 9.4)的运动轨迹与工件成型面的素线一致,车出所要求的成形面。成形面也可利用床鞍和中滑板的合成运动进行车削。

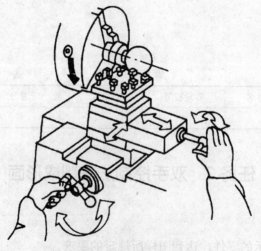

图 9.3 双手控制法车圆弧

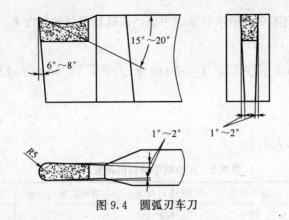

图 9.4 圆弧刃车刀

二、球状部分长度 L 的计算

车削如图 9.5 所示的单球手柄时，应先按圆球直径 D 和柄部直径 d 车成两级外圆（留精车余量 0.2～0.3mm），并车准球状部分长度 L，再将球面车削成形。一般多采用由工件的高处向低处车削的方法，如图 9.6 所示。

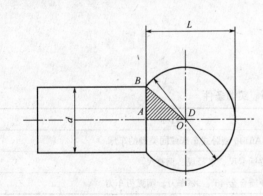

图 9.5 单球手柄

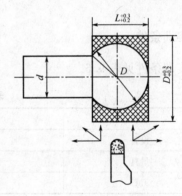

图 9.6 球面车削方法

如图 9.5 所示，在直角三角形△ABO 中

$$OA = \sqrt{\left(\frac{D}{2}\right)^2 - \left(\frac{d}{2}\right)^2} = \frac{1}{2}\sqrt{D^2 - d^2}$$

$$L = \frac{D}{2} + OA$$

则

$$L = \frac{1}{2}\left(D + \sqrt{D^2 - d^2}\right) \tag{9.1}$$

式中，L——球状部分长度（mm）；

D——圆球直径（mm）；

d——柄部直径（mm）。

【例9.1】 车削图9.2所示的单球手柄，求球状部分的长度 L。

解：根据式（9.1），有

$$L = \frac{1}{2}(D + \sqrt{D^2 - d^2}) = \frac{1}{2}(24 + \sqrt{24^2 - 13^2})mm = 22.087mm$$

三、切削用量选择

切削用量选择见表9.5。

表9.5 车单球手柄切削用量的选择

车刀类型	加工性质	转速 $n/(r/min)$	背吃刀量 a_p/mm	进给量 $f/(mm/r)$
硬质合金 45°、90°	粗车	400～500	1～2	0.2～0.3
	精车	800 左右	0.15～0.25	0.1
圆弧刃车刀	粗车	400	手动	手动
	精车	600	手动	手动

技能实训

一、实训条件

实训条件见表9.6。

表9.6 实训条件

项目	名称
设备	CA6140 型卧式车床或同类型的车床
量具	游标卡尺、半径规、钢直尺
刀具	硬质合金 45°、90°车刀、圆弧刃车刀

二、训练项目

单球手柄的加工步骤见表9.7。

表9.7 单球手柄的加工步骤

序号	步骤	操作	图示
1	装夹工件	用三爪卡盘夹住毛坯外圆伸出长 30～35mm 左右，找正夹紧	

续表

序号	步骤	操作	图示
2	车端面、φ13 外圆、倒角	粗、精车端面、φ13 外圆、倒角 1×45°	
3	车端面、φ24 外圆	车端面、φ24 外圆，外圆留精加工余量 0.2mm	
4	车 sφ24 圆弧	粗、精车 sφ24 圆弧至尺寸	

【小技巧】

在熟练掌握了双手控制法车削成形面的方法后，为了达到比较理想的效果，在车削过程中还可以让其中的一个滑板自动进给，另外一个滑板手动进给，这样能使进给运动更加均匀。

三、注意事项

1）用双手控制法车削成形面时一定要注意双手的协调性，尽量保持进给速度的恒定，不要时快时慢，还要保持两只手同时操作。

2）在车削过程中要时常用半径规测量，边测边车，使车削有针对性。

3）圆弧刃车刀的刃口要对准工件的回转轴线，装高容易扎刀，装低会引起振动。

4）用半径规测量时，要仔细观察半径规与零件轮廓间的间隙，明确下一步要车削的部位。

5）初学时要注意安全，先不要追求速度，要先保证质量，尽量避免过切现象。

6）在使用自动进给车削时要注意及时停止，避免撞刀。

——— 实训反馈 ———

一、考核标准

考核标准见表 9.8。

表 9.8　考核标准

序号	检测内容	配分	评分标准	检测量具	检测结果	得分
1	28	10	超差全扣	游标卡尺		
2	L	15	超差全扣	游标卡尺		
3	$s\phi 24\pm 0.2$	40	超差全扣	半径规		
4	$\phi 13-{}^{0}_{0.05}$	20	超差全扣	游标卡尺		
5	倒角 $1\times 45°$	5	不合要求不得分	钢直尺		
6	安全文明生产	10	不合要求酌情扣分	目测		

二、记事

记事见表 9.9。

表 9.9　记事

日期	学生姓名	车床号	批次	总分	教师签字

任务 3　抛　　光

任务目标

加工如图 9.7 所示的零件，达到图样所规定的要求。

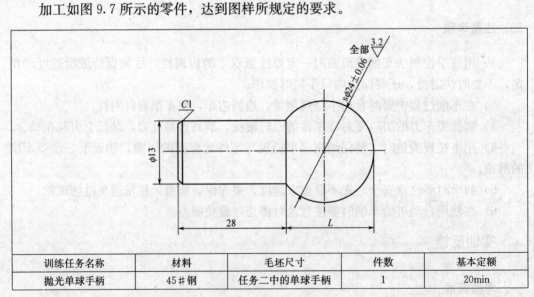

训练任务名称	材料	毛坯尺寸	件数	基本定额
抛光单球手柄	45#钢	任务二中的单球手柄	1	20min

图 9.7　抛光单球手柄

本次训练的任务是通过训练，掌握用锉刀修光和用砂布抛光成形面的方法。

━━ **相关知识** ━━━━━━━━━━━━━━━━━━━━━━━━━━

当用双手控制法车削成型面时，往往由于手动进刀不均匀，在工件表面留下刀痕。而抛光的目的就在于去除这些刀痕、减小表面粗糙度值。

抛光，通常采用锉刀修光和砂布抛光两种方法。

一、锉刀修光

对于明显的刀痕，通常选用钳工锉或整形锉中的细锉和特细锉在车床上修光。操作时，应以左手握锉刀，右手握锉刀前端（见图 9.8），以免卡盘勾衣伤人。

图 9.8　锉刀修光

在车床上锉削时，应轻缓均匀，尽量利用锉刀的有效长度。同时锉刀纵向运动时，注意使锉刀平面始终与成形表面各处相切，否则会将工件锉成多边形等不规则形状。另外，车床的转速要选择适当。转速过高，锉刀容易磨钝；转速过低，使工件产生形状误差。精细修锉时，除选用特细锉外，还可以在锉面上涂一层粉笔末，并用铜丝刷清理齿缝，以防锉屑嵌入齿缝中划伤工件表面。

二、砂布抛光

经过车削和锉刀修光后，还达不到要求时，可用砂布抛光。抛光时，可选细粒度的 0 号或 1 号砂布。砂布越细，抛光后的表面粗糙度值越小。具体方法：用手捏住纱布两端抛光（见图 9.9）。采用此法时，注意两手压力不可过猛。防止由于用力过大，砂布因过度摩擦而被拉断。

用砂布进行抛光时，转速应比车削时的转速高一些，并且使砂布要在工件被抛光的表面上缓慢地左右移动。若在砂布和抛光表面上适当加入一些机油，可以提高表面抛光的效果。

图 9.9　砂布抛光

三、切削用量选择

切削用量选择见表 9.10。

表 9.10　抛光切削用量的选择

工具类型	加工性质	转速 $n/(r/min)$	背吃刀量 a_p/mm	进给量 $f/(mm/r)$
锉刀	粗修	300 左右	/	手动
	精修	600 左右	/	手动
砂布	精修	1000	/	手动

技能实训

一、实训条件

实训条件见表 9.11。

表 9.11　实训条件

项目	名称
设备	CA6140 型卧式车床或同类型的车床
量具	半径规
工具	锉刀、砂布

二、训练项目

抛光的加工步骤见表 9.12。

表 9.12　抛光的加工步骤

序号	步骤	操作	图示
1	锉刀粗、精修	用细锉、特细锉分别抛光	
2	砂布抛	用砂布抛光	

三、注意事项

1) 要正确选择抛光工具，先粗后精。

2) 抛光时要注意操作姿势，操作姿势如果不正确很容易造成安全事故。

3) 使用锉刀修光时要注意配合半径规检验，保证零件轮廓正确。

实训反馈

一、考核标准

考核标准见表 9.13。

表 9.13　考核标准

序号	检测内容	配分	评分标准	检测量具	检测结果	得分
1	锉刀粗修	10	视熟练程度给分	目测		
2	锉刀精修	10	视熟练程度给分	目测		
3	砂布抛	10	视熟练程度给分	目测		
4	轮廓精度	30	在误差范围内合格	半径规		

续表

序号	检测内容	配分	评分标准	检测量具	检测结果	得分
5	表面质量	30	降级不得分	目测		
6	安全文明生产	10	视情况给分	目测		

二、记事

记事见表 9.14。

表 9.14　记事

日期	学生姓名	车床号	批次	总分	教师签字

任务 4　滚花加工

任务目标

加工如图 9.10 所示的零件，达到图样所规定的要求。

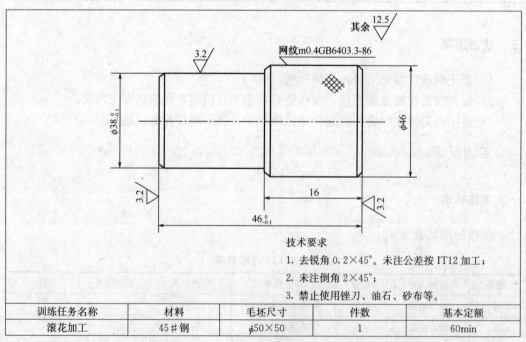

技术要求
1. 去锐角 0.2×45°。未注公差按 IT12 加工；
2. 未注倒角 2×45°；
3. 禁止使用锉刀、油石、砂布等。

训练任务名称	材料	毛坯尺寸	件数	基本定额
滚花加工	45#钢	φ50×50	1	60min

图 9.10　滚花

本次训练的任务是通过学习，熟练掌握滚花加工的方法。

相关知识

一、滚花

有些工具和零件的捏手部分，为增加其摩擦力、便于使用或使之外表美观，通常对其表面在车床上滚压出不同的花纹，称之为滚花。

1. 滚花的种类

滚花的花纹有直纹和网纹两种。花纹有粗细之分，并用模数 m 表示。其形状和各部分尺寸见图 9.11 和表 9.15。

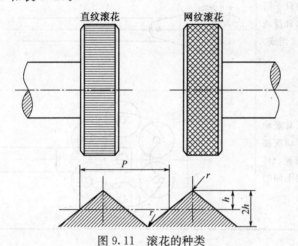

图 9.11　滚花的种类

表 9.15　滚花各部分尺寸（GB6403.3—86）

模数 m	h	r	节距 p
0.2	0.132	0.06	0.628
0.3	0.198	0.09	0.942
0.4	0.264	0.12	1.257
0.5	0.326	0.16	1.571

注：1）表中 $h=0.785m-0.414r$。

　　2）滚花前工件表面粗糙度 R_a 为 12.5。

　　3）滚花后工件直径大于滚花前直径，其值 $\Delta \approx (0.8 \sim 1.6)m$。

滚花的规定标记示例如下所述。

模数 $m=0.2$，直纹滚花，其规定标记为：直纹 $m0.2$GB6403.3—86。

模数 $m=0.3$，网纹滚花，其规定标记为：网纹 $m0.3$GB6403.3—86。

2. 滚花刀的种类

滚花刀有单轮、双轮和六轮三种，具体见表 9.16。

表 9.16 滚花刀的种类和用途

种类	用途	图示
单轮	单轮滚花刀由直纹滚轮 1 和刀柄 2 组成，通常用来滚直纹	
双轮	双轮滚花刀有两只不同旋向的滚轮 1、2 和浮动连接头 3 及刀柄 4 组成，通常用来滚网纹	
六轮	六轮滚花刀由三对滚轮组成，并通过浮动连接头支持这三对滚轮，可以分别滚出粗细不同的三种模数的网纹	

二、滚花方法

由于滚花过程是用滚轮来滚压被加工表面的金属层，使其产生一定的塑性变形而形成花纹的，所以滚花时产生的径向压力很大。滚花前，应根据工件材料的性质和滚花节距 p 的大小，将工件滚花表面车小（0.8～1.6）m 毫米（m 为模数）。滚花刀装夹在车床的刀架上，必须使滚花刀的装刀中心与工件回转中心等高。

滚花刀的安装方法，见表 9.17。

表 9.17 滚花刀的安装方法

安装方法	用途	图示
平行安装	滚压有色金属或滚花表面要求较高的工件时，滚花刀的滚轮表面与工件表面平行安装	

续表

安装方法	用途	图示
倾斜安装	滚压碳素钢或滚花表面要求一般的工件，滚花刀的滚轮表面相对于工件表面向左倾斜 3°～5°安装，这样便于切入且不易产生乱纹	

三、切削用量选择

切削用量选择见表 9.18。

表 9.18　滚压网纹切削用量的选择

车刀类型	加工性质	转速 $n/(r/min)$	背吃刀量 a_p/mm	进给量 $f/(mm/r)$
硬质合金 45°、90°	粗车	400～500	1～2	0.2～0.3
	精车	800 左右	0.15～0.25	0.1
双轮滚花刀	粗车	50	/	0.3～0.6

技能实训

一、实训条件

实训条件见表 9.19。

表 9.19　实训条件

项目	名称
设备	CA6140 型卧式车床或同类型的车床
量具	游标卡尺、钢直尺
刀具	双轮滚花刀

二、训练项目

滚花的加工步骤见表 9.20。

表 9.20　滚花的加工步骤

序号	步骤	操作	图示
1	装夹工件	夹持棒料一端，伸出长 35～38 mm。粗、精车 $\phi 38 \times 30$ mm 外圆及端面，倒角	
2	车端面、$\phi 45$ 外圆、倒角	调头夹持 $\phi 38$ mm 外圆，车滚花外圆至 $\phi 46^{-0.32}_{-0.64}$ mm，长 16 mm，倒角	
3	滚花	根据图样选择网纹滚花刀，滚花至图样要求	

三、注意事项

1）开始滚压时，必须使用较大的压力进刀，使工件刻出较深的花纹，否则易产生乱纹。

2）为了减小开始滚压的径向压力，可以使滚轮表面约 1/2～1/3 宽度与工件接触（见图 9.12），这样滚花刀就容易压入工件表面。在停车检查花纹符合要求后，即可纵向机动进刀。如此反复滚压 1～3 次，直至花纹达到图样要求为止。

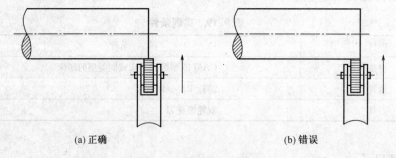

图 9.12　滚花刀起刀分析

3）滚花时，切削速度应选低一些，一般为 5～10 m/min。纵向进给量选大一些，一般为 0.3～0.6m/r。

4）滚压时还须浇注切削油用于润滑滚轮，并经常清除滚压产生的切屑。

5）滚花时，滚花刀和工件均受很大的径向压力，因此，滚花刀和工件必须装夹牢固。

6）滚花时，不能用手或棉纱去接触滚压表面，以防绞手伤人。清除切屑时应避免毛刷接触工件与滚轮的咬合处，以防毛刷卷入伤人。

7）车削带有滚花表面的工件时，通常在粗车后随即进行滚花，然后校正工件再精车其他部位。

8）车削带有滚花表面的薄壁套类工件时，应先滚花，再钻孔和车孔，以减少工件的变形。

9）滚直花纹时，滚花刀的齿纹必须与工件轴线平行，否则滚压出的花纹不平直。

10）滚花时，若发现乱纹应立即退刀并检查原因，及时纠正。其具体办法见表 9.21。

表 9.21　滚花时产生乱纹的原因及纠正方法

产生乱纹原因	纠正方法
工件外圆周长不能被滚花刀节距 p 整除	把外圆略车小一些，使其能被节距 p 整除
滚轮与工件接触时，横进给压力太小	一开始就加大横进给量，使其压力增大
工件转速过高，滚轮与工件表面产生打滑	降低工件转速
滚轮转动不灵活或滚轮与小轴配合间隙太大	检查原因或调换小轴
滚轮齿部磨损或滚轮齿间有切屑嵌入	清除切屑或更换滚轮

实训反馈

一、考核标准

考核标准见表 9.22。

表 9.22　考核标准

序号	检测内容	配分	评分标准	检测量具	检测结果	得分
1	$\phi 38_{-0.1}^{0}$	10	超差全扣	游标卡尺		
2	$\phi 46$	10	超差全扣	游标卡尺		
3	网纹	40	超差全扣	目测		
4	$\phi 46_{-0.1}^{0}$	20	超差全扣	游标卡尺		
5	倒角 2×45°	10	不合要求不得分	钢直尺		
6	安全文明生产	10	不合要求酌情扣分	目测		

二、记事

记事见表 9.23。

表 9.23　记事

日期	学生姓名	车床号	批次	总分	教师签字

思考与练习

一、选择题

1. 成形车刀的前角取（　　）。
   A. 较大　　　　　　　B. 较小　　　　　　　C. 0°　　　　　　　D. 20°

2. 棱形成形刀磨损后只刃磨（　　）。
   A. 后面　　　　　　　B. 前面　　　　　　　C. 前面和后面

3. 双手控制法车成形面适用于（　　）的生产。
   A. 批量较大　　　　　B. 批量较小　　　　　C. 单件

二、判断题

（　　）1. 成型车刀应取较大的前角。

（　　）2. 对于既有凸圆弧又有凹圆弧的形面曲线，应先车凹圆弧部分，后车凸圆弧部分。

（　　）3. 对于曲面形状较短、生产批量较多的特形面，可使用成形刀（样板刀）一次车削加工成形。

（　　）4. 精度要求较高或形面复杂的特形面零件，可用专业样板如分形样板和整形样板测量。

（　　）5. 成形精车刀的径向前角一般等于 0 度。

（　　）6. 双手控制法适用于数量较少，精度要求不高的成形面的加工。

（　　）7. 成形刀的刃倾角宜取正值。

（　　）8. 成形刀的后角和前角较大，以保证车刀的楔角较小。

（　　）9. 成形刀的刃口要对准工件回转轴线，装高容易振动，装低会扎刀。

（　　）10. 用成形刀车削成形面时，可采用反切法进行车削。

（　　）11. 滚花的径向挤压力很大，因此加工时，工件的转速要低些。

（　　）12. 滚花时需要充分供给冷却润滑液，以免研坏滚花刀和防止细屑滞塞在滚花刀内而产生乱纹。

三、简答题

1. 用双手控制法车成形面时应注意哪些问题？

2. 抛光通常采用哪两种方法？

项目 10

初级技能练习

项目导航

本项目主要用来对前面的学习内容进行巩固，使读者掌握编排零件加工工艺的方法，综合运用前面所学内容，加工初级程度工件，逐步达到车工初级工水平。

教学目标

掌握零件的装夹及找正方法。
掌握内/外圆、阶台、圆锥及沟槽的加工方法。
掌握外螺纹加工方法。
掌握球面车削方法。

技能要求

能合理安排零件的加工工艺。
能合理的选择切削用量。

任务 1　车　盲　孔　轴

任务目标

加工如图 10.1 所示，达到图样所规定的要求。

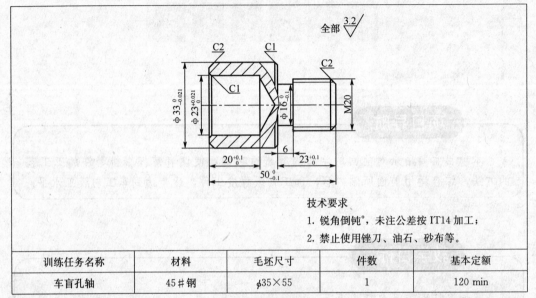

技术要求

1. 锐角倒钝°，未注公差按 IT14 加工；
2. 禁止使用锉刀、油石、砂布等。

训练任务名称	材料	毛坯尺寸	件数	基本定额
车盲孔轴	45♯钢	φ35×55	1	120 min

图 10.1　盲孔轴

这是一件具有外圆、内孔、槽和外三角形螺纹的零件，通过本次训练，能够在规定的时间内完成对该零件的加工。

技能实训

一、实训条件

实训条件见表 10.1。

表 10.1　实训条件

项目	名称	型号
设备	CA6140 型卧式车床或同类型的车床	
量具	游标卡尺	0.02/0～150mm
	外径千分尺	0.01/0～25mm
		0.01/25～50mm
	内径百分表	0.01/18～36mm
	百分表及表座	0.01/0～10mm

续表

项目	名称	型号
刀具	外圆刀	90°（粗、精车刀各一把），YT15
	端面刀	45°，YT15
	切槽刀	$b \leqslant 5\text{mm}$，$l \geqslant 10\text{mm}$（粗车以 YT15 为宜、精车以高速钢为宜）
	外螺纹刀	$a = 60°$、高速钢（粗、精车刀各一把）
	麻花钻	$\phi 20\text{mm}$
	内孔刀	$d \leqslant 20\text{mm}$（粗、精车刀各一把）
	中心钻	$d = 3\text{mm}$、A 型或 B 型
工具	一字螺丝刀、锥柄钻夹头、钻套（与车床尾座相配）、活扳手、三爪钥匙、刀架钥匙、清扫工具等	
其他	铜皮、垫刀片、棉布	

二、加工步骤与考核标准

加工步骤与考核标准见表 10.2。

表 10.2　盲孔轴的加工步骤与考核标准

序号	步骤	检测内容	配分	检测量具	评分标准	检测结果	得分
1	装夹外圆，伸出 45mm 长度，车端面，粗、精车外圆 $\phi 33_{-0.021}^{0}$ 至尺寸	$\phi 33_{-0.021}^{0}$ $R_a 3.2$	15 5	千分尺 目测	超差不得分 超差不得分		
2	钻孔，粗、精车内孔 $\phi 23_{0}^{+0.021}$ 至尺寸	$\phi 23_{0}^{+0.021}$ $20_{0}^{+0.1}$ $R_a 3.2$	15 5 5	千分尺 游标卡尺 目测	超差不得分 超差不得分 超差不得分		
3	调头，找正装夹，车端面，保证总长 $50_{-0.1}^{0}$ 尺寸	$50_{-0.1}^{0}$	10	游标卡尺	超差不得分		
4	粗、精车外螺纹 M20 外圆至 $\phi 19.8\text{mm}$，并倒角 $2 \times 45°$	$2 \times 45°$	3	目测	超差不得分		
5	车退刀槽 $6 \times \phi 16\text{mm}$	$6 \times \phi 16\text{mm}$ $23_{0}^{+0.1}$	7 5	游标卡尺 游标卡尺	超差不得分 超差不得分		
6	安装外螺纹车刀，车外螺纹 M20	M20 $R_a 3.2$	15 5	螺纹环规 目测	超差不得分 超差不得分		
7	检查后卸下工件，注意存放工件	安全文明生产	10	目测	不符合要求不得分		
练习者		评分者			总分		

三、注意事项

1）调头加工时，须包铜皮袋夹，且夹紧力要适当，以免工件变形。

2）第一次装夹，车削外圆的长度应尽量长一点，以便于调头找正时有一定的基准。

3）钻头钻孔时不宜过紧，防止破坏工件。没有标注倒角的部分，要注意锐角倒钝。

任务 2　车螺纹锥轴

任务目标

加工如图 10.2 所示，达到图样所规定的要求。

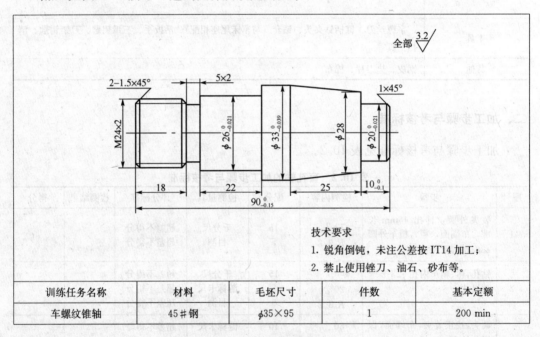

技术要求

1. 锐角倒钝，未注公差按 IT14 加工；

2. 禁止使用锉刀、油石、砂布等。

训练任务名称	材料	毛坯尺寸	件数	基本定额
车螺纹锥轴	45♯钢	φ35×95	1	200 min

图 10.2　螺纹锥轴

这是一件由外圆、外圆锥、槽和外三角形螺纹构成的零件。通过本次训练，能够在规定的时间内完成对该零件的加工，为顺利通过初级工打下基础。

技能实训

一、实训条件

实训条件见表 10.3。

表 10.3　实训条件

项目	名称	型号
设备	CA6140 型卧式车床或同类型的车床	
量具	游标卡尺	0.02/0~150mm
	外径千分尺	0.01/0~25mm
		0.01/25~50mm
	百分表及表座	0.01/0~10mm
	万能角度尺	2′/0~320°
刀具	外圆刀	90°（粗、精车刀各一把），YT15
	端面刀	45°，YT15
	切槽刀	$b \leqslant 5mm$，$l \geqslant 10mm$
	外螺纹刀	$a = 60°$，高速钢
工具	一字螺丝刀、锥柄钻夹头、钻套（与车床尾座相配）、活扳手、三爪钥匙、刀架钥匙、清扫工具等	
其他	铜皮、垫刀片、棉布	

二、加工步骤与考核标准

加工步骤与考核标准见表 10.4。

表 10.4　螺纹锥轴的加工步骤与考核标准

序号	步骤	检测内容	配分	检测量具	评分标准	检测结果	得分
1	夹住毛坯外圆，伸出约 60mm，找正、夹紧 用 45°端面刀车端面，钻中心孔 用 90°车刀分别粗、精车外圆至 $\phi33_{-0.039}^{0}$、$\phi26_{-0.021}^{0}$ 至尺寸，保证相关长度	 $\phi26_{-0.021}^{0}$ $R_a3.2$ $\phi33_{-0.039}^{0}$ $R_a3.2$	7 3 5 5	千分尺 目测 千分尺 目测	超差不得分 超差不得分 超差不得分 超差不得分		
2	车螺纹外圆至 $\phi23.8mm$，长度为 18mm；然后切槽 5×2，倒角	18 5×2 1.5×45°	5 5 5	游标卡尺 游标卡尺 目测	超差不得分 游标卡尺 超差不得分		
3	一夹一顶装夹 粗、精车外螺纹 M24×2	M24×2 $R_a3.2$	15 5	螺纹环规 目测	超差不得分 超差不得分		
4	调头装夹、找正，车端面，保证总长 $90_{-0.15}^{0}$ 至尺寸	$90_{-0.15}^{0}$	5	千分尺	超差不得分		
5	粗、精车外圆 $\phi20_{-0.021}^{0}$ 至尺寸保证长度 $10_{-0.1}^{0}$ 倒角 1×45°	$\phi20_{-0.021}^{0}$ $10_{-0.1}^{0}$ $R_a3.2$ 1×45°	3 2 3 2	千分尺 目测 游标卡尺 目测	超差不得分 超差不得分 超差不得分 超差不得分		
6	车外锥，控制好小头尺寸 $\phi28mm$，长度为 25mm	$\phi28$ 25 $R_a3.2$	10 5 5	游标卡尺 游标卡尺 目测	超差不得分 超差不得分 超差不得分		
7	检查后卸下工件，注意存放工件	安全文明生产	10	目测	不符合要求不得分		
练习者		评分者			总分		

三、注意事项

1）根据零件特征，选择合理的装夹方法。
2）调头装夹必须严格找正。

任务3　车传动轴

任务目标

加工如图 10.3 所示，达到图样所规定的要求。

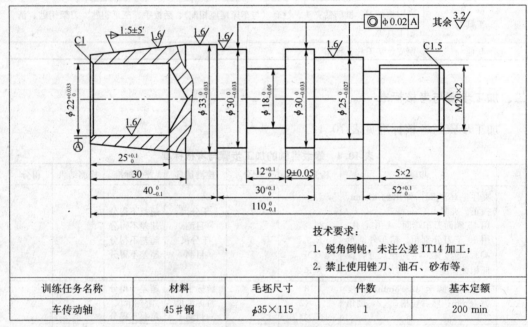

技术要求：
1. 锐角倒钝，未注公差 IT14 加工；
2. 禁止使用锉刀、油石、砂布等。

训练任务名称	材料	毛坯尺寸	件数	基本定额
车传动轴	45#钢	φ35×115	1	200 min

图 10.3　传动轴

这是一件由外圆、外圆锥、槽、外三角形螺纹车内孔构成的，具有初级工水平的零件。根据零件图样和毛坯尺寸等选择合理的装夹方法，保证形位公差。

技能实训

一、实训条件

实训条件见表 10.5。

表 10.5　实训条件

项目	名称	型号
设备	CA6140 型卧式车床或同类型的车床	
量具	游标卡尺	0.02/0～150mm
	外径千分尺	0.01/0～25mm
		0.01/25～50mm
	内径百分表	0.01/18～36mm
	百分表及表座	0.01/0～10mm
	万能角度尺	$2'/0～320°$
刀具	外圆刀	90°（粗、精车刀各一把），YT15
	端面刀	45°，YT15
	切槽刀	$b≤5mm,\ l≥10mm$（粗车以 YT15 为宜、精车以高速钢为宜）
	外螺纹刀	$a=60°$，高速钢
	麻花钻	$\phi24$
	内孔刀	$d≤24mm$（粗、精车刀各一把），YT15
	中心钻	$d=3mm$，A 型或 B 型
工具	一字螺丝刀、锥柄钻夹头、钻套（与车床尾座相配）、活扳手、三爪钥匙、刀架钥匙、清扫工具等	
其他	铜皮、垫刀片、棉布	

二、加工步骤与考核标准

加工步骤与考核标准见表 10.6。

表 10.6　传动轴的加工步骤与考核标准

序号	步骤	检测内容	配分	检测量具	评分标准	检测结果	得分
1	夹住毛坯外圆，伸出 50mm 左右长，找正夹紧； 粗车外圆至 $\phi34mm$ 左右，长 30； 调头夹住 $\phi34mm$，靠紧卡盘端面，找正，夹紧； 车端面，车平即可； 钻中心孔； 一夹一顶装夹；	无					

续表

序号	步骤	检测内容	配分	检测量具	评分标准	检测结果	得分
2	粗车外圆 $\phi30_{-0.033}^{0}$ 至外圆 $\phi31$； 粗车外圆 $25_{-0.027}^{0}$ 至外圆 $\phi26$ 粗车螺纹外圆至 $\phi20.5$ 切槽 5×2 粗车槽 $18_{-0.06}^{0}$ 至 $\phi18.3$，槽宽 11 精车外圆 $\phi30_{-0.033}^{0}$ 和 $25_{-0.027}^{0}$ 以及螺纹外圆至 $\phi19.8$ 尺寸 精车槽两侧，保证 9 和 12 至尺寸再精车槽底 $\phi18_{-0.06}^{0}$ 至尺寸，倒角	$\phi30_{-0.033}^{0}$ $\phi25_{-0.027}^{0}$ $R_a1.6$ $30_{}^{+0.1}$ 5×2 $\phi18_{-0.06}^{0}$ $12_{}^{+0.1}$ 9 ± 0.05	5 5 3 2 3 5 2 5	千分尺 千分尺 目测 游标卡尺 游标卡尺 千分尺 游标卡尺 千分尺	超差不得分 超差不得分 超差不得分 超差不得分 超差不得分 超差不得分 超差不得分 超差不得分		
3	粗、精车外螺纹 $M20\times2$ 至尺寸	$M20\times2$ $R_a3.2$	10 5	螺纹环规 目测	超差不得分 超差不得分		
4	调头，用铜皮包住装夹外圆 $\phi30$，找正、夹紧 车端面，保证总长 $110_{-0.1}^{0}$ 粗、精车外圆 $\phi33_{-0.033}^{0}$	$\phi33_{-0.033}^{0}$ $R_a1.6$ $110_{-0.1}^{0}$	3 2 5	游标卡尺 千分尺 游标卡尺	超差不得分 超差不得分 超差不得分		
5	粗、精车外圆锥面 $1:5\pm5'$ 至尺寸	$1:5\pm5'$ $R_a1.6$	10 5	万能角度尺 目测	超差不得分 超差不得分		
6	用 $\phi20$ 麻花钻钻孔，孔深 25 粗、精车孔 $\phi22_{0}^{+0.023}$ 至尺寸	$\phi22_{0}^{+0.023}$ $R_a1.6$ $25_{}^{+0.1}$	10 5 5	游标卡尺 目测 游标卡尺	超差不得分 超差不得分 超差不得分		
7	检查后卸下工件，注意存放工件	安全文明生产	10	目测	不符合要求不得分		
练习者		评分者			总分		

三、注意事项

1）除了圆锥部分表面外，其余表面尽可能多的在同一基准下加工完成后，保证同轴度要求。

2）一夹一顶车削工件时，防止车刀返回时床鞍与尾座相碰，在车螺纹时尤为注意。

任务4 车 锥 轴

任务目标

加工如图 10.4 所示，达到图样所规定的要求。

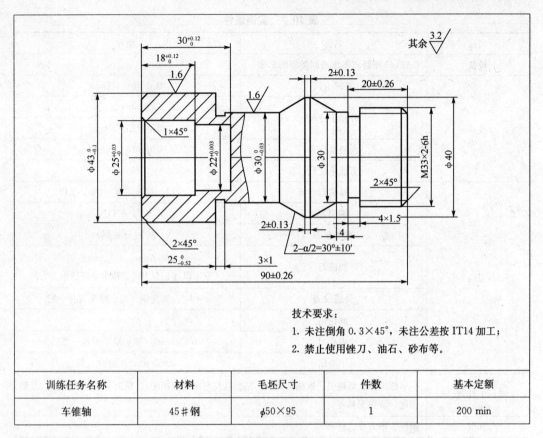

技术要求：

1. 未注倒角 0.3×45°，未注公差按 IT14 加工；
2. 禁止使用锉刀、油石、砂布等。

训练任务名称	材料	毛坯尺寸	件数	基本定额
车锥轴	45♯钢	φ50×95	1	200 min

图 10.4　锥轴

这是一件由外圆、外圆锥、外螺纹槽以及内孔构成的，具有初级水平的零件。加工两个反向外圆锥时，能灵活选择车刀。

技能实训

一、实训条件

实训条件见表 10.7。

二、加工步骤与考核标准

加工步骤与考核标准见表 10.8。

车工技能实训

表 10.7　实训条件

项目	名称	型号
设备	CA6140 型卧式车床或同类型的车床	
量具	游标卡尺	0.02/0～150mm
	外径千分尺	0.01/0～25mm
		0.01/25～50mm
	内径百分表	0.01/18～36mm
	万能角度尺	2′/0—320°
刀具	外圆刀	90°（粗、精车刀各一把），YT15
	端面刀	45°，YT15
	宽刃车刀	30°（车锥面）
	切槽刀	$b \leqslant 5mm$，$l \geqslant 10mm$（粗车以 YT15 为宜、精车以高速钢为宜）
	外螺纹刀	$a=30°$，高速钢（粗、精车刀各一把）
	麻花钻	$\phi 20mm$
	内孔刀	$d \leqslant 20mm$（粗、精车刀各一把）
	中心钻	$d=3mm$，A 型或 B 型
工具	一字螺丝刀、活顶尖、锥柄钻夹头、钻套（与车床尾座相配）、活扳手、三爪钥匙、刀架钥匙、清扫工具等	
其他	铜皮、垫刀片、棉布	

表 10.8　锥轴的加工步骤与考核标准

序号	步骤	检测内容	配分	检测量具	评分标准	检测结果	得分
1	夹住毛坯，伸出 50mm 左右，找正并夹紧 车端面，粗、精车外圆 $\phi 43^{0}_{-0.1}$ 用 $\phi 20$ 麻花钻钻孔 粗、精车孔 $\phi 22^{+0.03}_{0}$ 和孔 $\phi 25^{+0.03}_{0}$ 至尺寸 倒角	$\phi 43^{0}_{-0.1}$ $R_a 1.6$ $\phi 22^{+0.03}_{0}$ $R_a 3.2$ $\phi 25^{+0.03}_{0}$ $R_a 3.2$ $18^{+0.12}_{0}$ $30^{+0.12}_{0}$ $2 \times 45°$ $1 \times 45°$	3 2 5 2 5 2 3 2 2 2	游标卡尺 千分尺 千分尺 目测 千分尺 目测 游标卡尺 游标卡尺 目测 目测	超差不得分 超差不得分 超差不得分 超差不得分 超差不得分 超差不得分 超差不得分 超差不得分 超差不得分 超差不得分		
2	调头，夹住外圆 $\phi 43$（用铜皮包），找正、夹紧 车端面，保证总长 90 ± 0.26 钻中心孔 一夹一顶装夹 粗车外圆 $\phi 40$ 至 $\phi 41$ 用切槽刀粗车 $\phi 30^{0}_{-0.03}$ 外圆至 $\phi 31$	4×1.5 $\phi 40$ $R_a 3.2$ 90 ± 0.26 $M33 \times 2$ $R_a 3.2$ $\phi 30^{0}_{-0.03}$ $2 \times 45°$	2 2 5 3 7 3 6 2	游标卡尺 游标卡尺 目测 游标卡尺 螺纹环规 目测 千分尺 目测	超差不得分 超差不得分 超差不得分 超差不得分 超差不得分 超差不得分 超差不得分 超差不得分		

续表

序号	步骤	检测内容	配分	检测量具	评分标准	检测结果	得分
2	精车外圆 $\phi40$ 至尺寸 车外螺纹 M33×2 的外圆至 $\phi32.8$，倒角 用切槽刀分别车退刀槽 4×1.5 和 $\phi30$ 至尺寸 粗、精车外螺纹 M33×2 至尺寸						
3	转动小滑板法，用 45°车刀粗、精车右锥面 用 45°车刀粗、精车左锥面（相反方向转动小滑板） 车槽 3×1，保证尺寸 $25_{-0.52}^{\ 0}$ 倒棱去毛刺	$R_a1.6$ 30°±10′ $R_a3.2$ $25_{-0.52}^{\ 0}$ 3×1 0.3×45°	5 12 5 2 3 5	目测 万能角度尺 目测 游标卡尺 游标卡尺 目测	超差不得分 超差不得分 超差不得分 超差不得分 超差不得分 超差不得分		
4	检查后卸下工件，注意存放工件	安全文明生产	10	目测	不符合要求 不得分		
练习者		评分者			总分		

三、注意事项

1）用转动小滑板的方法车削锥面左边部分时，可以选择 45°外圆车刀，保证有足够大的副偏角，不与工件表面发生干涉现象。右边部分可以考虑用宽刃刀（45°外圆车刀）直接加工，但最好还是选择用转动小滑板的方法车削。

2）调头装夹时要严格找正，以保证一定的同轴度要求。

任务 5　车成形螺杆轴

任务目标

加工如图 10.5 所示，达到图样所规定的要求。

通过本次训练，能够在规定时间内完成具有外圆、外圆锥、外螺纹、槽以及球面零件的加工，逐步达到初级工水平。

技能实训

一、实训条件

实训条件见表 10.9。

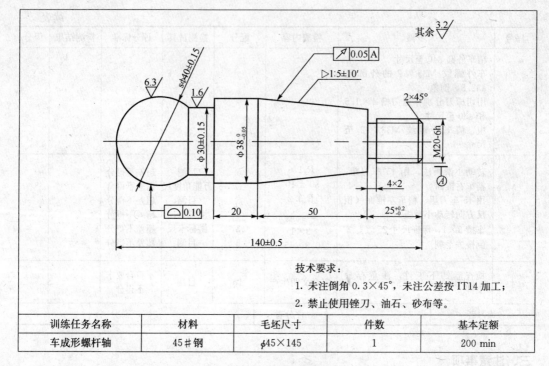

技术要求：

1. 未注倒角 0.3×45°，未注公差按 IT14 加工；
2. 禁止使用锉刀、油石、砂布等。

训练任务名称	材料	毛坯尺寸	件数	基本定额
车成形螺杆轴	45♯钢	φ45×145	1	200 min

图 10.5　成形螺杆轴

表 10.9　实训条件

项目	名称	型号
设备	CA6140 型卧式车床或同类型的车床	
量具	游标卡尺	0.02/0～150mm
	外径千分尺	0.01/0～25mm
		0.01/25～50mm
	百分表及表座	0.01/0～10mm
	万能角度尺	2′/0～320°
	R 规	R15～25
刀具	外圆刀	90°（粗、精车刀各一把），YT15
	端面刀	45°，YT15
	切槽刀	b≤5mm，l≥10mm（粗车以 YT15 为宜、精车以高速钢为宜）
	外螺纹刀	a＝60°，高速钢
	球面刀	R3～5
	中心钻	d＝3mm，A 型或 B 型
工具	一字螺丝刀、活顶尖、锥柄钻夹头、钻套（与车床尾座相配）、活扳手、三爪钥匙、刀架钥匙、清扫工具等	
其他	铜皮、垫刀片、棉布	

二、加工步骤与考核标准

加工步骤与考核标准见表 10.10。

表 10.10　成形螺杆轴的加工步骤与考核标准

序号	步骤	检测内容	配分	检测量具	评分标准	检测结果	得分
1	夹住毛坯外圆，伸出约 40mm，找正、夹紧 粗车球面外圆至 $\phi42$ 调头，夹住 $\phi42$ 外圆，靠紧卡盘端面，找正夹紧 车端面，车平即可，钻中心孔 一夹一顶装夹	无					
2	粗车外圆 $\phi38_{-0.05}^{0}$ 至 $\phi39$ 粗、精车外螺纹外圆 M20 至 $\phi19.8$ 精车外圆 $\phi38_{-0.05}^{0}$ 粗、精车外锥面 1：5±10′ 车退刀槽 4×2 和倒角 $2\times45°$ 粗车槽 $\phi30\pm0.15$ 粗、精车外螺纹 M20	4×2 $\phi38_{-0.05}^{0}$ $R_a3.2$ M20—6h $R_a3.2$ $25_{0}^{+0.2}$ 1：5±10′ $R_a3.2$	3 10 2 15 5 5 10 5	游标卡尺 千分尺 目测 螺纹环规 目测 游标卡尺 万能角度尺 目测	超差不得分 超差不得分 超差不得分 超差不得分 超差不得分 超差不得分 超差不得分 超差不得分		
3	调头，用铜皮包住 $\phi38$ 外圆，找正、夹紧 用球头刀车球面 $S\phi40$，用 R 规测量并校正车削至尺寸 精车槽 $\phi30\pm0.15$ 至尺寸 锐角倒钝	$\phi30\pm0.15$ $R_a1.6$ $S\phi40\pm0.15$ $R_a6.3$	5 5 20 5	游标卡尺 目测 尺规 目测	超差不得分 超差不得分 超差不得分 超差不得分		
4	检查后卸下工件，注意存放工件	安全文明生产	10	目测	不符合要求不得分		
练习者		评分者			总分		

三、注意事项

1）该件难点在球面车削上，应协调好小滑板和中滑板两者之间的运动速度，使球面光滑。在车削过程中要经常用 R 规进行检验，发现缺陷之处及时修改。

2）$\phi30$ 槽的粗糙度要求很高，应选择高速钢切槽刀车削，以保证精度要求。

3）一夹一顶装夹时，由于螺纹的外圆较小，应把螺纹车刀适当装长一些，以免刀架与顶夹发生干涉。

任务6　车细长轴

加工如图 10.6 所示，达到图样所规定的要求。

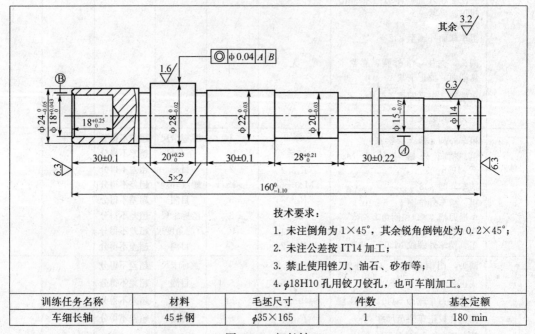

技术要求：

1. 未注倒角为 1×45°，其余锐角倒钝处为 0.2×45°；

2. 未注公差按 IT14 加工；

3. 禁止使用锉刀、油石、砂布等；

4. ϕ18H10 孔用铰刀铰孔，也可车削加工。

训练任务名称	材料	毛坯尺寸	件数	基本定额
车细长轴	45♯钢	ϕ35×165	1	180 min

图 10.6　细长轴

本次训练的任务是通过练习，学习并掌握细长轴的车削技能。

一、实训条件

实训条件见表 10.11。

表 10.11　实训条件

项目	名称		型号
设备	CA6140 型卧式车床或同类型的车床		
量具	游标卡尺		0.02/0~150mm
	外径千分尺		0.01/0~25mm
			0.01/25~50mm
	内径百分表		0.01/18~36mm
	百分表及表座		0.01/0~10mm

续表

项目	名称	型号
刀具	外圆刀	90°（粗、精车刀各一把），YT15
	端面刀	45°，YT15
	切槽刀	$b \leqslant 5mm$，$l \geqslant 10mm$ （粗车以 YT15 为宜、精车以高速钢为宜）
	麻花钻	$\phi16mm$
	内孔刀	$d \leqslant 16mm$（粗、精车刀各一把）
	中心钻	$d = 3mm$，A 型或 B 型
工具	一字螺丝刀、活顶尖、锥柄钻夹头、钻套（与车床尾座相配）、活扳手、三爪钥匙、刀架钥匙、清扫工具等	
其他	铜皮、垫刀片、棉布	

二、加工步骤与考核标准

加工步骤与考核标准见表 10.12。

表 10.12　细长轴的加工步骤与考核标准

序号	步骤	检测内容	配分	检测量具	评分标准	检测结果	得分
1	夹住毛坯外圆，伸出约 60mm 长，找正、夹紧	5×2	5	游标卡尺	超差不得分		
	车端面，车平即可	$R_a3.2$	3	目测	超差不得分		
	钻中心孔，并用 $\phi16$ 钻头钻孔	$\phi28^{+0.02}_{0}$	5	千分尺	超差不得分		
	用内孔车刀粗、精车孔	$R_a1.6$	3	目测	超差不得分		
	$\phi18^{+0.25}_{0}$ 至尺寸	$\phi24^{0}_{-0.05}$	5	千分尺	超差不得分		
	粗、精车外圆 $\phi28^{+0.02}_{0}$ 和	$R_a3.2$	3	目测	超差不得分		
	$\phi24^{0}_{-0.05}$ 至尺寸	$\phi18^{+0.25}_{0}$	10	内径百分表	超差不得分		
	车槽 5×2 至尺寸	$R_a3.2$	5	目测	超差不得分		
	倒角						
2	调头，用铜皮包住 $\phi28$ 外圆，找正并夹紧	$160^{0}_{-1.10}$	5	游标卡尺	超差不得分		
	车端面，保证总长 $160^{0}_{-1.10}$ 至尺寸						
	钻中心孔						
3	松开工件，采用两顶尖重新装夹，鸡心夹头夹住 $\phi24^{0}_{-0.05}$ 外圆，用活络顶尖顶住工件右端面中心孔						

续表

序号	步骤	检测内容	配分	检测量具	评分标准	检测结果	得分
4	粗车外圆 $\phi22_{-0.03}^{0}$、$\phi20_{-0.03}^{0}$、$\phi15_{-0.07}^{0}$、$\phi14$ 至 $\phi23$、$\phi21$、$\phi16$、$\phi15$	$\phi22_{-0.03}^{0}$	8	千分尺	超差不得分		
		$\phi20_{-0.03}^{0}$	8	千分尺	超差不得分		
		$\phi15_{-0.07}^{0}$	8	游标卡尺	超差不得分		
	精车外圆 $\phi22_{-0.03}^{0}$、$\phi20_{-0.03}^{0}$、$\phi15_{-0.07}^{0}$、$\phi14$ 至尺寸	$\phi14$	3	游标卡尺	超差不得分		
		5×2	6	游标卡尺	超差不得分		
	车槽 5×2 至尺寸	$R_a3.2$（5处）	15	目测	超差不得分		
	同轴度	$\phi0.04$	10	偏摆仪	超差不得分		
	倒角 $1\times45°$，去毛刺	$1\times45°$	3	游标卡尺	超差不得分		
5	检查后卸下工件，注意存放工件	安全文明生产	10	目测	不符合要求不得分		
练习者		评分者			总分		

三、注意事项

1）用一夹一顶装夹或用两顶尖装夹车削细长轴时，后顶尖不宜用力过大，以免把工件顶弯，并在车削时充分加注冷却液，防止在车削过程中因发热使工件产生弯曲变形．

2）在车削过程中应合理选用背吃刀量，避免因径向力过大而让工件产生弯曲变形。

中　级　篇

　　本篇包括外梯形螺纹的加工，偏心件的加工，内沟槽和端面槽的加工，内螺纹的加工，蜗杆与多线螺纹的加工以及中级技能训练等方面内容。

　　进一步培养学习者阅读技术文件、工艺文件的能力，能按图纸要求或样品独立、定量、保质完成生产任务的能力以及按照零件的质量要求和国家标准对零件进行自我检测等方面的综合职业能力和职业情感。通过这些项目的训练，让学习者的技能逐步达到中级工水平。

项目 11

外梯形螺纹的加工

项目导航

　　本项目主要介绍梯形螺纹参数的计算方法，梯形螺纹车刀的几何形状和角度要求、刃磨方法，以及梯形螺纹的车削和测量方法。

教学目标

　　了解梯形螺纹的作用、种类、标记、牙型。
　　了解梯形螺纹各部分的名称、代号、计算公式及基本尺寸的确定方法。
　　了解梯形螺纹的技术要求。
　　了解梯形螺纹车刀的几何形状和角度要求。
　　学会确定梯形螺纹的参数以及车削方法。

技能要求

　　学会刃磨梯形螺纹车刀。
　　掌握梯形螺纹的车削方法。
　　掌握梯形螺纹的测量、检查方法。

任务 1　了解梯形螺纹

任务目标

　　了解和掌握梯形螺纹基本参数的确定是掌握梯形螺纹车削的前提条件，是衡量车削用量的依据。本次任务是根据公式计算梯形螺纹的基本尺寸以及测量方法。

相关知识

一、梯形螺纹概述

　　1. 梯形螺纹作用及种类

　　梯形螺纹的轴向剖面形状是一个等腰梯形，常用作传动螺纹，精度要求比较高。其典型的应用如车床上的丝杠和中小滑板的丝杠等。

　　梯形螺纹有两种，国家标准规定梯形螺纹牙型角为30°。英制螺纹的牙型角为29°，在我国很少用。

　　2. 梯形螺纹的标记

　　梯形螺纹的标记由螺纹代号、公差带代号及旋合长度代号组成。

　　梯形螺纹代号包括字母 Tr、公称直径×螺距及旋向，左旋螺纹为 LH，右旋不标。

　　梯形螺纹公差带代号仅标注中径公差带，如 7H、7e，大写为内螺纹，小写为外螺纹。

　　梯形螺纹的旋合长度代号分 N、L 两组，N 表示中等旋合长度，L 表示长旋合长度。

　　标记示例：Tr22×5−7H，表示内梯形螺纹，公称直径为 22mm，螺距为 5mm，中径公差带代号为 7H。

　　3. 梯形螺纹的牙型

　　梯形螺纹的牙型示意图如图 11.1 所示。

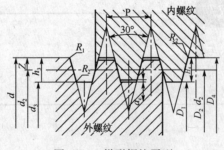

图 11.1　梯形螺纹牙型

4. 梯形螺纹各部分名称、代号、计算公式

梯形螺纹各部分名称、代号及计算公式如表 11.1 所示。

表 11.1 梯形螺纹基本要素的名称、代号及计算公式

名称		代号	计算公式			
牙型角		α	$\alpha = 30°$			
螺距		p	由螺纹标准确定			
牙顶间隙		a_c	p	1.5~5	6~12	14~44
			a_c	0.25	0.5	1
外螺纹	大径	d	公称直径			
	中径	d_2	$d_2 = d - 0.5p$			
	小径	d_3	$d_3 = d - 2h_3$			
	牙高	h_3	$h_3 = 0.5p + a_c$			
内螺纹	大径	D_4	$D_4 = d + 2a_c$			
	中径	D_2	$D_2 = d_2$			
	小径	D_1	$D_1 = d - p$			
	牙高	H_4	$H_4 = h_3$			
牙顶宽		f、f'	$f = f' = 0.366p$			
牙槽底宽		w、w'	$w = w' = 0.366p - 0.536a_c$			
螺纹升角		ψ	$\tan\psi = p/\pi d_2$			

【例 11.1】 计算 Tr28×5 内、外梯形螺纹的各基本尺寸和螺纹升角。

解: 已知 $d = 28$mm，$p = 5$mm

根据表 11.1 所列公式有

$$a_c = 0.25\text{mm}$$

$$h_3 = 0.5p + a_c = 2.5 + 0.25 = 2.75\text{mm}$$

$$H_4 = h_3 = 2.75\text{mm}$$

$$d_2 = D_2 = d - 0.5p = 28 - 0.5 \times 5 = 25.5\text{mm}$$

$$d_3 = d - 2h_3 = 28 - 2 \times 2.75 = 22.5\text{mm}$$

$$D_1 = d - p = 28 - 5 = 23\text{mm}$$

$$D_4 = d + 2a_c = 28 + 2 \times 0.25 = 28.5\text{mm}$$

$$f = 0.366p = 0.366 \times 5 = 1.83\text{mm}$$

$$w = 0.366p - 0.536a_c = 0.366 \times 5 - 0.536 \times 0.25 = 1.7\text{mm}$$

$$\tan\psi = \frac{p}{\pi d_2} = \frac{5}{3.14 \times 25.5} = 0.062$$

从而

$$\psi = 3°33'$$

车工技能实训

二、梯形螺纹的测量方法

1. 综合测量法
用标准螺纹环规综合测量。

2. 三针测量法

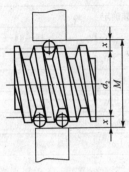

图 11.2 三针测量法

这种方法是测量外螺纹中经的一种比较精密的方法。适用于测量一些精度要求较高、螺纹升角小于 4°的螺纹工件。测量时把三根直径相等的量针放在螺纹相对应的螺旋槽中，用公法线千分尺量出两边量针顶点之间的距离 M，如图 11.2 所示。

M 值的计算公式为

$$M = d_2 + 4.864d_D - 1.866p \qquad (11.1)$$

式中，d_2——螺纹中径；

p——螺距；

d_D——量针直径。

三针测量法采用的量针一般是专门制造的，在实际应用中，有时也用优质钢丝或新钻头的柄部来代替。量针的直径不能太大或太小。如果直径太大，量针的横截面与螺纹牙侧不相切，无法测量中径的实际尺寸；如果太小，量针会陷入螺纹牙槽中，其顶点低于螺纹牙顶而无法测量。最佳的量针直径应是量针的横截面与螺纹中径处牙侧相切时的直径。量针直径的最大值、最佳值及最小值可参照表 11.2 选用。

表 11.2 量针直径 d_D 的计算公式

三针测量时的量针直径 d_D		
最大值	最佳值	最小值
0.656p	0.518p	0.486p

【例 11.2】 车削 Tr32×6 梯形螺纹，用三针测量螺纹中径，求量针直径和千分尺读数值 M。

解：量针直径为

$$d_D = 0.518p = 3.1\text{mm}$$

千分尺读数值为

$$\begin{aligned}M &= d_2 + 4.864d_D - 1.866p \\ &= 29 + 4.864 \times 3.1 - 1.866 \times 6 \\ &= 32.88\text{mm}\end{aligned}$$

测量时应考虑极限偏差，中径的极限偏差即为三针测量值 M 的极限偏差。

3. 单针测量法

这种方法的特点是只需用一根量针，放置在螺旋槽中，用千分尺量出螺纹大径与量针顶点之间的距离 A（见图 11.3）。

A 值的计算公式为

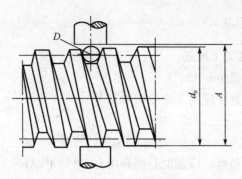

图 11.3　单针测量法

$$A = (M + d_0)/2 \tag{11.2}$$

式中，d_0——螺纹大径的实际尺寸（mm）；

　　　　M——用三针测量时千分尺的读数（mm）。

A 值的极限偏差为 M 值的一半。

任务 2　外梯形螺纹车刀的刃磨

任务目标

刃磨如图 11.4 所示的外梯形螺纹车刀，达到图样所规定的要求。

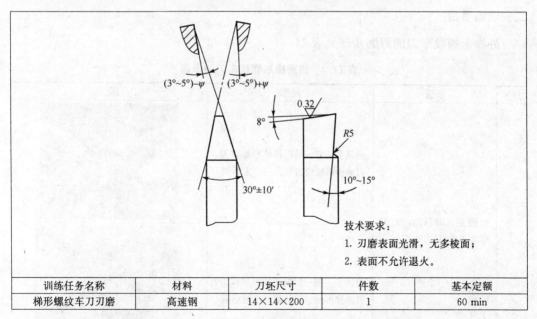

训练任务名称	材料	刀坯尺寸	件数	基本定额
梯形螺纹车刀刃磨	高速钢	14×14×200	1	60 min

图 11.4　梯形螺纹刀

　　本次训练的任务是通过学习，理解外梯形螺纹车刀的几何角度并掌握刀具的刃磨技术。

相关知识

梯形螺纹车刀的角度如下所述。

1）两刃夹角等于牙型角 α（30°）。

2）刀尖宽度。刀尖宽度应为 2/3 牙槽底宽 W。

3）纵向前角 $\gamma=5°$。

4）两侧刀刃后角：$\alpha_{左}=(3°\sim5°)+\varphi$，$\alpha_{右}=(3°\sim5°)-\varphi$。

5）刃磨车刀两刃夹角时，应随时目测和用对刀样板校对。

6）纵向前角不为零的车刀，两侧刃夹角应进行修正。

7）车刀两刃要光滑、平直、无裂口，两侧副切削刃必须对称，刀头不能歪斜。

技能实训

一、实训条件

实训条件见表 11.3。

表 11.3 实训条件

项目	名称	项目	名称
设备	砂轮机	刀具	高速钢 14×14×200
量具	螺纹样板	工具	金刚笔、油石

二、训练项目

外梯形螺纹车刀的刃磨步骤见表 11.4。

表 11.4 刃磨梯形螺纹车刀的步骤

序号	步骤	操作	图示
1	粗磨主、副后面，刀尖角初步成形	两只手一前一后握住梯形螺纹刀，刃磨梯形螺纹刀的第一个主后面 两只手一前一后握住梯形螺纹刀，刃磨梯形螺纹刀的第二个副后面	

续表

序号	步骤	操作	图示
2	精磨保证刀尖角后主、副面	刀尖角用螺纹样板来检测，精磨主、副后面时，用透光法检查刀尖角是否正确，发现问题及时修正，并尽量保证刀尖半角对称	
3	修磨刀尖，控制刀头宽度	保证刀头不歪斜，刀头宽度比槽底窄一点	
4	精磨前面或纵向前角	将梯形螺纹刀翻转，注意刀杆和砂轮之间角度，从而控制前面的角度大小磨出合格的纵向前角	
5	油石研磨	用油石研磨刀刃处的前、后面（注意保持刀口锋利）	

三、注意事项

1）刃磨两侧后刀面时，应先考虑螺纹的左右旋向和螺纹升角的大小，再确定两侧后角的实际数值。

2）梯形螺纹车刀的刀尖角的角平分线应与刀杆垂直，并要求主、副切削刃平直。

车工技能实训

实训反馈

一、考核标准

考核标准见表 11.5。

表 11.5 考核标准

序号	检测内容	配分	评分标准	检测量具	检测结果	得分
1	刀尖角	30	超差扣 5~10 分	角度样板		
2	前角	10	超差扣 5~10 分	目测		
3	主后角	10	超差扣 5~10 分	目测		
4	副后角	10	超差扣 5~10 分	目测		
5	刀刃平直	10	超差扣 3~6 分	目测		
6	刀面平整	10	超差扣 3~6 分	目测		
7	磨刀姿势	15	超差扣 3~6 分	目测		
6	安全文明生产	5	不符合要求不得分	目测		

二、记事

记事见表 11.6。

表 11.6 记事

日期	学生姓名	砂轮机号	批次	总分	教师签字

任务 3 外梯形螺纹的加工

任务目标

加工如图 11.5 所示,达到图样所规定的要求。

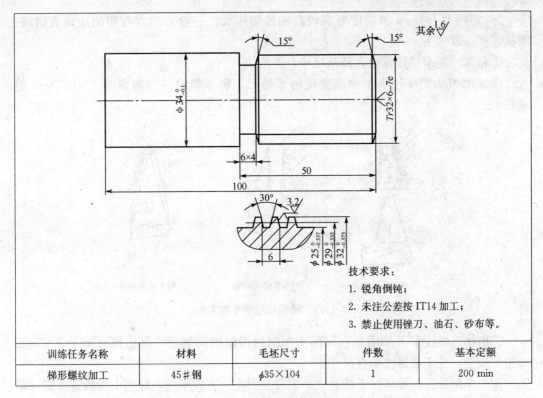

图 11.5　外梯形螺纹

训练任务名称	材料	毛坯尺寸	件数	基本定额
梯形螺纹加工	45#钢	φ35×104	1	200 min

本次训练的任务是通过学习、掌握外梯形螺纹基本参数的计算方法，并会车削外梯形螺纹。

相关知识

一、梯形螺纹车刀的装夹

1) 车刀主切削刃必须与工件轴线等高（用弹性刀杆时由于受到切削力的作用，刀头会被压底，刀尖高于轴线约 0.2mm）同时应和工件轴线平行。

2) 刀头的角平分线要垂直与工件的轴线。用样板找正装夹，以免产生牙型半角误差。如图 11.6 所示。

二、梯形螺纹的车削方法

1) 车削螺距小于 4mm 和精度要求不高的梯形外螺纹，可用一把梯形螺纹车刀，并用左右切削法或斜进法车削（见图 11.7）。

图 11.6　梯形螺纹车刀的安装

2）螺距大于 4mm 和精度要求较高的梯形螺纹，一般采用左右切削法或直槽法。具体车削步骤如下。

①粗车、精车梯形螺纹大径至尺寸，倒角 45°。

②选用刀头宽度稍小于槽底宽度的车槽刀，粗车螺纹（每边留 0.5～0.7mm 的余量）。

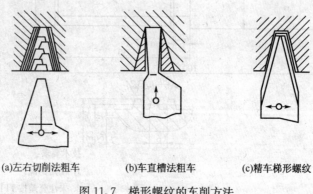

(a)左右切削法粗车　　　(b)车直槽法粗车　　　(c)精车梯形螺纹

图 11.7　梯形螺纹的车削方法

③用梯形螺纹车刀采用左右车削法车削梯形螺纹两侧面，每边留 0.15～0.20mm 的精车余量，并车准螺纹小径尺寸。

左右车削法：一般情况下按照"一刀分三刀车"方式车削，即当中滑板进 5 格（单边深度 0.25mm），那么小滑板分三次进给车削（设梯形螺纹刀中间一刀在 0 刻度，则左边赶刀时，一般顺时针加 12 格＋0.60mm，向右边赶刀时，则要根据每台机床小滑板螺纹间隙而定，假设 6 格间隙，则在逆时针退回时，原先应该减 12 格－0.60mm，实际应该多退 6 格，车完三刀后，则小滑板顺时针转回到 0 刻度），车削完毕后，中滑板继续加 5 格，依次循环车削。到达三分之二深度后，可根据牙顶宽度，适当调整左右赶刀量。

④选择较低的转速，采用左右切削法完成螺纹的精加工。

三、梯形螺纹的一般技术要求

1）螺纹中径必须与基准轴颈同轴，其大径尺寸比基本尺寸一般小 0.1～0.3mm。

2）螺纹的牙型角要正确。

3）车梯形螺纹必须保证中径尺寸公差。

4）螺纹两侧面表面粗糙度值要低。

四、切削用量选择

切削用量选择见表 11.7。

项目 11　外梯形螺纹的加工

表 11.7　梯形螺纹切削用量选择（设小滑板间隙 6 格）

车刀类型	加工性质	转速 n/(r/min)	背吃刀量 (0.05mm/格)	左赶刀量（顺转 0.05mm/格）	中间（顺转）	右赶刀量（逆转 0.05mm/格）
高速钢梯形螺纹车刀	粗车	60～100	10 格	+15 格	0	21 格
			10 格	+15 格	0	−21 格
			10 格	+14 格	0	−20 格
			5 格	+13 格	0	−19 格
			5 格	+13 格	0	−19 格
			5 格	+12 格	0	−18 格
			5 格	+12 格	0	−18 格
			5 格	+11 格	0	−17 格
			5 格	+11 格	0	−17 格
			5 格	+10 格	0	−16 格
			3 格	+10 格	0	−16 格
	精车	15～30	2 格		0	
				+10 格		
				+11 格		
				+11.5 格		
						−16
						−17 格
						…（直到符合中径值）

注：该表仅供参考，具体背吃刀量需要根据刀的锋利程度和刀头宽度来适当调整。同时左右赶刀量需要根据刀头宽度来适当调整，车削过程中出现牙顶偏宽，可适当增加赶刀次数，较窄可适当减少赶刀次数。

▨▨ 技能实训 ▨▨

一、实训条件

实训条件见表 11.8。

表 11.8　实训条件

项目	名称
设备	CA6140 型卧式车床或同类型的车床
量具	游标卡尺、外径千分尺、三针、百分表及表座、公法线千分尺
刀具	硬质合金 45°、90°车刀、切断刀、切槽刀、外梯形螺纹刀、中心钻

二、训练项目

外梯形螺纹零件的加工步骤见表 11.9。

表 11.9　外梯形螺纹的加工步骤

序号	步骤	操作	图示
1	装夹工件	用三爪自定心卡盘夹住毛坯外圆，伸出长度 60mm 左右	
2	平端面，外圆	平端面，粗、精车 $\phi 34_{-0.1}^{0}$ 外圆至尺寸	
3	调头装夹，平端面、钻中心孔	调头装夹，找正夹紧，平端面，保证总长至尺寸，钻中心孔	
4	一夹一顶装夹车螺纹外圆、车槽、倒角	一夹一顶装夹，粗、精车螺纹 $\phi 32$ 外圆至尺寸，车槽 6×4 至尺寸；装上梯形螺纹车刀倒角 15°	
5	车梯形螺纹	粗、精车梯形螺纹 Tr32×6 至尺寸	

三、注意事项

1）车螺纹前要检查车床手柄位置，防止出错。

2）车螺纹时注意力要集中，防止中滑板手柄多进一圈而撞坏车刀或使工件因碰撞而报废。

3）车削时要观察活顶尖是否与工件同步旋转，及时调整，避免损坏顶尖。

4）粗车螺纹时，应将小滑板调紧一些，以防车刀发生移位而产生"扎刀"。

5）工件在精车前，最好重新修正顶尖孔，以保证同轴度。

6）中途换刀或需重新对刀时，工件正转，螺纹刀进给到螺纹段部分，停车后，再利用中、小滑板对刀，让车刀位于槽中央，重新对刻度。

实训反馈

一、考核标准

考核标准见表 11.10。

表 11.10 考核标准

序号	检测内容	配分	评分标准	检测量具	检测结果	得分
1	$\phi 34_{-0.1}^{0}$	10	超差全扣	游标卡尺		
	$R_a 1.6$	4		千分尺		
2	100	5	超差全扣	游标卡尺		
3	$\phi 32$	10	超差全扣	游标卡尺		
	$R_a 1.6$	3				
4	6×4	5	超差全扣	游标卡尺		
5	45°	3	超差全扣	万能角度尺		
6	Tr32×6	50	超差全扣	公法线千分尺		
7	安全文明生产	10	不合要求酌情扣分	目测		

二、记事

记事见表 11.11。

表 11.11 记事

日期	学生姓名	车床号	批次	总分	教师签字

任务 4 车外梯、三角螺纹

任务目标

加工如图 11.8 所示，达到图样所规定的要求。

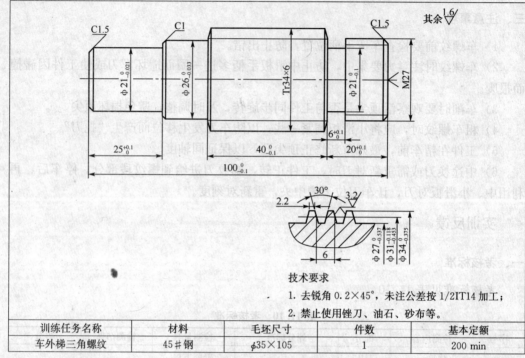

技术要求

1. 去锐角 0.2×45°，未注公差按 1/2IT14 加工;

2. 禁止使用锉刀、油石、砂布等。

训练任务名称	材料	毛坯尺寸	件数	基本定额
车外梯三角螺纹	45♯钢	φ35×105	1	200 min

图 11.8　外梯、三角螺纹

本次训练的任务是，通过训练，巩固外梯形螺纹的车削技能，体会普通外螺纹和外梯形螺纹的相同和不同之处。

技能实训

一、实训条件

实训条件见表 11.12。

表 11.12　实训条件

项目	名称	型号
设备	CA6140 型卧式车床或同类型的车床	
量具	游标卡尺	0.02/0～150mm
	外径千分尺	0.01/0～25mm
		0.01/25～50mm
	内径百分表	0.01/18～36mm
	公法线千分尺	0.01/25～50mm
	三针	3.1mm
	百分表及表座	0.01/0～10mm

续表

项目	名称	型号
设备	CA6140 型卧式车床或同类型的车床	
刀具	外圆刀	90°（粗、精车刀各一把），YT15
	端面刀	45°，YT15
	切槽刀	$b \leqslant 5\text{mm}$，$l \geqslant 10\text{mm}$ （粗车以 YT15 为宜、精车以高速钢为宜）
	外梯形螺纹刀	$a = 30°$，高速钢（粗、精车刀各一把）
	中心钻	$d = 3\text{mm}$，A 型或 B 型
工具	一字螺丝刀、活顶尖、锥柄钻夹头、钻套（与车床尾座相配）、活扳手、三爪钥匙、刀架钥匙、清扫工具等	
其他	铜皮、垫刀片、棉布	

二、加工步骤及考核标准

加工步骤及考核标准见表 11.13。

三、注意事项

1）严格按照梯形螺纹车削方法，避免出现牙型不正确或中径不正确。

2）在一次装夹下，加工完梯形螺纹和三角形螺纹，保证其同轴度达到要求。

3）车梯形螺纹时，变力比较大，采用一夹一顶车削为宜。

表 11.13 外梯形、三角螺纹的加工步骤及考核标准

序号	步骤	检测内容	配分	检测量具	评分标准	检测结果	得分
1	夹住毛坯外圆，伸出 50mm，找正、夹紧 车端面，粗、精车外圆 $\phi21_{-0.021}^{0}$ 和 $\phi26_{-0.033}^{0}$ 倒角	$\phi21_{-0.021}^{0}$ $R_a1.6$ $\phi26_{-0.033}^{0}$ $R_a1.6$ $1.5 \times 45°$ $1 \times 45°$	5 3 5 3 3 3	游标卡尺 千分尺 千分尺 目测 目测 目测	超差不得分 超差不得分 超差不得分 超差不得分 超差不得分 超差不得分		
2	调头，用铜皮包住 $\phi21_{-0.021}^{0}$ 外圆 找正并夹紧 车端面，保总长 100，钻中心孔	 $100_{-0.1}^{0}$	 5	 游标卡尺	 超差不得分		

续表

序号	步骤	检测内容	配分	检测量具	评分标准	检测结果	得分
3	采用一夹一顶装夹，粗、精车梯形螺纹外圆至 ϕ33.8 和 ϕ26.8 至尺寸	$\phi21-^{0}_{0.1}$	5	游标卡尺	超差不得分		
	车槽 $\phi21-^{0}_{0.1}$ 至尺寸	$R_a1.6$	3	目测	超差不得分		
	倒角	$1.5\times45°$	3	目测	超差不得分		
4	粗、精车梯形螺纹 Tr34×6 至尺寸	Tr34×6	25	公法线千分尺	超差不得分		
		$R_a3.2$	15	目测	超差不得分		
	粗、精车外三角形螺纹 M27 至尺	M27	7	螺纹环规	超差不得分		
		$R_a1.6$	5	目测	超差不得分		
5	检查后卸下工件，注意存放工件	安全文明生产	10	目测	不符合要求不得分		
	练习者		评分者			总分	

思考与练习

一、选择题

1. 用硬质合金螺纹车刀高速车梯形螺纹时，刀尖角应为（　　）。

A. 30°　　　　B. 29°　　　　C. 29°30′　　　　D. 30°30′

2. 在 CA6140 型车床上用直联丝杠法加工精密梯形螺纹 Tr36×8，则计算交换齿轮的齿数为（　　）。

A. 40/60　　　　B. 120/80　　　　C. 63/75　　　　D. 40/30

3. Tr40×12 螺纹的线数为（　　）。

A. 12　　　　B. 6　　　　C. 2　　　　D. 3

4. 车阶梯槽法车削梯形螺纹，（　　）。

A. 适于螺距较大的螺纹　　　　B. 适于精车

C. 螺纹牙形准确　　　　D. 牙底平整

5. 测量外螺纹中径精确的方法是（　　）。

A. 三针测量　　B. 螺纹千分尺　　C. 螺纹量规　　D. 游标卡尺

6. 螺纹升角一般是指螺纹（　　）处的升角。

A. 大径　　　　B. 中径　　　　C. 小径　　　　D. 顶径

7. 梯形螺纹粗车刀与精车刀相比，其纵向前角应取得（　　）。

A. 较大　　　　B. 零值　　　　C. 较小　　　　D. 一样

8. 梯形螺纹精车刀的纵向前角应取（　　）。

A. 正值　　　　B. 零值　　　　C. 负值　　　　D. 15°

9. 已知米制梯形螺纹的公称直径为 40mm，螺距 $P=8$mm，牙顶间隙 $A_c=0.5$mm，则外螺纹牙高为（　　）mm。

A. 4. 33　　　　　　B. 3. 5　　　　　　C. 4. 5　　　　　　D. 4

10. 已知米制梯形螺纹的公称直径为 36mm，螺距 $P = 6$mm，牙顶间隙 $A_C = 0.5$mm，则牙槽底宽为（　　　）mm。

　A. 2. 196　　　　　B. 1. 928　　　　　C. 0. 268　　　　　D. 3

11. 车削外径为 100mm，模数为 10mm 的模数螺纹，其轴向齿根槽宽（　　　）mm。

　A. 6. 97　　　　　　B. 5　　　　　　　C. 15. 7　　　　　　D. 8. 43

12. 影响螺纹配合性质的主要原因是螺纹（　　　）径的实际尺寸。

　A. 大　　　　　　　B. 小　　　　　　　C. 中　　　　　　　D. 孔

13. 梯形螺纹测量一般是用三针测量法测量螺纹的（　　　）。

　A. 大径　　　　　　B. 中径　　　　　　C. 底径　　　　　　D. 小径

14. 影响梯形螺纹牙型角的主要因素是（　　　）。

　A. 主后角　　　　　B. 径向前角　　　　C. 碳角　　　　　　D. 刀尖角

15. 测量梯形螺纹中径的最佳方法是（　　　）。

　A. 综合测量法　　　B. 螺纹千分尺　　　C. 三针测量法　　　D. 单针测量法

16. CA6140 型车床上车削米制螺纹时，交换齿轮传动比应是（　　　）。

　A. 42∶100　　　　B. 63∶75　　　　　C. 60∶97　　　　　D. 50∶100

17. 下列螺纹中，不是 60°牙型角的是（　　　）螺纹。

　A. 普通　　　　　　B. 55°非密封管　　C. 60°密封管　　　D. 米制锥

18. 普通螺纹的公称直径是指螺纹的（　　　）。

　A. 大径　　　　　　B. 小径　　　　　　C. 中径　　　　　　D. 外螺纹底径

19. 螺纹公称直径是代表螺纹尺寸的直径，一般是指螺纹（　　　）的基本尺寸。

　A. 内螺纹顶径　　　B. 外螺纹底径　　　C. 中径　　　　　　D. 大径

20. 高速钢梯形螺纹粗车刀的刀头宽度应（　　　）牙槽底宽。

　A. 等于　　　　　　B. 略大于　　　　　C. 略小于　　　　　D. 任意

21. 用车直槽法车削梯形螺纹时，车槽刀刀头宽度应（　　　）槽底宽

　A. 等于　　　　　　B. 略大于　　　　　C. 略小于　　　　　D. 任意

22. 梯形螺纹精车时采用（　　　）完成螺纹加工。

　A. 左右切削法　　　B. 直进法　　　　　C. 斜进法　　　　　D. 任意

二、判断题

（　　）1. 梯形螺纹的牙型角为 30°。

（　　）2. 根据国家标准规定，外螺纹的上偏差和内螺纹的下偏差为基本偏差。

（　　）3. 车削前必须正确调整车床各处间隙。

（　　）4. 梯形螺纹一般为高速车削，采用高速钢车刀。

（　　）5. 螺距大和精度要求不高的零件，可用一把梯形螺纹车刀，并用左右切削法车削。

（　　）6. 精车梯形内螺纹应不进刀车削 2～3 次，以消除刀杆的变形，保证螺纹

的精度要求。

（　　）7. 三针测量法是测量梯形外螺纹大径的一种比较精密的方法。

（　　）8. 用标准螺纹量规对螺纹各主要参数进行测量是综合性的测量。

三、简答题

1. 车削梯形螺纹时如何调整车床？
2. 螺纹车刀的刃磨要求是什么？

四、计算题

1. 用三针测量 Tr44×8 的中径，已知 $d_2 = \phi 40_{-0.5}^{0}$，求最佳量针直径 d_D 和千分尺读数 M 的变动范围。

2. 用单针测量 Tr44×6 的中径，已知大径的实际尺寸为 $\phi 43.8$。求单针测量时，千分尺读数 A。

项目 12

车削偏心工件

项目导航

　　本项目主要介绍偏心件的划线方法、偏心件的常用加工方法、偏心距的测量和检查以及如何在车削加工中进行偏心距的调整，并通过本项目的学习能采用三爪自定心卡盘加工偏心工件。

教学目标

　　了解偏心件的划线方法。

　　了解偏心工件的常用加工方法。

　　重点掌握三爪自定心卡盘加工偏心件时的加工原理、垫片厚度计算、加工工艺编排和加工注意事项。

　　掌握偏心工件的常用检查和找正方法。

　　了解车削加工中偏心距的调整。

技能要求

　　掌握偏心件的划线方法。

　　重点掌握用三爪自定心卡盘加工偏心件的方法、垫片厚度计算、加工工艺编排和加工注意事项。

　　掌握偏心工件的常用检查和找正方法。

任务1　认识偏心件

任务目标

在机械传动中，要使回转运动转变成直线运动，或由直线运动转变成回转运动，一般采用曲柄滑块（连杆）机构来实现，在实际生产中常见的偏心轴、曲柄等就是其具体应用的实例（如图 12.1 所示）。外圆和外圆的轴线或内孔与外圆的轴线平行但不重合（彼此偏离一定的距离）的工件，叫偏心工件。外圆与外圆偏心的工件叫偏心轴，内孔与外圆偏心的工件叫偏心套，两平行轴线间的距离叫偏心距。

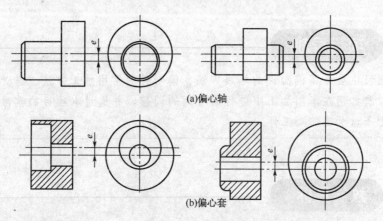

(a)偏心轴

(b)偏心套

图 12.1　偏心工件

偏心轴、偏心套一般都在车床上加工。其加工原理基本相同，都是要采用适当的安装方法，将需要加工偏心圆部分的轴线校正到与车床轴线重合的位置后，再进行车削。为了保证偏心零件的工作精度，在车削偏心工件时，要特别注意控制轴线间的平行度和偏心距的精度。

相关知识

一、偏心件的划线方法

加工数量少，而加工精度要求不是很高的偏心工件，一般可用划线的方法找出偏心轴（孔）轴线，再在两顶尖或四爪卡盘上加工。

1. 偏心工件的划线方法

（1）样件准备

先将工件毛坯车成一根光轴，直径为 D，常为 L，如

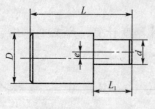

图 12.2　偏心轴

图 12.2所示。使两端面与轴线垂直（其误差大，将影响找正精度），表面粗糙度 R_a 值为 $1.6\mu m$。然后在轴的两端面

和四周外圆涂上一层蓝色的显示剂，待干后将其放在平板上的 V 形架中。

（2）划工件水平轴线

用游标高度尺划针尖端测量光轴的最高点，如图 12.3 所示，并记下读数，再把游标高度尺的游标下移工件实际测量直径尺寸的一半，并在工件 A 端面轻划一条水平线，然后将工件转过 180°，仍用刚才调整的高度，再在 A 端面轻划另一条水平线。检查前、后两条线是否重合，若重合，即为此工件的水平轴线；若不重合，则需将游标高度尺进行调整，游标下移量为两平行线间距离的一半。如此反复，直至使两线重合。

（3）划端面和四周线圈

找出工件的水平轴线后，即可在工件的端面和四周划线圈（即过轴线的水平剖面与工件的截交线）。

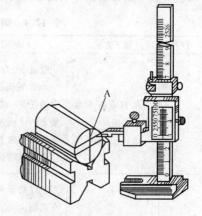

图 12.3　在 V 形铁上划偏心距的方法

（4）划垂直线圈

将工件转过 90°用平行直尺对齐已划好的端面线，然后再用刚才调整好的游标高度尺在轴端面和四周划一道圈线，这样在工件上就得到互相垂直的圈线了。

（5）划偏心距中心线

将游标高度尺的游标上移一个偏心距尺寸，也在轴端面和四周划上一道圈线。

（6）打样冲眼

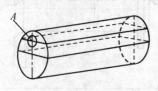

图 12.4　划偏心

偏心距中心线划出后，在偏心距中心处两端面处打样冲眼，要求敲打样冲眼的中心位置准确无误，眼坑宜浅，且小而圆。

若采用两顶尖车削偏心轴，则依此样冲眼钻中心孔，若采用四爪单动卡盘装夹车削时，则要依此样冲眼先划出一个偏心圆，同时还须在偏心圆上均匀地、准确无误地打上几个样冲眼，以便找正（如图 12.4 所示）。

2. 偏心件划线时的注意事项

1）划线用显示剂应有很好的附着性，应均匀地在工件上涂上薄薄一层，不宜涂厚，以免影响划线清晰度。

2）划线时，手轻抚工件，不让其转（或移）动，右手握住游标高度尺座，在平台上沿着划线的方向缓慢、均匀地移动，防止因游标高度尺底座与平台间摩擦阻力过大而使尺身或游标在划线时颤抖，为此应使平台和底座下面光洁、无毛刺，可在平台上涂上薄薄一层机油。

3）样冲尖应仔细刃磨，要求圆且尖。

4）敲样冲时，应使样冲与所示的线条垂直，尤其是冲偏心轴孔时更要注意，否则会产生偏心误差。

二、偏心工件常用的加工方法

偏心工件的常用加工方法有四爪卡盘车偏心法、两顶尖车偏心法、三爪卡盘车偏心法、双重卡盘车偏心法和专用偏心夹具车偏心法等方法。具体的应用场合和注意事项见表 12.1。

表 12.1　偏心工件的常用加工方法及应用场合

序号	加工方法	应用场合及注意事项	图例
1	三爪自定心卡盘车偏心法	一般适用于加工精度不高、偏心距 $e \leqslant$ 6mm 的短偏心工件。其方法是在三爪中的任意一个卡爪与工件接触面之间，垫上一块预先选好的垫片，使工件轴线相对车床主轴轴线产生位移，并使位移距离等于工件的偏心距	
2	四爪卡盘车偏心法	当工件数量较少，长度较短，不便于在两顶尖上装夹时，可装夹在四爪卡盘上加工偏心。在四爪上加工偏心时，必须按已划好的偏心和侧母线校正，使偏心轴线与车床主轴轴线重合，工件装夹后即可车削	
3	两顶尖车偏心法	一般的偏心轴，只要两端面能钻中心孔，有鸡心夹头的装夹位置，都应该用两顶尖间车偏心的方法。因为在两顶尖间加工偏心轴与车一般外圆没有多大的区别，仅仅是两顶尖是顶在偏心中心孔中加工而已。这种方法的优点是偏心中心孔已经钻好，不需要用很多的时间去找正偏心	
4	双重卡盘车偏心法	把三爪卡盘夹在四爪卡盘上，并偏移一个偏心距 e，加工偏心工件时，只需要把工件装夹在三爪卡盘上就可以车削。这种方法第一次校正比较困难，但校正好以后，加工其余零件时就不必调整偏心了。该方法因两只卡盘重叠在一起，刚性较差，切削用量只能选得较低，适用于少量生产	
5	专用偏心夹具车偏心法	加工数量较多的短偏心工件时，可以制造专用夹具来装夹加工。夹具中预先加工一个偏心孔，其偏心距等于工件的偏心距，工件就插在夹具的偏心孔中，用沉头螺钉紧固。也可以把偏心夹具的较薄处铣开一条狭槽，依靠狭槽部位的伸缩变形来夹紧工件	

三、三爪自定心卡盘、车削偏心工件时垫片厚度的计算

为确保偏心零件使用中的工作精度，加工时其关键技术要求是控制好轴线间的平行度和偏心距精度，而偏心距的精度主要由垫片厚度来保证。

垫片的厚度 x 可用以下近似公式计算，即

$$x = 1.5e \pm K \qquad\qquad (12.1)$$
$$K \approx 1.5\Delta e \qquad\qquad (12.2)$$

式中，x——垫片厚度（mm）；

$\quad\quad e$——工件偏心距（mm）；

$\quad\quad K$——偏心距修正值，正负值应按实测结果确定（mm）；

$\quad\quad \Delta e$——试切后，实测偏心距与要求偏心距的误差即，$\Delta e = e - e_{实}$（mm）。

【例 12.1】　如用三爪自定心卡盘加垫片的方法车削偏心距 $e = 4\text{mm}$ 的偏心件，试计算垫片厚度。

解：先不考虑修正值，初步计算垫片的厚度为

$$x = 1.5e = 1.5 \times 4 = 6\text{mm}$$

垫入 6mm 厚的垫片进行试切削，然后检查其实际偏心距为 4.05mm，那么其偏心距误差为

$$\Delta e = 4.05 - 4 = 0.05\text{mm}$$
$$K = 1.5\Delta e = 1.5 \times 0.05 = 0.075\text{mm}$$

由于实测偏心距比工件要求的大，则垫片厚度的正确值应减去修正值，即

$$x = 1.5e - K = (1.5 \times 4 - 0.075)\text{mm} = 5.925\text{mm}$$

四、偏心距的测量和检查

偏心距的检查方法通常有以下两种：

1. 在两顶尖检查偏心距

两端有中心孔的偏心轴，如果偏心距较小，可在车床的两顶尖之间或台型中心架上测量偏心距（见图 12.5）。测量时把工件安装在两顶尖之间，以百分表的测量头接触在偏心轴部分，用手均匀、缓慢地转动偏心轴，百分表上指示出的最大值和最小值之差

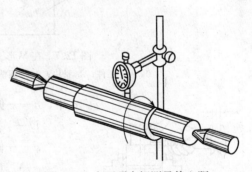

图 12.5　在两顶尖间测量偏心距

的一半即为偏心距。偏心套的偏心距也可以用类似上述方法进行测量，但必须将偏心套套在心轴上，再用两顶尖测量。

2. 在 V 形架上检测偏心距

对工件无中心孔或长度较短、偏心距 $e < 5$ mm 的偏心工件，可在 V 形架上检测偏心距。检测时将工件外圆放在 V 形架上，转动偏心工件，通过百分表上指示出的最大

车工技能实训

值和最小值之差的一半来确定偏心距（见图 12.6）。

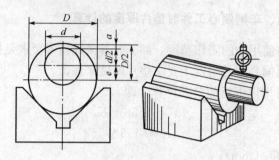

图 12.6　在 V 形架上检测偏心距

偏心距较大的工件，因为受到百分表测量范围的限制，就不能用上述方法测量。这时可采用间接法测量偏心距（见图 12.7）。检测时，将 V 形架放在测量平板上，工件基准圆柱放置在 V 形架上，转动偏心工件，用百分表先找出偏心外圆的最高点，将工件固定，然后使可调整量规平面与偏心外圆最高点等高，再按下式计算出偏心工件的偏心外圆到基准外圆之间的最小距离 a，即

$$a = \frac{D}{2} - \frac{d}{2} - e \qquad (12.3)$$

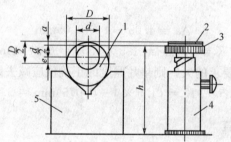

图 12.7　在 V 形上间接检测较大偏心距
1. 偏心工件；2. 量块；3. 可调整量规平面；4. 可调整量规；5. V 形架

式中，a——偏心外圆到基准外圆之间的最小距离（mm）；
　　　D——基准圆直径的实际尺寸（mm）；
　　　d——偏心圆直径的实际尺寸（mm）；
　　　e——工件的偏心距（mm）。

测量时选择一组量块，使之组成的尺寸等于 a，并将此组量块放置在可调整量规平面上，再水平移动百分表，先测量基准外圆最高点，得读数 A，继而测量量块上表面得另一读数 B，比较这两读数，看其误差值是否在偏心距误差的范围内，以确定此偏心工件是否满足要求。

在切削加工过程中我们可以采用分度值为 0.02mm 的游标卡尺进行偏心距的检测，偏心距值即为最大距离和最

图 12.8　采用游标卡尺在加工过程中检测偏心距

小距离差值的一半（见图 12.8），即

$$e = (a - b)/2 \qquad\qquad (12.4)$$

任务 2　加工偏心件

任务目标

加工如图 12.9 所示的零件，达到图样所规定的要求。

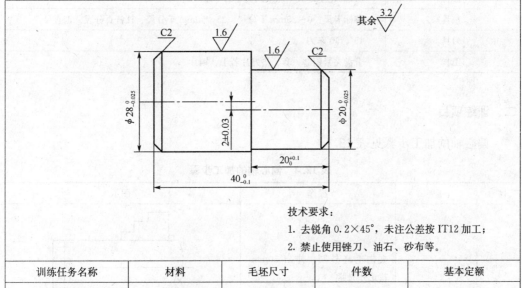

技术要求:

1. 去锐角 0.2×45°，未注公差按 IT12 加工;
2. 禁止使用锉刀、油石、砂布等。

训练任务名称	材料	毛坯尺寸	件数	基本定额
偏心轴	45♯钢	φ35	1	180min

图 12.9　偏心轴零件图

通过具体的训练，掌握偏心轴的划线方法、偏心轴的加工原理、垫片厚度的计算、偏心轴的加工工艺路线的编排，并能加工出合格的偏心工件。

相关知识

切削用量选择

切削用量选择见表 12.2。

表 12.2　偏心轴切削用量的选择

车刀类型	加工性质	转速 $n/(\text{r/min})$	背吃刀量 a_{p}/mm	进给量 $f/(\text{mm/r})$
硬质合金 45°、90°	粗车	400~600	1~2	0.15~0.2
	精车	1000 左右	0.25~0.60	0.08~0.1

车工技能实训

技能实训

一、实训条件

实训条件见表 12.3。

表 12.3 实训条件

项目	名称
设备	CA6140 型卧式车床或同类型的车床
量具	游标卡尺、0~25mm 千分尺、25~50mm 千分尺、杠杆百分表、钢直尺
刀具	45°、90°车刀
工具	卡盘夹紧钥匙一套、垫刀片若干、铜片

二、训练项目

偏心轴的加工步骤见表 12.4。

表 12.4 偏心轴的加工步骤

序号	步骤	操作	图示
1	装夹工件	夹住毛坯外圆,伸出 50mm,找正并夹紧	$\phi 35$ 50
2	车端面、外圆切断	用 45°端面车刀平端面,粗、精车外圆至 $\phi 28$mm,倒角,切断	$\phi 28$ 42
3	调头、找正夹紧平端面	平端面,保证总长尺寸	$40_{-0.1}^{0}$

续表

序号	步骤	操作	图示
4	垫偏心块，找正并校直，夹紧工件	在三爪的其中一卡爪上垫事先准备的垫片，夹住 $\phi 28_{-0.025}^{0}$ 外圆，用百分表找正偏心轴线、调整偏心距	偏心垫片 $\phi 28_{-0.025}^{0}$ 25
5	粗、精车偏心外圆	粗、精车偏心外圆，$\phi 20$ 至尺寸，并控制其长度尺寸倒 C2 角	C2 2 ± 0.03　$\phi 20_{-0.025}^{0}$ $20_{0}^{+0.1}$
6	检验		

三、注意事项

1）选择垫片的材料应有一定硬度，以防止垫片在装夹时发生变形。垫片与卡爪接触面应做成圆弧面，其圆弧大小等于或小于卡爪圆弧，如果做成平面，则在垫片与卡爪之间将会产生间隙，造成误差。

2）为了保证偏心轴两轴线之间的平行度，开始装夹或修正 x 后重新装夹时，均应用百分表校正工件外圆，使外圆侧母线与车床主轴轴线平行。

3）开始车偏心时，由于两边的切削量相差很大，车刀应远离工件后再启动主轴；车削时，车刀刀尖应从偏心的最外点逐步切入工件进行车削，切削用量不宜太大。

实训反馈

一、考核标准

考核标准见表 12.5。

表 12.5 考核标准

序号	检测内容	配分	评分标准	检测量具	检测结果	得分
1	$\phi 28_{-0.025}^{0}$	15	每超差 0.01 扣 2 分	千分尺		
2	$\phi 20_{-0.025}^{0}$	15	每超差 0.01 扣 2 分	千分尺		
3	$20_{0}^{+0.1}$	10	超差全扣	游标卡尺		
4	$45_{-0.1}^{0}$	10	每超差 0.02 扣 2 分	游标卡尺		
5	$R_a1.6$（2处）	6	增加一级扣 3 分/处	粗糙度对比块或目测		
6	2 ± 0.03	30	每超差 0.01 扣 2 分	游标卡尺		
7	C2（2处）	4	超差全扣	钢直尺		
8	操作姿势	5	不合要求酌情扣分	目测		
9	安全文明生产	5	不合要求酌情扣分	目测		

二、记事

记事见表 12.6。

表 12.6 记事

日期	学生姓名	车床号	批次	总分	教师签字

思考与练习

一、填空题

1. 偏心工件的划线主要有六个步骤：_____、_____、_____、_____、_____、_____。

2. 常见的偏心工件的车削方法主要有_____、_____、_____、_____和_____。

3. 偏心距的常用检测方法主要有_____和_____两种。

4. 加工数量_____，偏心距精度要求_____的工件时，可以制造专用偏心夹具装夹和车削。

5. 两端有中心孔的偏心轴，如果偏心距_____，可在_____测量偏心距。

二、选择题

1. 在三爪卡盘上车偏心工件，已知 $D=50$mm，偏心距 $e=2$mm，试切后，用百分表测得最大值与最小值的差值为 4.08mm，则正确的垫片厚度为（　　）mm。

    A. 2.94　　　　　　B. 3.06　　　　　　C. 3　　　　　　D. 6.12

2. 用百分表测得某偏心件最大与最小值的差为 4.12 毫米，则实际偏心距为（ ）。

 A. 4.12 B. 8.24 C. 2.06 D. 2

3. 车削偏心距 $e=10\pm0.05$mm 的工件，车削后测得基准轴直径为 $\phi49.98$mm，偏心轴直径为 $\phi19.98$mm，若用间接测量法测量，基准轴外圆到偏心轴外圆的最小距离在（ ）范围内，就能使偏心距合格。

 A. 10 ± 0.05 B. 5 ± 0.05 C. 5 ± 0.025 D. 20 ± 0.05

4. 在三爪卡盘上车偏心工件，已知 $D=60$mm，偏心距 $e=3$mm，试切后，实测偏心距为 2.94mm，则正确的垫片厚度为（ ）mm。

 A. 4.41 B. 4.59 C. 3 D. 4.5

5. 加工数量多，偏心距精度要求较高的工件，可用（ ）来装夹。

 A. 两顶尖 B. 偏心套 C. 四爪卡盘 D. 专用夹具

6. 曲轴属于偏心零件的（ ）形式。

 A. 偏心轴 B. 偏心套 C. 偏心轮 D. 偏心距

7. 一般的偏心轴，只要两端面能钻中心孔，有鸡心夹头装夹位置，都可以用在（ ）车偏心的方法。

 A. 四爪单动卡盘上 B. 三爪自定心卡盘上
 C. 两顶尖间 D. 花盘上

8. 在两顶尖之间车偏心工件时，（ ）费时间去找正偏心。

 A. 需要多 B. 需要少 C. 不需要 D. 需要一点

9. 车削精度较高、批量较大的偏心工件时，可以用（ ）卡盘来车削。

 A. 四爪单动 B. 三爪自定心 C. 双重 D. 偏心

10. 偏心距大且较复杂的心轴，可用（ ）来装夹工件。

 A. 两顶尖 B. 偏心套
 C. 两顶尖和偏心套 D. 偏心卡盘或专用夹具

11. 用偏心卡盘车削偏心工件比用四爪单动卡盘的精度（ ）。

 A. 高 B. 低 C. 一样

12. 在三爪自定心卡盘上车偏心工件时，要先用公式 $x=$（ ）计算出垫片厚度，再进行试车削。

 A. $1.5e+k$ B. $1.5k+e$ C. $1.5e$ D. $1.5\Delta e$

13. 偏心轴用偏心夹具钻偏心中心孔时，将夹具调头，工件（ ）卸下。

 A. 能 B. 不能 C. 以上两者均可

14. 百分表指示出的最大值和最小值之差的（ ）为偏心距。

 A. 1 倍 B. 1/2 C. 2 倍

15. 在两顶尖间测量偏心距时，百分表上指示出的（ ）就等于偏心距。

 A. 最大值和最小值之差 B. 最大值和最小值之差的一半
 C. 最大值和最小值之差的两倍

三、判断题

( ) 1. 在开始车偏心工件时，车刀远离工件后再启动主轴。

( ) 2. 开始车偏心工件时，由于两边的切削量相差很多，车刀刀尖从偏心的最外一点逐步切入工件。

( ) 3. 三爪自定心卡盘车偏心工件时，可以采用垫垫片来实现。

( ) 4. 三爪自定心卡盘车轴向尺寸较大的偏心工件时，为了装夹方便，可以通过弹性套来实现，弹性套无需依据该三爪卡盘配做。

( ) 5. 车削精度较低的偏心工件时，可以采用专用偏心夹具实现加工。

( ) 6. 在三爪卡盘上车偏心工件时，要先用公式 $x = 1.5e + k$，计算出垫片厚度，再进行试车削。

( ) 7. 在两顶尖之间车偏心工件时，不需要花费时间去找正偏心。

( ) 8. 为了保证偏心轴两轴线的平行度，开始装夹或修正 x 后重新装夹时，均应用百分表校正工件外圆，使外圆侧母线与车床主轴轴线平行。

四、简答计算题

1. 车削偏心工件时，应注意哪些问题？

2. 用三爪自定心卡盘装夹车削偏心距为 $e = 3.05 \text{mm}$，若用近似计算法计算正确垫片厚度应为多少？

项 目 13

加工内沟槽和端面槽

本项目主要介绍内沟槽的种类与作用、内沟槽车刀的刃磨方法、端面槽的种类与作用、端面槽车刀的刃磨方法以及内沟槽零件和端面槽零件的车削方法。

教学目标

了解内沟槽的种类和作用。

理解内沟槽车刀的刃磨要求。

了解车不同内沟槽的方法。

掌握内沟槽车刀的装夹要求及内沟槽尺寸的控制方法。

理解端面槽车刀的刃磨要求。

掌握端面槽车削方法及测量方法。

技能要求

学会内沟槽车刀的刃磨方法及注意事项。

掌握内沟槽的加工方法，并能保证尺寸精度。

学会端面槽车刀的刃磨方法及注意事项。

掌握端面槽的加工方法，并能保证尺寸精度。

任务1 刃磨内沟槽刀

任务目标

刃磨如图 13.1 所示的内沟槽车刀，达到图样所规定的要求。

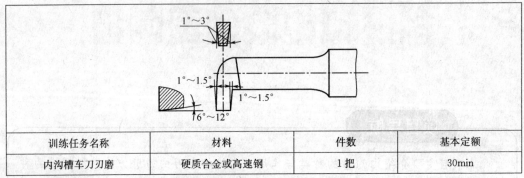

训练任务名称	材料	件数	基本定额
内沟槽车刀刃磨	硬质合金或高速钢	1把	30min

图 13.1 内沟槽车刀刃磨练习

通过本次训练，了解并掌握内沟槽刀的角度，重点学会内沟槽刀的刃磨方法。

相关知识

一、内沟槽的种类和作用

内孔的沟槽叫内沟槽。内沟槽的种类和作用见表 13.1

表 13.1 内沟槽的种类和作用

名称	作用	图示
退刀槽	车内螺纹、车孔和磨孔时做退刀用。车油槽时做进刀、退刀用	
密封槽	防止轴上的润滑油溢出	

续表

名称	作用	图示
定位槽	内孔中安装滚动轴承,为了不使其轴向移位,在沟槽内安放挡圈。加工方便,定位良好	
存油槽	用来储油润滑	
油、气通道槽	通油和通气	

二、内沟槽车刀的刃磨要求

内沟槽车刀与切断刀刀头部分的几何形状相似,只是装夹方向相反,且在内孔中车槽。内沟槽车刀的刀面和角度大小见表 13.2。

表 13.2 内沟槽车刀的刀面、角度

名称	数量	角度大小
主后角	1个	6°~12°
副后角	2个	1°~3°
副偏角	2个	1°~1.5°

内沟槽车刀的种类有整体式内沟槽车刀［见图 13.2（a）］和装夹式内沟槽车刀［见图 13.2（b）］两种。加工小孔中的内沟槽一般用整体式内沟槽车刀;在大直径内孔中车内沟槽可用装夹式内沟槽车刀。

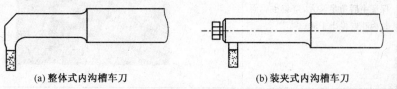

(a) 整体式内沟槽车刀　　　　　　　(b) 装夹式内沟槽车刀

图 13.2　内沟槽车刀

内沟槽一般与工件轴心线垂直，因此要求内沟槽车刀刀头和刀杆也应垂直。其刀头部分的形状和内沟槽一样，两侧副刀刃与主刀刃应对称且刀头和刀杆垂直，这样才有利于切削时的车刀装夹。它的刃磨方法基本上与刃磨内孔车刀相同，只是几何角度不同而已。

技能实训

一、实训条件

实训条件见表 13.3。

表 13.3　实训条件

项目	名称
设备	砂轮机
刀具	内沟槽车刀
工具	砂轮修整器或金刚笔、油石

二、训练项目

刃磨一把合格的内沟槽车刀。内沟槽车刀的刃磨步骤见表 13.4。

表 13.4　内沟槽刀的刃磨步骤

步骤	操作	图示
刃磨副后面	内沟槽车刀有 2 个副后面，要分别刃磨注意手法，保证两个副后角并尽量对称	
刃磨主后面	刃磨车刀的主后面，注意手法，保证主后角足够大，避免主后面与内孔壁发生干涉	

续表

步骤	操作	图示
刃磨前刀面	刃磨车刀的前刀面,注意手法,保证前角,这时刀头基本成形	
刃磨断屑槽	刃磨断屑槽时,首先要找一个砂轮的角尽可能是直角,保证深度和宽度,尽量保证两刀尖处于同一高度	
刃磨过渡刃	刃磨两条过渡刃,注意手法,可以是直线型或圆弧形过渡刃,但不能太大	
精修	精磨车刀各刀面,保证切削刃平直,刀面光洁,角度正确,刀具锋利	略

三、注意事项

1）沟槽形状的正确与否,决定于沟槽刀的刃磨。因此磨刀时应注意刀刃的平直和角度的正确。

2）建议先拿废刀练习刃磨。

实训反馈

一、考核标准

考核标准见表 13.5。

表 13.5　考核标准

序号	检测内容	配分	评 分 标 准	检测量具	检测结果	得分
1	前角	10	超差扣 5~10 分	目测		
2	主偏角	5	超差扣 5~10 分	目测		
3	副偏角(2 个)	10×2	超差扣 5~10 分	目测		
4	主后角	10	超差扣 5~10 分	目测		
5	副后角(2 个)	10×2	超差扣 5~10 分	目测		
6	刀刃平直	10	超差扣 3~6 分	目测		
7	刀面平整	10	超差扣 3~6 分	目测		
8	磨刀姿势	10	超差扣 3~6 分	目测		
9	安全文明生产	5	不合要求酌情扣分	目测		

二、记事

记事见表 13.6。

表 13.6　记事

日期	学生姓名	砂轮机号	批次	总分	教师签字

任务 2　加工内沟槽

任务目标

加工如图 13.3 所示的零件,达到图样所规定的要求。

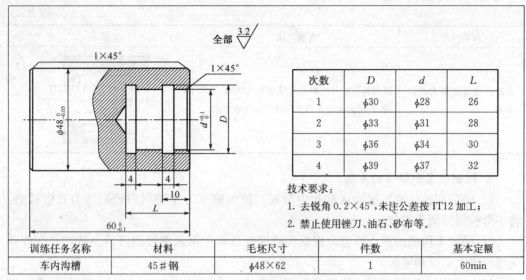

次数	D	d	L
1	φ30	φ28	26
2	φ33	φ31	28
3	φ36	φ34	30
4	φ39	φ37	32

技术要求:

1. 去锐角 0.2×45°,未注公差按 IT12 加工;
2. 禁止使用锉刀、油石、砂布等。

训练任务名称	材料	毛坯尺寸	件数	基本定额
车内沟槽	45#钢	φ48×62	1	60min

图 13.3　车内沟槽零件图

通过本次训练,掌握内沟槽零件的车削方法,并能利用纵、横向刻度盘的刻线控制沟槽的深度和距离。

相关知识

一、工艺知识

1. 内沟槽车刀的装夹要求

装夹内沟槽车刀,应使主切削刃与孔中心等高或略高点,两侧副偏角必须对称。

2. 车内沟槽的方法

车内沟槽的方法与车外沟槽的方法相似,见表 13.7。

表 13.7　车内沟槽的方法

沟槽种类	车削方法	图示
宽度较小和精度要求不高的内沟槽	用主切削刃宽度等于槽宽的内沟槽车刀,用直进法一次车出	
精度要求较高或较宽的内沟槽	可以采用直进法分几次车出。粗车时,槽壁和槽底留精车余量,然后根据槽宽、槽深进行精车	

续表

沟槽种类	车削方法	图示
深度较浅宽度很大的内沟槽	可用通孔车刀或是内三角螺纹车刀车出凹槽,再用内沟槽车刀车沟槽两端的垂直面	

3. 控制槽宽和槽深的方法

1) 确定起始位置,摇动床鞍和中滑板,使沟槽车刀主切削刃轻轻地与孔壁接触,将中滑板刻度调至零位。

2) 确定车沟槽的终止位置,根据沟槽深度计算中滑板刻度的进给格数,并在终点刻度位置上记下刻度值。

3) 确定车内沟槽的退刀位置,主切削刃离开孔壁约 0.2~0.3mm,在刻度盘上做出退刀位置的标记。

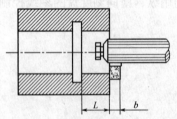

图 13.4 控制槽深和槽宽的方法

4) 控制沟槽的位置尺寸,移动床鞍和中滑板,使沟槽车刀主切削刃离工件端面约 1~2mm,移动小滑板使主切削刃与工作端面轻轻地接触,将床鞍刻度调整到零位。

移动床鞍,使车刀进入孔内,进入深度为沟槽轴向位置尺寸加上沟槽车刀的主切削刃宽度,如图 13.4 所示。

5) 开动机床,摇动中滑板手柄,当主切削刃接触孔壁开始切削时,进给量不宜太快,约 0.1~0.3mm/r 刻度进到槽深尺寸时,车刀不要马上退出,应稍作滞留,这样,槽底经过修整会比较平且光洁。横向退刀要认准原定的退刀刻度位,不能退得过多,否则,刀柄与孔壁会相碰,造成内孔碰伤。

4. 内沟槽的测量方法

内沟槽的直径可用内卡钳或装有特殊弯头的游标卡尺测量,如图 13.5 (a) 所示。

内沟槽的轴向尺寸可用钩形深度游标卡尺来测量,如图 13.5 (b) 所示。

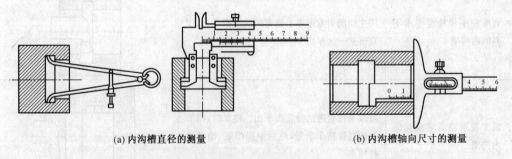

(a) 内沟槽直径的测量　　(b) 内沟槽轴向尺寸的测量

图 13.5 内沟槽的测量

二、切削用量的选择

切削用量的选择见表 13.8。

表 13.8　车内沟槽切削用量的选择

车刀类型	加工性质	转速 n(r/min)	背吃刀量 a_p/mm	进给量 f/(mm/r)
硬质合金	粗车	400～500	1～2	0.2～0.3
45°、90°	精车	800 左右	0.15～0.25	0.1
φ26 钻头	钻孔	320	13	手动
高速钢镗孔	粗镗	200	0.5	0.2
	精镗	100	0.15	0.1
硬质合金内沟槽	切槽	600	刀宽宽度	手动

技能实训

一、实训条件

实训条件见表 13.9。

表 13.9　实训条件

项目	名称
设备	CA6140 型卧式车床或同类型的车床
量具	游标卡尺
刀具	45°端面车刀、90°外圆车刀、φ26mm 钻头、内孔车刀、内沟槽车刀

二、训练项目

加工一个合格的内沟槽零件,其加工步骤见表 3.10。

表 13.10　内沟槽零件的加工步骤

序号	步骤	操作	图示
1	装夹工件	用三爪卡盘夹住事先准备好的 φ48×62 外圆,找正夹紧	

续表

序号	步骤	操作	图示
2	平端面,钻孔	平端面保证总长,用 φ26 钻头钻孔,深度控制在 35mm 左右	
3	镗孔	粗、精镗至尺寸	
4	车内沟槽	用事先磨好的内沟槽刀车内沟槽至尺寸倒角	

三、注意事项

1) 控制沟槽之间的距离,应选定统一的测量基准。

2) 车底槽时,应注意与底平面平滑连接。

3) 应利用中滑板刻度盘的读数,控制沟槽的深度和退刀的距离,以免发生干涉现象。

4) 由于视线受影响,车内孔和内沟槽时可以通过手感和听觉来判断其切削情况。

实训反馈

一、考核标准

考核标准见表 13.11。

表 13.11　考核标准

序号	检测内容	配分	评分标准	检测量具	检测结果	得分
1	D(2 处)	18	超差不得分	内卡钳		
2	d	10	超差不得分	游标卡尺		
3	4(2 处)	20	超差不得分	钩形深度游标卡尺		
4	10	10	超差不得分	游标卡尺		
5	L	12	超差不得分	游标卡尺		
6	倒角 $1\times45°$	5	超差不得分	钢直尺		
7	粗糙度 $R_a3.2$	15	超差不得分	粗糙度对比块或目测		
8	安全文明生产	10	不合要求酌情扣分	目测		

二、记事

记事见表 13.12。

表 13.12　记事

日期	学生姓名	车床号	批次	总分	教师签字

任务 3　刃磨端面槽刀

任务目标

刃磨如图 13.6 所示的端面槽车刀，达到图样所规定的要求。

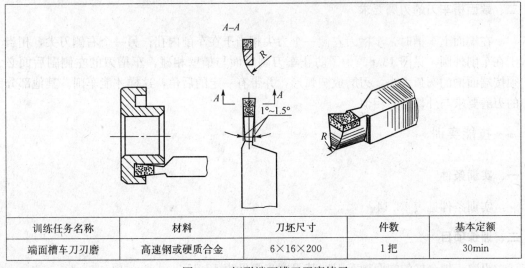

训练任务名称	材料	刀坯尺寸	件数	基本定额
端面槽车刀刃磨	高速钢或硬质合金	$6\times16\times200$	1 把	30min

图 13.6　矩形端面槽刀刃磨练习

车工技能实训

通过本次训练,了解端面槽的种类和作用、端面车刀的形状和几何角度,并掌握端面槽车刀的刃磨方法。

— 相关知识 —

一、端面槽的种类和作用

端面上的沟槽叫端面沟槽,简称端面槽。端面槽的种类和作用见表 13.13。

表 13.13　端面槽的种类和作用

名称	作用	图示	名称	作用	图示
端面矩形槽	一般用于减轻工件重量、减少工件接触面或用作油槽		端面 T 形槽	便于调整角度	
端面圆弧槽	同上		端面燕尾槽	便于连接	

二、端面槽车刀的刃磨要求

在端面上车槽时,车槽刀左侧一个刀尖相当于在车削内孔;另一个右侧刀尖,相当于在车削外圆,见图 13.6。为了防止车刀副后面与槽壁相碰,车槽刀的左侧副后面必须按端面槽的圆弧大小,刃磨成圆弧形,并带有一定的后角,这样才能车削。其他部分的刃磨要求与外切槽刀相似。

— 技能实训 —

一、实训条件

实训条件见表 13.14。

二、训练项目

刃磨一把合格的端面槽车刀,其刃磨步骤见表 13.15。

表 13.14 实训条件

项目	名称
设备	砂轮机
刀具	端面矩形槽刀
工具	砂轮修整器或金刚笔

表 13.15 端面矩形槽刀的刃磨步骤

步骤	操作	图示
刃磨副后面	因端面槽车刀有两个副后面,要分别刃磨,左侧副后面必须按端面槽圆弧大小刃磨成圆弧形,保证一定的副后角	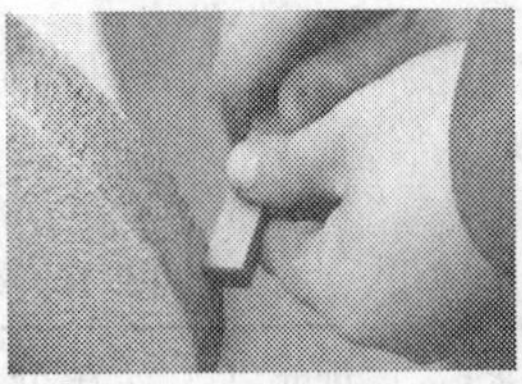 
刃磨主后面	刃磨车刀的主后面,注意手法,保证主后角	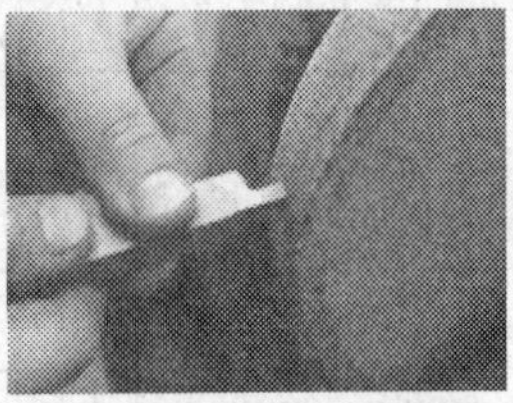
刃磨前刀面	刃磨车刀的前刀面,注意手法,保证前角,这时刀头基本成形	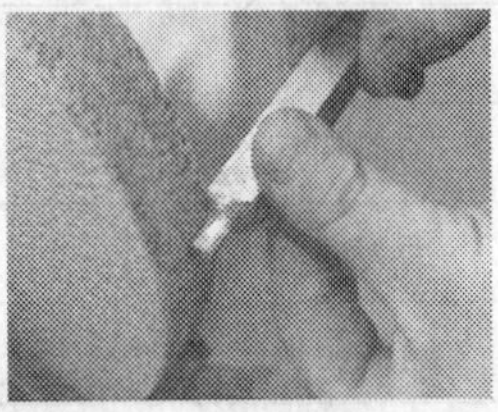
刃磨断屑槽	刃磨断屑槽时,首先要找一个砂轮的角尽可能是直角,保证深度和宽度,尽量保证两刀尖处于同一高度	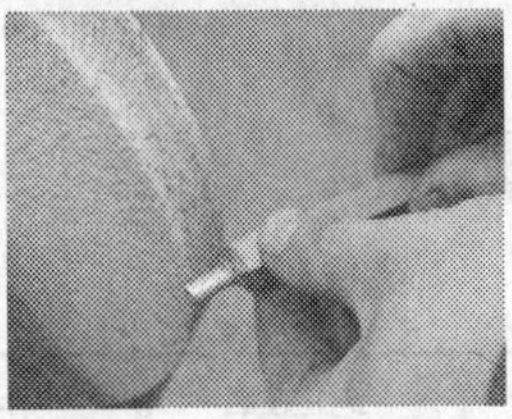
刃磨过渡刃	刃磨两条过渡刃,注意手法,可以是直线型或圆弧形过渡刃,但不能太大	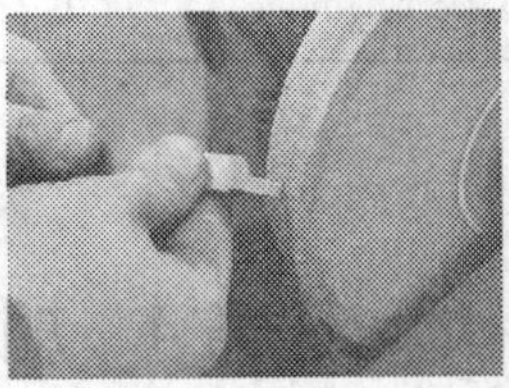 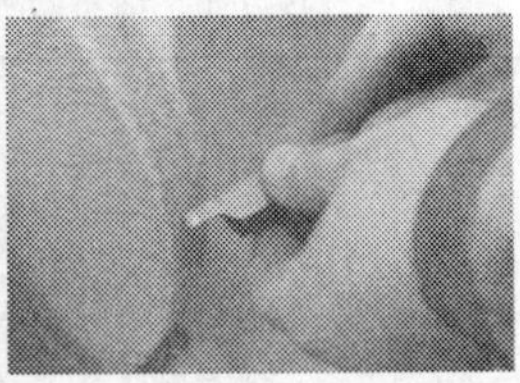
精修	精磨车刀各刀面,保证切削刃平直,刀面光洁,角度正确,刀具锋利	略

三、注意事项

1) 端面槽形状的正确与否，决定于端面槽刀的刃磨。磨刀时应注意刀刃的平直和角度的正确。

2) 端面槽刀左侧副后面应磨成圆弧形，以防与槽壁发生干涉。

实训反馈

一、考核标准

考核标准见表 13.16。

表 13.16 考核标准

序号	考核内容和要求	配分	评 分 标 准	检测量具	检测结果	得分
1	前角	10	超差扣 5～10 分	目测		
2	主偏角	10	超差扣 5～10 分	目测		
3	副偏角（2 个）	10×2	超差扣 5～10 分	目测		
4	主后角	10	超差扣 5～10 分	目测		
5	副后角（2 个）	10×2	超差扣 5～10 分	目测		
6	刀刃平直	10	超差扣 3～6 分	目测		
7	刀面平整	5	超差扣 3～6 分	目测		
8	磨刀姿势	10	超差扣 3～6 分	目测		
9	安全文明生产	5	不合要求酌情扣分	目测		

二、记事

记事见表 13.17。

表 13.17 记事

日期	学生姓名	车床号	批次	总分	教师签字

任务4 加工端面槽

任务目标

加工如图 13.7 所示的零件，达到图样所规定的要求。

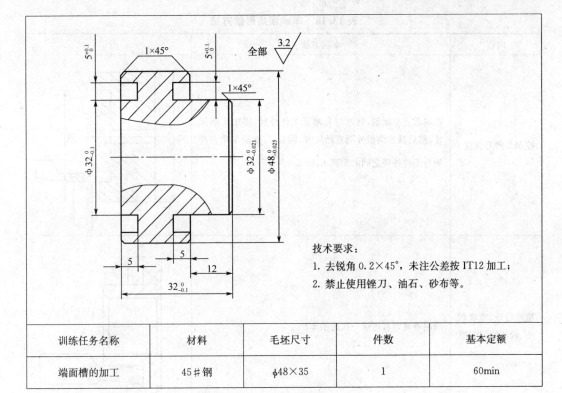

训练任务名称	材料	毛坯尺寸	件数	基本定额
端面槽的加工	45♯钢	φ48×35	1	60min

图 13.7　车端面槽零件图

通过本次训练，掌握端面矩形槽的车削方法和测量方法，同时了解并掌握车槽时可能产生的问题和防止方法。

相关知识

一、工艺知识

1. 端面槽刀的安装

端面槽刀的装夹，除刀刃与工件中心等高外，车槽刀的中心线必须与轴心线平行。

2. 端面槽车槽方法

端面槽车槽方法见表 13.18 和表 13.19。

3. 端面槽的测量

精度要求低的端面沟槽，其宽度一般采用卡钳测量，如图 13.8（a）所示。沟槽内圈直径用外卡钳测量，沟槽外圈直径用内卡钳测量。

精度较高的端面沟槽，其宽度可采用样板、游标卡尺、塞规等检查测量，如图 13.8（b）所示。

表 13.18 车端面矩形槽方法

内容	车削方法	图示
控制车槽刀位置	在端面上车槽前,通常应先测量工件外径,得出实际尺寸,然后减去沟槽外圈直径尺寸,除以 2,就是车槽刀外侧与工件外径之间的距离 L,即 $L=\dfrac{D-d}{2}$	
精度较低、宽度较小、较浅的端面槽	采用等宽刀直进法一次进给车出	
精度较高的端面槽	采用先粗车(槽壁两侧留精车余量),后精车的方法进行	
较宽的端面槽	采用多次直进法切割,然后精车至尺寸要求	

表 13.19　车削 T 形槽和燕尾槽方法

内容	车削方法	图示
加工 T 形槽	先用平面车槽刀车出端面直槽,再用弯头右车槽刀车出外侧沟槽,最后用弯头左车槽刀车出内侧沟槽,T 形槽成型	
加工燕尾槽	用平面车槽刀切出端面直槽,再用左角度成形刀车削(外侧成形),最后用右角度成形刀车削(内侧成形),燕尾槽成形	

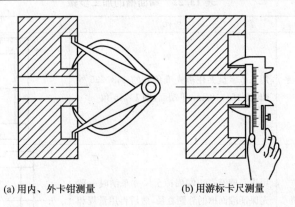

(a)用内、外卡钳测量　　　　(b)用游标卡尺测量

图 13.8　端面槽的测量

二、切削用量的选择

切削用量的选择见表 13.20。

表 13.20　车削端面矩形槽切削用量的选择

车刀类型	加工性质	转速 n/(r/min)	背吃刀量 a_p/mm	进给量 f/(mm/r)
45°端面刀	粗车	500	1	0.2~0.3
	精车	800	0.15~0.25	0.1
90°外圆刀	粗车	350~450	1~2	0.2~0.3
	精车	800 左右	0.15~0.25	0.1
端面槽刀	粗车	150	等于刀宽	0.1
	精车	80	0.1	0.1

实训反馈

一、实训条件

实训条件见表 13.21。

表 13.21 实训条件

项目	名称
设备	CA6140 型卧式车床或同类型的车床
量具	游标卡尺、外径千分尺、自制 $5_0^{+0.1}$ 塞规
刀具	45°端面车刀;90°外圆车刀;端面槽刀;切断刀

二、训练项目

加工出一个合格的端面槽零件,其加工步骤见表 13.22。

表 13.22 端面槽的加工步骤

序号	步骤	操作	图示
1	装夹工件,平端面	用三爪卡盘夹住事先准备好的 $\phi48 \times 35$ 外圆,长 15~18mm,平端面,倒 1×45°角	
2	车削左端面槽	用端面槽刀左边端面槽至尺寸车削时一般先保证端面槽的外侧直径,然后再用量规和游标卡尺配合测量,保证其宽度和深度	
3	调头装夹,车削右端外圆	调头装夹 $\phi48$ 外圆,找正夹紧车去多余长度,保总长 32 mm;粗、精车 $\phi32 \times 12$ 外圆和长度至尺寸并倒角	
4	车削右端面槽	车右边端面槽至尺寸,注意端面槽外侧与外圆要光滑接刀,不要出现明显高低。	

三、注意事项

1) 槽侧、槽底要求平直、清角。

2) 要学会使用塞规来测量槽宽的方法。

3) 车端面槽比车内、外沟槽容易产生振动，必要时可采用反切法车削。

实训反馈

一、考核标准

考核标准见表 13.23。

表 13.23   考核标准

序号	检测内容	配分	评分标准	检测量具	检测结果	得分
1	$\phi32^{0}_{-0.021}$	10	超差全扣	外径千分尺		
2	$32^{0}_{-0.1}$（2 处）	20	超差全扣	游标卡尺		
3	$5^{+0.1}_{0}$（2 处）	30	超差扣 10 分/处	塞规		
4	5（2 处）	10	超差扣 3 分/处	游标卡尺		
5	12	6	超差全扣	游标卡尺		
6	粗糙度 $R_a 3.2$	10	不合要求不得分	粗糙度样板或目测		
7	倒角（3 处）	9	超差扣 3 分/处	钢直尺		
8	安全文明生产	5	违章扣 3～5 分	目测		

二、记事

记事见表 13.24。

表 13.24   记事

日期	学生姓名	车床号	批次	总分	教师签字

思考与练习

一、填空题

1. 内沟槽车刀的刃磨方法类似于外沟槽刀，但内沟槽车刀的后角一般刃磨成"_____"后角。

2. 内沟槽车刀装夹时，主切削刃必须和内孔素线_____，其他与装夹内孔车刀一致。

3. 选择内沟槽时，应根据被加工孔的_____和_____选用车刀。

4. 内沟槽的直径尺寸一般采用_____测量。

二、判断题

（　　）1. 内沟槽车刀的后角一般刃磨成双后角。

（　　）2. 装夹内沟槽车刀时，主切削刃与内孔素线是否平行不会影响切削加工过程。

（　　）3. 可以采用同一把车刀车削窄内沟槽和宽内沟槽。

（　　）4. 宽度较小的内沟槽可以采用样板进行测量。

（　　）5. 端面车槽刀有一个刀尖在车削的过程中相当于车孔。

（　　）6. 端面车刀上相当于车孔刀尖处的副后刀面必须按端面槽圆弧大小磨成圆弧形。

（　　）7. 加工轴肩45°槽的车刀无需考虑车刀副后刀面的形状。

（　　）8. 有时进行宽内沟槽车削时可以采用通孔车刀进行加工。

（　　）9. 油气通道槽一般应用在液压和气压滑阀中，故其轴向定位精度要求不高。

（　　）10. 内沟槽车刀装夹时，因使主切削刃与内孔中心等高或略高，两侧副偏角必须对称。

（　　）11. 内沟槽刀与切断刀的几何形状相似，只是装刀方向相反，且在内孔中车槽。

（　　）12. 内沟槽的深度一般可用钩形深度游标卡尺进行测量。

三、简答题

1. 常见内沟槽有哪些种类？各自的作用是什么？

2. 内沟槽的常用车削方法有哪些？

3. 端面槽有哪些种类？各自的作用是什么？

项 目 14

内 螺 纹 的 加 工

任务 1　内三角螺纹车刀的刃磨

任务目标

刃磨如图 14.1 所示的内三角螺纹车刀，达到图样所规定的要求。

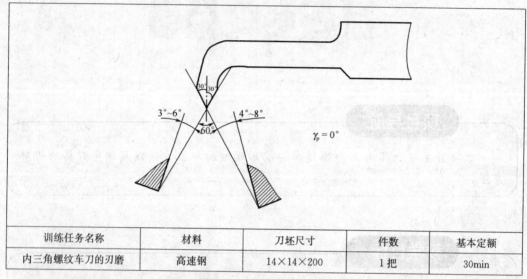

训练任务名称	材料	刀坯尺寸	件数	基本定额
内三角螺纹车刀的刃磨	高速钢	14×14×200	1 把	30min

图 14.1　内三角螺纹车刀

本次训练的任务是通过学习，了解内三角螺纹刀的几何角度，掌握刀具的刃磨方法。

相关知识

1. 内螺纹车刀的种类

内螺纹车刀按刀具材料分两类，高速钢和硬质合金两种，分别见图 14.2 和 14.3。根据所加工内孔的结构特点来选择合适的内螺纹车刀。由于内螺纹车刀的大小受内螺纹孔径的限制，所以内螺纹车刀的刀体的径向尺寸应比螺纹孔径小 3～5mm 以上，否则退刀时易碰伤牙顶，甚至无法车削。

此外，在车内圆柱面时曾重点提到有关内孔车刀的刚性和解决排屑问题的有效措施，在选择内螺纹车刀的结构和几何形状时也应给予充分的考虑。

高速钢内三角螺纹车刀的几何角度如图 14.2 所示，硬质合金内三角螺纹车刀的几何角度如图 14.3 所示。内螺纹车刀除了其刀刃几何形状应具有外螺纹刀尖的几何形状特点外，还应具有内孔刀的特点。

2. 内三角形螺纹车刀刃磨

由于螺纹车刀的刀尖受刀尖角限制，刀体面积较小，因此刃磨时比一般车刀难以正确掌握，内螺纹车刀又受到刀杆的限制刃磨更加困难。

刃磨内螺纹车刀有四点要求，分别如下所述。

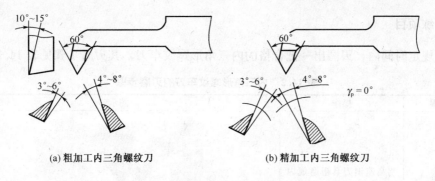

(a) 粗加工内三角螺纹刀　　　　　(b) 精加工内三角螺纹刀

图 14.2　高速钢内三角螺纹车刀

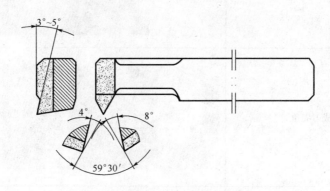

图 14.3　硬质合金内三角螺纹车刀

1) 当螺纹车刀径向前角 $\gamma_p = 0°$ 时,刀尖角应等于牙型角;当螺纹车刀径向前角 $\gamma_p > 0°$ 时,刀尖角必须修正。

2) 螺纹车刀两侧切削刃必须是直线。

3) 螺纹车刀切削刃应具有较小的表面粗糙度值。

4) 螺纹车刀两侧后角是不相等的,应考虑车刀进给方向的后角受螺纹升角的影响而加减一个螺纹升角 φ。

技能实训

一、实训条件

实训条件见表 14.1。

表 14.1　实训条件

项目	名称	项目	名称
设备	砂轮机	刀具	高速钢 14×14×200
量具	螺纹样板	工具	金刚笔等

二、训练项目

在规定时间内，刃磨出一把合格的内三角形螺纹车刀，其刃磨步骤见表14.2。

表 14.2　内三角形螺纹车刀的刃磨步骤

步骤	操作	图示
粗磨	将高速钢刀具粗磨成内三角螺纹刀的形状	
磨两个后刀面	形成刀尖角	
样板检验	刀尖角用螺纹车刀样板来测量，能够得到正确的刀尖角	
修磨刀尖	磨出一定的刀尖圆弧	

【小技巧】

在使用样板测量刀具角度时可采用图14.4的方法，把刀具的一条切削刃与样板的一边靠紧，观察刀具另一条切削刃与样板另一边的间隙，如果间隙均匀则证明刀具角度正确。这种方法要比把刀具两条切削刃同时靠在样板上要准确。

三、注意事项

1）刃磨时，人的站立姿势要正确。在刃磨整体式内螺纹车刀内侧时，易将刀尖磨歪斜。

2）磨削时，两手握着车刀与砂轮接触的径向压力应不小于一般车刀。

3）磨内螺纹车刀时，刀尖角平分线应垂直于刀体中线。

4）粗磨时也要用车刀样板检查。对径向前角 $\gamma_p >$ 0°的螺纹车刀，粗磨时两刃夹角应略大于牙型角。待磨好前角后，再修磨两刃夹角。

5）刃磨刀刃时要稍带作左右、上下的移动，这样容易使刀刃平直。

图 14.4　用样板测量刀尖角

――― 实训反馈 ―――

一、考核标准

考核标准见表 14.3。

表 14.3　考核标准

序号	检测内容	配分	评分标准	检测量具	检测结果	得分
1	刀尖角	50	视超差情况扣 5～30 分	样板		
2	前角	20	视超差情况扣 5～10 分	目测		
3	后角	20	视超差情况扣 5～10 分	目测		
6	安全文明生产	10	不合要求酌情扣分	目测		

二、记事

记事见表 14.4。

表 14.4　记事

日期	学生姓名	砂轮机号	批次	总分	教师签字

任务 2　车内三角螺纹

――― 任务目标 ―――

加工如图 14.5 所示的零件，达到图样所规定的要求。

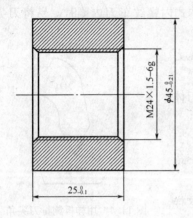

技术要求

1. 去锐角 0.2×45°,未注公差按 IT12 加工;
2. 未注倒角 1.5×45°;
3. 禁止使用锉刀、油石、砂布等。

训练任务名称	材料	毛坯尺寸	件数	基本定额
车内三角螺纹	45♯钢	$\phi50$ 圆钢	1	60 min

图 14.5   车内三角螺纹

本次训练的任务是通过学习,熟练掌握车削内三角螺纹的方法。

相关知识

一、相关计算

相关计算见表 14.5。

表 14.5   内三角形螺纹的尺寸计算

序号	名称	代号	计算公式	备注
1	中径	D_2	$D_2 = d_2 = d - 0.6495P$	
2	小径	D_1	$D_1 = d_1 = d - 1.0825P$	d 为公称直径,P 为螺距
3	大径	D	$D = d$	

根据表 14.6 可计算出图 14.5 内螺纹的相关尺寸,即

$D_1 = d_1 = d - 1.0825P = (24 - 1.0825 \times 1.5)\text{mm} = 22.376\text{mm}$

$D = d = 24\text{mm}$

在实际生产中,车塑性材料内三角形螺纹的孔径 $D_\text{孔} = d - p$;车脆性材料内三角形螺纹的孔径 $D_\text{孔} = d - 1.05p$. 其中,d 为公称直径,p 为螺距。

二、切削用量选择

切削用量选择见表 14.6。

表 14.6　切削用量的选择

车刀类型	加工性质	转速 $n/(r/min)$	背吃刀量 a_p/mm	进给量 $f/(mm/r)$
硬质合金	粗车	400～500	1～2	0.2～0.3
45°、90°车刀	精车	800 左右	0.15～0.25	0.1
内孔车刀	粗车	400	0.5	0.2
	精车	600	0.15	0.1
内三角螺纹车刀	粗	90	变化	螺距
	精	20～40	0.05	螺距
麻花钻	粗	300	半径	手动
切断刀	粗	300	刀宽	手动

技能实训

一、实训条件

实训条件见表 14.7。

表 14.7　实训条件

项目	名称
设备	CA6140 型卧式车床或同类型的车床
量具	游标卡尺、螺纹塞规、外径千分尺
刀具	硬质合金 45°车刀、硬质合金 90°车刀、内孔车刀、内三角螺纹车刀、麻花钻、切断刀

二、训练项目

内三角螺纹的加工步骤见表 14.8。

表 14.8　车内三角螺纹的加工步骤

序号	步骤	操作	图示
1	装夹工件车端面	用三爪卡盘夹住毛坯外圆伸出长 35mm 左右，找正夹紧 粗、精车端面	
2	钻孔	手动进给钻孔，深度 30mm 左右	
3	车外圆	粗、精车外圆到尺寸，长度 30mm 左右	

续表

序号	步骤	操作	图示
4	切断	将工件切断,总长留 0.5mm 余量	
5	调头装夹工件 车端面 车内孔	调头找正夹紧工件 粗、精车端面 粗、精车内孔至尺寸,倒角	
6	车螺纹	粗、精车螺纹至尺寸	

三、注意事项

1) 车削内螺纹与车削外螺纹有很大区别,进刀和退刀的方向正好相反,而且内螺纹退刀时还受到孔径的影响不能退太多,否则会撞到工件,所以车削前一定要熟悉进刀、退刀的方向,避免发生撞刀事故。

2) 车内螺纹前的孔径可比螺纹小径大一些,一般大 0.15mm 就可以了,这样与外螺纹配合时比较好配。

3) 内螺纹刀安装时刀尖要对准工件回转中心,以保证刀具工作角度正确。

4) 安装刀具时要用样板对刀,保证牙型角的正确。

5) 车削时要经常用螺纹塞规测量,避免螺纹报废。

6) 要保证冷却液充分浇注,这样有利于排屑和提高螺纹表面质量。

7) 在开车时严禁用棉纱接触螺纹表面。

实训反馈

一、考核标准

考核标准见表 14.9。

表 14.9　考核标准

序号	检测内容	配分	评分标准	检测量具	检测结果	得分
1	$\phi 45^{\ 0}_{-0.021}$	20	超差不得分	游标卡尺		
2	$25^{\ 0}_{-0.1}$	20	超差不得分	游标卡尺		
3	螺纹	40	超差不得分	螺纹塞规		
4	倒角(2 处)	10	超差不得分	目测		
5	安全文明生产	10	视情况给分	目测		

二、记事

记事见表 14.10。

表 14.10　记事

日期	学生姓名	车床号	批次	总分	教师签字

任务 3　内梯形螺纹车刀的刃磨

任务目标

刃磨如图 14.6 所示的内梯形螺纹车刀，达到图样所规定的要求。

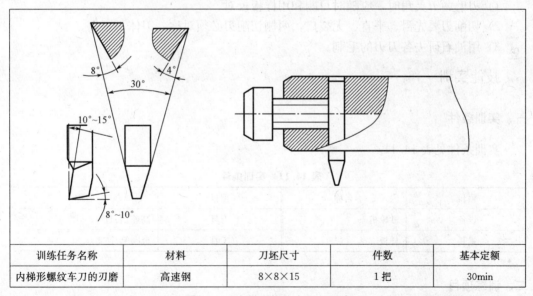

训练任务名称	材料	刀坯尺寸	件数	基本定额
内梯形螺纹车刀的刃磨	高速钢	8×8×15	1 把	30min

图 14.6　内梯形螺纹车刀的刃磨

本次训练的任务是通过学习，了解内梯形螺纹刀的几何角度并掌握刀具的刃磨方法。

相关知识

1. 内梯形螺纹车刀的几何角度

内螺纹车刀比外螺纹车刀刚性差,所以刀柄的截面尽量大些。刀柄的截面尺寸与长度应根据工件的孔径与孔深来选取。高速钢内梯形螺纹车刀如图 14.7 所示。它和三角形内螺纹车刀基本相同,只是刀尖角为 30°。

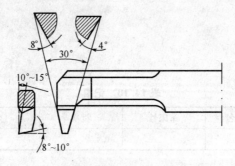

图 14.7　高速钢内梯形螺纹车刀

为了节省刀具的材料和增加刀柄的刚度,可以把内梯形螺纹刀用高速钢做成大小适当的刀头,装在碳钢或合金钢制成的刀柄上,在前端或上面用螺钉紧固,如图 14.6 所示。

2. 内梯形螺纹车刀刃磨要求

1) 刃磨两刃夹角时,应随时目测和用样板校对。

2) 切削刃要光滑、平直、无裂口,两侧切削刃必须对称,刀体不歪斜。

3) 用油石研去各刀刃的毛刺。

技能实训

一、实训条件

实训条件见表 14.11。

表 14.11　实训条件

项目	名称	项目	名称
设备	砂轮机	刀具	高速钢刀片(8×8×15)
量具	样板	工具	金刚笔、油石

二、训练项目

内梯形螺纹车刀的刃磨步骤见表 14.12。

表 14.12　内梯形螺纹车刀的刃磨步骤

序号	步骤	操作	图示
1	粗磨两个后刀面	磨两侧后刀面,以初步形成两刃夹角。其中先磨进给方向侧刃(后角 $a_0+\varphi$),再磨背进给方向侧刃(后角 $a_0-\varphi$)	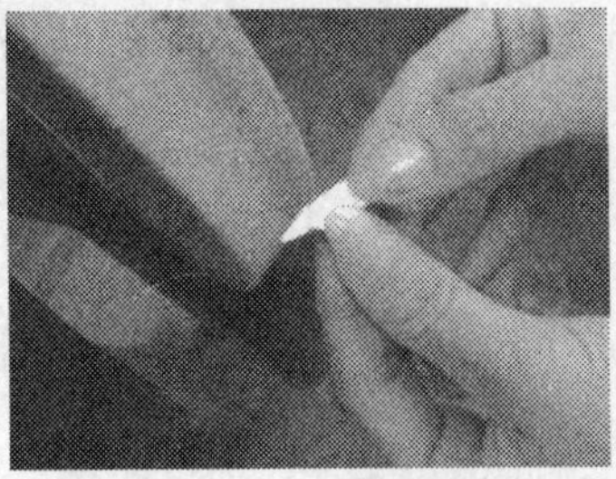 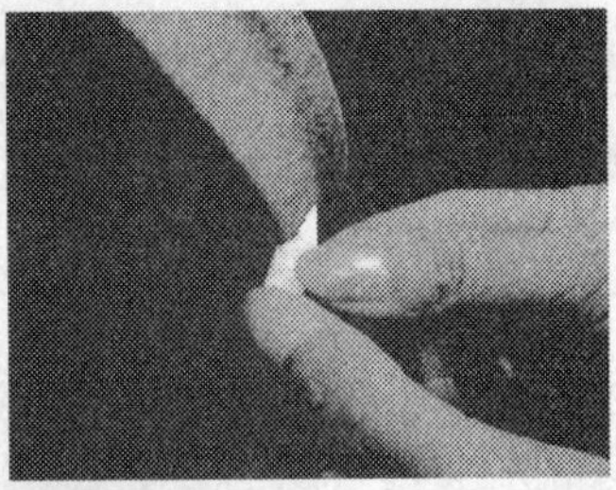
2	磨前刀面	形成前角	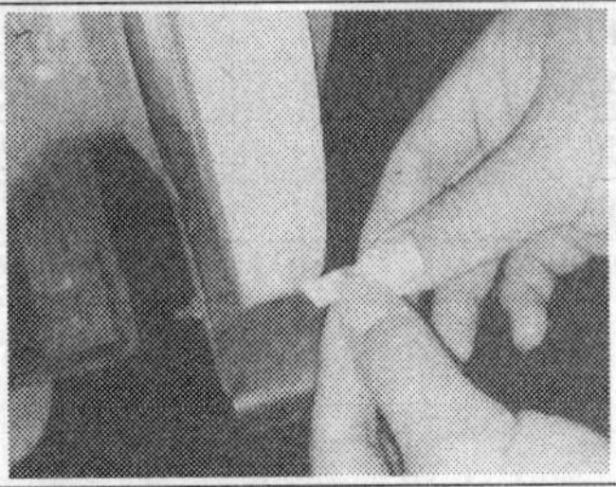
3	精磨后刀面	刀尖角用螺纹对刀样板来测量,修磨得到正确的刀尖角	
4	修磨刀尖	磨出比槽底宽度窄一点的切削刃	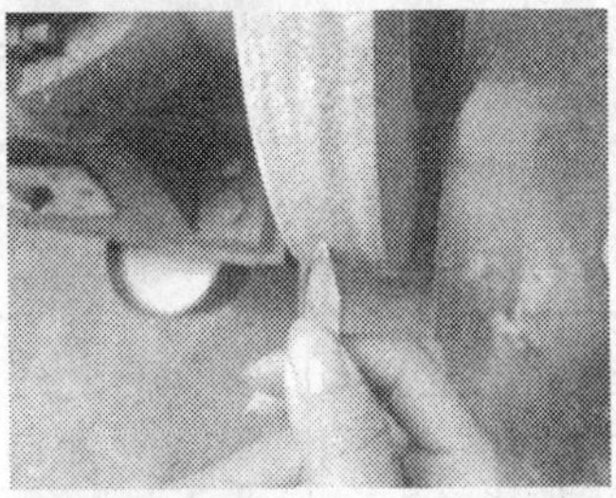
5	油石研磨	用油石研磨刀刃处的前、后面(注意保持刃口锋利)	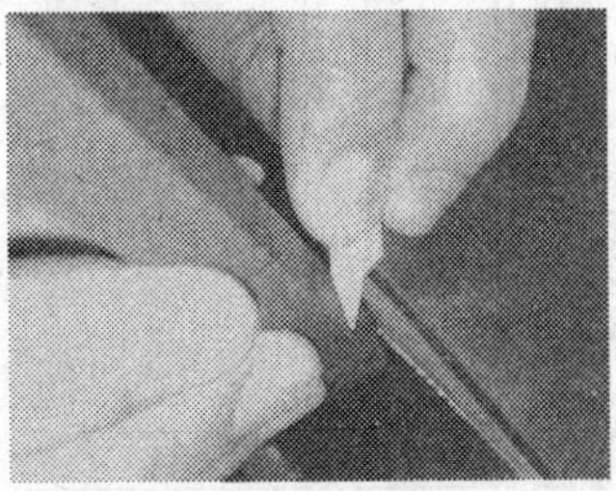

三、注意事项

1) 刃磨两侧后角时要注意螺纹的左右旋向。然后根据螺纹升角的大小来决定两侧后角的数值。

2）内螺纹车刀的刀尖角平分线应和刀柄垂直。

3）刃磨高速钢车刀时，应随时放入水中冷却，以防退火。

实训反馈

一、考核标准

考核标准见表 14.13。

表 14.13　考核标准

序号	检测内容	配分	评分标准	检测量具	检测结果	得分
1	刀尖角	50	视超差情况扣 5～30 分	样板		
2	前角	20	视超差情况扣 5～10 分	目测		
3	后角	20	视超差情况扣 5～10 分	目测		
4	安全文明生产	10	不合要求酌情扣分	目测		

二、记事

记事见表 14.14。

表 14.14　记事

日期	学生姓名	砂轮机号	批次	总分	教师签字

任务 4　车内梯形螺纹

任务目标

加工如图 14.8 所示的零件，达到图样所规定的要求。

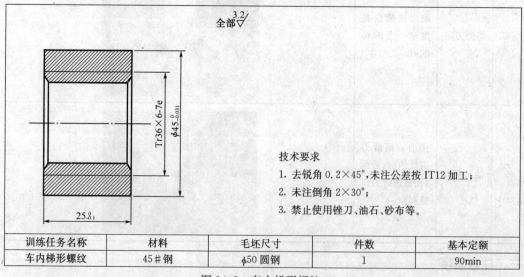

技术要求

1. 去锐角 0.2×45°，未注公差按 IT12 加工；

2. 未注倒角 2×30°；

3. 禁止使用锉刀、油石、砂布等。

训练任务名称	材料	毛坯尺寸	件数	基本定额
车内梯形螺纹	45#钢	φ50 圆钢	1	90min

图 14.8　车内梯形螺纹

本次训练的任务是通过学习,熟练掌握车削内梯形螺纹的方法。

相关知识

一、相关计算

根据项目十一中的表 11.1 中的公式可计算出图 14.8 内螺纹的相关尺寸,即

$$D_2 = d_2 = d - 0.5P = (36 - 0.5 \times 6)\text{mm} = 33\text{mm}$$
$$D_1 = d - P = (36 - 6)\text{mm} = 30\text{mm}$$
$$D = d + 2\alpha_c = (36 + 2 \times 0.5)\text{mm} = 37\text{mm}$$

二、切削用量选择

切削用量选择见表 14.15。

表 14.15　切削用量的选择

车刀类型	加工性质	转速 $n/(\text{r/min})$	背吃刀量 a_p/mm	进给量 $f/(\text{mm/r})$
硬质合金 45°、90°	粗车	400~500	1~2	0.2~0.3
	精车	800 左右	0.15~0.25	0.1
内孔车刀	粗车	400	0.5	0.2
	精车	600	0.15	0.1
梯形内螺纹车刀	粗	60~100	变化	螺距
	精	14~30	0.05	螺距
麻花钻	粗	300	半径	手动
切断刀	粗	300	刀宽	手动

技能实训

一、实训条件

实训条件见表 14.16。

表 14.16　实训条件

项目	名称
设备	CA6140 型卧式车床或同类型的车床
量具	游标卡尺、螺纹塞规
刀具	硬质合金 45°车刀、硬质合金 90°车刀、内孔车刀、内三角螺纹车刀、麻花钻、切断刀

二、训练项目

内梯形螺纹的加工步骤见表14.17。

表 14.17　内梯形螺纹的加工步骤

序号	步骤	操作	图示
1	装夹工件 车端面	用三爪卡盘夹住毛坯外圆伸出长 35mm 左右，找正夹紧 粗、精车端面	
2	钻孔	用 φ26 麻花钻手动进给钻孔，深度 30mm 左右	
3	车外圆、内孔	粗、精车外圆到尺寸，长度 30mm 左右 粗车内孔并倒角	
4	切断	将工件切断，总长留 0.5mm 余量	
5	调头找正装夹 车端面 车内孔	调头找正夹紧工件、平端面保证总长 精车内孔至尺寸并倒角	
6	车螺纹	粗、精车螺纹	

三、注意事项

1）车削内梯形螺纹的方法大致与车削内三角螺纹相同，因此在车削内梯形螺纹之前应熟练掌握内三角螺纹的车削要领与方法。

2）梯形螺纹的螺距较大，转速应适当降低。

3）梯形螺纹因螺距大应采用左右切削法，要记清中滑板和小滑板的刻度。

4）尽可能利用刻度盘控制退刀，以防刀杆与孔壁相碰。

5）安装刀具时要用样板对刀，保证牙型角的正确。

实训反馈

一、考核标准

考核标准见表 14.18。

表 14.18　考核标准

序号	检测内容	配分	评分标准	检测量具	检测结果	得分
1	$\phi 45_{-0.031}^{0}$	20	超差不得分	游标卡尺		
2	$25_{-0.1}^{0}$	20	超差不得分	游标卡尺		
3	螺纹	40	超差不得分	螺纹塞规		
4	倒角	10	超差不得分	目测		
5	安全文明生产	10	不合要求酌情扣分	目测		

二、记事

记事见表 14.19。

表 14.19　记事

日期	学生姓名	车床号	批次	总分	教师签字

思考与练习

一、选择题

1. 普通螺纹的牙型角为（　　），梯形螺纹的牙型角为（　　）。

　A. 30°　　　　　　　B. 60°

　C. 55°　　　　　　　D. 29°

2. 高速钢梯形螺纹粗车刀的刀头宽度应（　　）牙槽底宽。

　A. 等于　　　　　　　B. 略大于

　C. 略小于　　　　　　D. 大于或等于

3. 高速钢梯形螺纹精车刀前端切削刃（　　）参加切削。

　A. 能　　　　B. 一定要　　　　　　　C. 不能

二、判断题

（　　）1. 普通内螺纹小径的基本尺寸与外螺纹小径的基本尺寸相同。

（　　）2. 车削 M36×2 的内螺纹，工件材料为 45 钢，则车削内螺纹前的孔径尺寸为 34mm。

（　　）3. 低速车三角螺纹的方法有直进法、车直槽法和斜进法。

（　　）4. 测量内、外螺纹中径最精确的方法是三针测量法。

（　　）5. 车削右螺纹时，车刀右侧的工作后角减小。

（　　）6. 螺纹车刀纵向前角对螺纹牙型角没有影响。

（　　）7. 内螺纹的大径也就是内螺纹的底径。

（　　）8. 内螺纹车刀除了其刀刃几何形状应具有外螺纹车刀的几何形状特点外，还应具有内孔车刀的特点。

（　　）9. 车削塑性金属的三角形内螺纹前的孔径应比同规格的脆性金属的孔径要小些。

（　　）10. 车削内螺纹时，不能用手去摸螺纹表面，但可以把砂纸卷在手指上对内螺纹进行去毛刺。

三、简答题

1. 内螺纹车刀按刀具材料分哪几类？
2. 刃磨内三角螺纹刀时应注意哪些问题？

项目 15

蜗杆与多线螺纹的加工

项目导航

本项目主要介绍蜗杆与多线螺纹的加工方法。

教学目标

了解蜗杆的基础知识。

掌握车削蜗杆的方法。

了解多线螺纹的知识。

掌握多线螺纹的分线方法和车削方法。

技能要求

会刃磨蜗杆车刀。

会车削蜗杆。

会车削多线螺纹。

任务1 认识蜗杆

任务目标

本次训练的任务是通过学习，掌握蜗杆的类型、相关参数的计算等知识。

相关知识

一、认识蜗杆

图 15.1 所示的蜗杆和蜗轮组成的蜗杆副常用于减速传动机构中，以传递两轴在空间成 90°的交错运动，如车床溜板箱内的蜗杆副。蜗杆的齿形角 α 是在通过蜗杆轴线的平面内，轴线垂直面与齿侧之间的夹角见表 15.1。蜗杆一般分为米制蜗杆（α=20°）和英制蜗杆（α=14.5°）两种。本书仅介绍我国常用的米制蜗杆的车削方法。

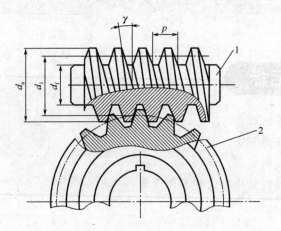

图 15.1 蜗轮蜗杆传动机构

1. 蜗杆；2. 蜗轮

二、蜗杆基本要素及其尺寸计算

蜗杆基本要素的名称、代号及计算公式见表 15.1 和图 15.2。

表 15.1 蜗杆基本要素的名称、代号及计算公式

名称	计算公式	名称	计算公式
轴向模数 m_x	（基本参数）	齿根圆直径 d_f	$d_f = d_1 - 2.4m_x$ $d_f = d_a - 4.4m_x$
头数 z_1	（基本参数）	导程角 γ	$\tan\gamma = \dfrac{P_z}{\pi d_1}$

续表

名称	计算公式	名称		计算公式
分度圆直径 d_1	（基本参数）	齿顶宽 S_a	轴向 S_a	$S_a = 0.843m_x$
齿形角 α	$\alpha = 20°$		法向 S_{an}	$S_{an} = 0.843m_x\cos\gamma$
轴向齿距 P_x	$P_x = \pi m_x$	齿根槽宽 e_f	轴向 e_j	$e_j = 0.697m_x$
导程 P_z	$P_z = z_1 p_x = z_1 \pi m_x$		法向 e_{fn}	$e_{fn} = 0.697m_x\cos\gamma$
齿顶高 h_a	$h_a = m_x$	齿厚 S	轴向 S_x	$S_x = \dfrac{P_x}{2} = \dfrac{\pi m_x}{2}$
齿根高 h_f	$h_f = 1.2m_x$			
全齿高 h	$h = 2.2m_x$		法向 S_n	$S_n = \dfrac{P_x}{2}\cos\gamma = \dfrac{\pi m_x}{2}\cos\gamma$
齿顶圆直径 d_a	$d_a = d_1 + 2m_x$			

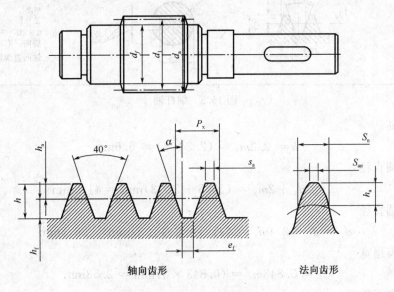

图 15.2　蜗杆的基本要素

【例 15.1】　车削图 15.3 所示的蜗杆轴，齿形角 $\alpha = 20°$，分度圆直径 $d_1 = 35.5$mm，轴向模数 $m_x = 3$ mm，头数 $z_1 = 1$，求蜗杆基本要素的尺寸。

解： 根据表 15.1 中的计算公式：

轴向齿距

$$P_x = \pi m_x = (3.1416 \times 3)\text{mm} = 9.425\text{mm}$$

导程

$$P_z = z_1 p_x = z_1 \pi m_x = (1 \times 3.1416 \times 3)\text{mm} = 9.425\text{mm}$$

齿顶高

$$h_a = m_x = 3\text{mm}$$

齿根高

$$h_f = 1.2m_x = (1.2 \times 3)\text{mm} = 3.6\text{mm}$$

车工技能实训

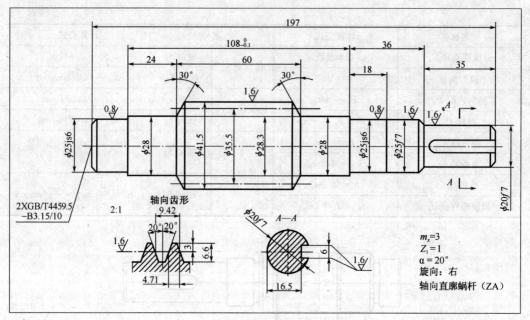

图 15.3 蜗杆轴

全齿高

$$h = 2.2m_x = (2.2 \times 3) = 6.6\text{mm}$$

齿顶圆直径

$$d_a = d_1 + 2m_x = (35.5 + 2 \times 3)\text{mm} = 41.5\text{mm}$$

齿根圆直径

$$d_f = d_1 - 2.4m_x = (35.5 - 2.4 \times 3)\text{mm} = 28.3\text{mm}$$

轴向齿顶宽

$$s_a = 0.843m_x = (0.843 \times 3)\text{mm} = 2.53\text{mm}$$

轴向齿根槽宽

$$e_f = 0.697m_x = (0.697 \times 3)\text{mm} = 2.09\text{mm}$$

轴向齿厚

$$s_x = \frac{P_x}{2} = \frac{9.425}{2}\text{mm} = 4.71\text{mm}$$

导程角

$$\tan\gamma = \frac{p_z}{\pi d_1} = \frac{9.425}{2}\text{mm} = 0.084$$

从而

$$\gamma = 4°48'$$

法向齿厚

$$s_n = \frac{p_x}{2}\cos\gamma = \left(\frac{9.425}{2} \times \cos4°48'\right)\text{mm} = 4.696\text{mm}$$

三、蜗杆的齿形

蜗杆的齿形是指蜗杆齿廓形状。常见蜗杆的齿形有轴向直廓蜗杆和法向直廓蜗杆两种。

1. 轴向直廓蜗杆（ZA 蜗杆）

轴向直廓蜗杆的齿形在通过蜗杆轴线的平面内是直线，在垂直于蜗杆轴线的端平面内是阿基米德螺旋线，因此，又称为阿基米德蜗杆，如图 15.4 所示。

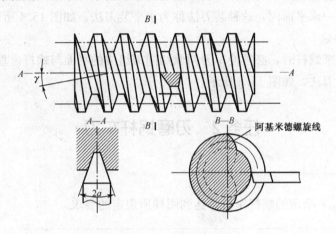

图 15.4　阿基米德蜗杆

2. 法向直廓蜗杆（ZN 蜗杆）

法向直廓蜗杆的齿形在垂直于蜗杆齿面的法平面内是直线，在垂直于蜗杆轴线的端平面内是延伸渐开线，因此，又称为延伸渐开线蜗杆，如图 15.5 所示。

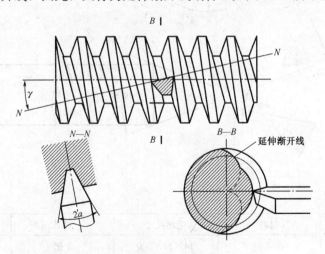

图 15.5　渐开线蜗杆

机械中最常用的是阿基米德蜗杆（即轴向直廓蜗杆），这种蜗杆的加工比较简单。

若图样上没有特别标明蜗杆的齿形，则均为轴向直廓蜗杆。

四、车蜗杆时的装刀方法

蜗杆车刀与梯形螺纹车刀相似，但蜗杆车刀两侧切削刃之间的夹角应磨成两倍齿形角。在装夹蜗杆车刀时，必须根据不同的蜗杆齿形采用不同的装刀方法。

1. 水平装刀法

精车轴向直廓蜗杆时，为了保证齿形正确，必须使蜗杆车刀两侧切削刃组成的平面与蜗杆轴线在同一水平面内，这种装刀法称为水平装刀法，如图 15.4 所示。

2. 垂直装刀法

车削法向直廓蜗杆时，必须使车刀两侧切削刃组成的平面与蜗杆齿垂直，这种装刀方法称为垂直装刀法，如图 15.5 所示。

任务 2 刃磨蜗杆车刀

任务目标

刃磨如图 15.6 所示的蜗杆车刀，达到图样所规定的要求。

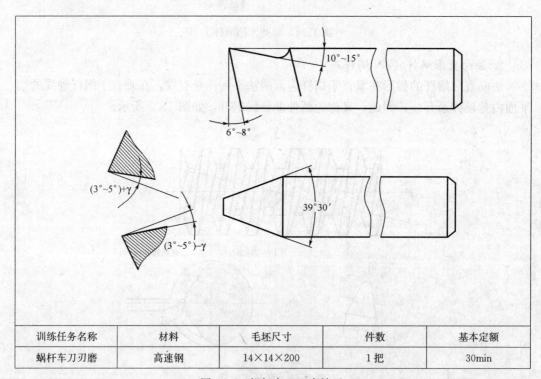

训练任务名称	材料	毛坯尺寸	件数	基本定额
蜗杆车刀刃磨	高速钢	14×14×200	1 把	30min

图 15.6 蜗杆车刀刃磨练习

本次训练的任务是通过学习，理解蜗杆车刀的几何角度并掌握刀具的刃磨方法。

相关知识

1. 蜗杆车刀的几何角度

一般选用高速钢车刀,为了提高蜗杆的加工质量,车削时可采用粗车和精车两阶段。

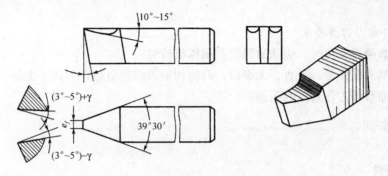

图 15.7　蜗杆粗车刀

(1) 蜗杆粗车刀(右旋)

蜗杆粗车刀如图 15.7 所示,其刀具角度可按下列原则选择。

1) 车刀左右刀刃之间的夹角要小于两倍齿形角。

2) 为了便于左右切削,并留有精加工余量,刀头宽度应小于齿根槽宽。

3) 切削钢件时,应磨有 $10°\sim15°$ 的径向前角。

4) 径向后角应为 $6°\sim8°$。

5) 进给方向的后角为 $(3°\sim5°)+\gamma$,背着进给方向的后角为 $(3°\sim5°)-\gamma$。

6) 刀尖适当倒圆。

(2) 蜗杆精车刀

蜗杆精车刀如图 15.8 所示,选择车刀角度时应注意如下事项。

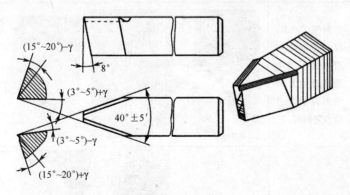

图 15.8　蜗杆精车刀

1) 车刀刀尖夹角等于齿形角,而且要求对称,切削刃的直线度要好,表面粗糙度值要小。

2）为了保证齿形角的正确，一般径向前角取 0°~4°。

3）为了保证左右切削刃的切削顺利，都应磨有较大的前角（$\gamma_0 = 15°~20°$）的卷屑槽。

特别须指出的是：这种车刀的前端刀刃不能进行切削，只能依靠两侧刀刃精车两侧齿面。

2. 蜗杆车刀刃磨要求

1）刃磨两刃夹角时，应随时目测和用样板校对。

2）切削刃要光滑、平直、无裂口，两侧切削刃必须对称，刀体不歪斜。

3）用油石研去各刀刃的毛刺。

技能实训

一、实训条件

实训条件见表 15.2。

表 15.2　实训条件

项目	名称	项目	名称
设备	砂轮机	刀具	高速钢 14×14×200
量具	螺纹样板	工具	金刚笔、油石

二、训练项目

蜗杆车刀的刃磨步骤见表 15.3。

表 15.3　蜗杆车刀刃磨步骤（以粗车刀为例）

序号	步骤	操作	图示
1	粗磨两个后刀面	磨两侧后刀面，以初步形成两刃夹角。其中先磨进给方向侧刃再磨背进给方向侧刃	
2	磨前刀面	形成前角	

续表

序号	步骤	操作	图示
3	精磨后刀面	刀尖角用螺纹对刀样板来测量,修磨得到正确的刀尖角	
4	修磨刀尖	磨出比齿根槽宽窄一点的切削刃	
5	油石研磨	用油石研磨刀刃处的前、后面(注意保持刃口锋利)	

三、刃磨时注意事项

1) 刃磨两侧后角时要注意蜗杆的左右旋向。然后根据导程角的大小来决定两侧后角的数值。

2) 刃磨时,要时常用样板测量刀尖角,保证角度正确。

3) 刃磨高速钢车刀时,应随时放入水中冷却,以防退火。

实训反馈

一、考核标准

考核标准见表 15.4。

表 15.4　考核标准

序号	检测内容	配分	评分标准	检测量具	检测结果	得分
1	刀尖角	50	视超差情况扣 5~30 分	样板		
2	前角	20	视超差情况扣 5~10 分	目测		
3	后角	20	视超差情况扣 5~10 分	目测		
4	安全文明生产	10	不合要求酌情扣分	目测		

二、记事

记事见表 15.5。

表 15.5　记事

日期	学生姓名	砂轮机号	批次	总分	教师签字

任务3　车削蜗杆

任务目标

加工如图 15.9 所示的零件，达到图样所规定的要求。

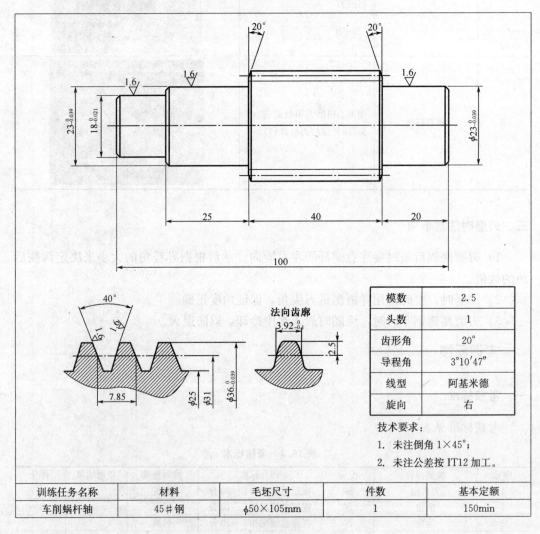

模数	2.5
头数	1
齿形角	20°
导程角	3°10′47″
线型	阿基米德
旋向	右

技术要求：

1. 未注倒角 1×45°；

2. 未注公差按 IT12 加工。

训练任务名称	材料	毛坯尺寸	件数	基本定额
车削蜗杆轴	45♯钢	φ50×105mm	1	150min

图 15.9　车削蜗杆轴

本次训练的任务是通过学习，熟练掌握车削蜗杆的方法，掌握蜗杆的测量方法。

相关知识

一、蜗杆的车削方法

车削蜗杆与车削梯形螺纹方法相似，所用的车刀刃口都是直线形的，刀尖角 $2\alpha = 40°$。

首先根据蜗杆的导程（单线蜗杆为周节），在操作的车床进给箱铭牌上找到相应的数据，调节各有关手柄的位置，一般不需进行交换齿轮的计算。

由于蜗杆的导程大、牙槽深、切削面积大，车削方法比车梯形螺纹困难，故常选用较低的切削速度，并采用倒顺车的方法来车削，以防止乱牙。车削时可根据模数的大小，选用下述三种方法中的任一种。

1. 左右切削法

为防止三个切削刃同时参加切削而引起扎刀，一般可选用图 15.7 所示粗车刀，采取左右进给的方式，逐渐车至槽底，如图 15.10（a）所示。

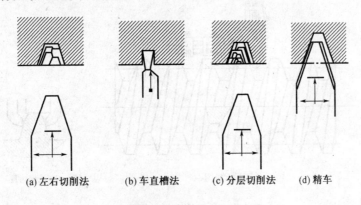

(a) 左右切削法　　(b) 车直槽法　　(c) 分层切削法　　(d) 精车

图 15.10　蜗杆的车削方法

2. 切槽法

当 $m_x > 3mm$ 时，先用车槽刀将蜗杆直槽车至齿根处，然后再用粗车刀粗车成形，如图 15.10（b）所示。

3. 分层切削法

当 $m_x > 5mm$ 时，由于切削余量大，可先用粗车刀，按图 15.10（c）所示方法，逐层切入直至槽底。精车时，则选用如图 15.7 所示两边带有卷屑槽的精车刀，将齿面精车成形，达到图样要求，如图 15.10（d）所示。

二、蜗杆的测量

在蜗杆测量的参数中，齿顶圆直径、齿距（或导程）、齿形角和螺纹的大径、螺距（或导程）、牙型角的测量方法基本相同。下面重点介绍蜗杆分度圆直径和法向齿厚的测量。

1. 蜗杆分度圆直径的测量

分度圆直径 d_1 也可以用三针和单针测量，其原理及测量方法与测量螺纹相同。

2. 法向齿厚 S_n 的测量

若蜗杆的图样上只标注轴向齿厚 S_x，在齿形角正确的情况下，分度圆直径处的轴向齿厚与齿槽宽度应相等。但轴向齿厚无法直接测量，常通过对法向齿厚 S_n 的测量，来判断轴向齿厚是否正确。

蜗杆的法向齿厚 S_n 是一个重要的参数，法向齿厚 S_n 的换算公式为

$$S_n = S_x \cos\gamma = \frac{\pi m_x}{2} \cos\gamma$$

法向齿厚可以用齿厚游标卡尺进行测量，如图 15.11 所示，齿厚游标卡尺由互相垂直的齿高卡尺和齿厚卡尺组成。测量时卡脚的测量面必须与齿侧平行，也就是把刻度所在的卡尺表面与蜗杆轴线相交一个蜗杆导程角。

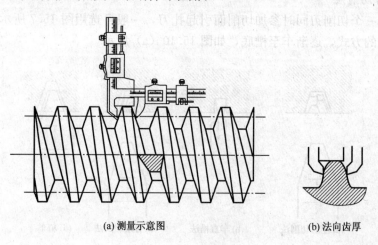

(a) 测量示意图　　　　　　　　　(b) 法向齿厚

图 15.11　尺厚卡尺的测量方法

测量时应把齿高卡尺读数调整到齿顶高 h_a 的尺寸（必须注意齿顶圆直径尺寸的误差对齿顶高的影响），齿厚卡尺所测得的读数就是法向齿厚的实际尺寸。这种方法的测量精度比三针测量差。

【例 15.2】　车削图 15.8 蜗杆轴，轴向模数 $m_x = 2.5$ mm，其导程角 $\gamma = 3°10'47''$，求齿顶高 h_a 和法向齿厚 S_n。

解：

$$h_a = m_x = 2.5 \text{mm}$$

$$S_n = \frac{\pi m_x}{2} \cos\gamma = \frac{3.14 \times 2.5}{2} \times \cos 3°10'47'' = 3.92 \text{mm}$$

即齿高卡尺应调整到齿顶高 $h_a = 2.5$mm 的位置，齿厚卡尺测得的法向齿厚应为 $S_n = 3.92$mm。

三、切削用量选择

切削用量选择见表 15.6。

表 15.6　车削蜗杆切削用量的选择

车刀类型	加工性质	转速 $n/(r/min)$	背吃刀量 a_p/mm	进给量 $f/(mm/r)$
硬质合金	粗车	400～500	1～2	0.2～0.3
45°、90°	精车	800 左右	0.15～0.25	0.1
蜗杆车刀	粗车	80～100	变化	螺距
	精车	14～40	0.05	螺距
中心钻	精	800	半径	手动

技能实训

一、实训条件

实训条件见表 15.7。

表 15.7　实训条件

项目	名称
设备	CA6140 型卧式车床或同类型的车床
量具	外径千分尺、游标卡尺、齿厚卡尺
刀具	硬质合金 45°、90°车刀、蜗杆车刀、中心钻
工具	一字形螺丝刀、活扳手

二、训练项目

蜗杆轴的加工步骤见表 15.8。

表 15.8　蜗杆轴的加工步骤

序号	步骤	操作	图示
1	装夹工件	用三爪自定心卡盘装夹坯料,坯料伸出长度约 70mm	
2	钻中心孔	车端面,钻中心孔 A2.5/5.3	

续表

序号	步骤	操作	图示
3	车外圆	粗车齿顶圆直径至 $\phi 37\,mm$，长度大约 65m，粗、精车 $\phi 23_{-0.039}^{\ 0}\,mm$ 外圆，长 20mm	
4	调头车外圆	粗、精车端面，保持总长，粗、精车 $\phi 23_{-0.039}^{\ 0}\,mm$ 外圆，长 40 mm；粗、精车 $\phi 18_{-0.021}^{\ 0}\,mm$ 外圆，长 15mm	
5	车外圆	一夹一顶装夹，精车蜗杆齿顶圆	
6	车蜗杆	一夹一顶装夹，粗、精车蜗杆	

三、注意事项

1）刚开始车蜗杆时，应先检查周节是否正确。

2）由于蜗杆的导程角较大，车刀的两侧后角应适当增减。

3）粗车蜗杆时，调整床鞍与机床导轨之间的间隙使之小些，以减小窜动量。

4）精车蜗杆时，应注意工件的同轴度，车刀前角应取大些，刃口要平直、锋利。车削时采用低速，并加注充分切削液。为了更好提高齿侧的表面质量，可采用刚开车就立即停车的方式，利用主轴的惯性，切速慢，如此反复进行。

5）车削时，每次切入深度要适当，同时要经常测量法向齿厚，以控制精车余量。

6）中滑板手动进给时要防止多摇一圈，以免发生撞刀现象。

7）车削蜗杆在退刀槽处，若带有较大阶台，或退刀时离卡盘很近，则要注意及时退刀并操纵主轴反转，防止发生损坏机床和工件的事故。

━━━ 实训反馈 ━━━

一、考核标准

考核标准见表15.9。

表 15.9　考核标准

序号	检测内容	配分	评分标准	检测量具	检测结果	得分
1	$\phi23$　$R_a1.6$	8/2	超差无分 降级无分	千分尺		
2	$\phi18$　$R_a1.6$	8/2	超差无分 降级无分	千分尺		
3	$\phi23$　$R_a1.6$	8/2	超差无分 降级无分	千分尺		
4	100	5	超差无分	游标卡尺		
5	40	5	超差无分	游标卡尺		
6	25	5	超差无分	游标卡尺		
7	20	5	超差无分	游标卡尺		
8	大径	10	超差无分	游标卡尺		
9	法向齿厚	20	超差无分	齿厚卡尺		
10	蜗杆表面粗糙度	10	降级无分	目测		
11	安全文明生产	10	不合要求酌情扣分	目测		

二、记事

记事见表 15.10。

表 15.10　记事

日期	学生姓名	车床号	批次	总分	教师签字

任务 4　了解多线螺纹

任务目标

本次训练的任务是通过学习,掌握常用多线螺纹的分线的方法。

相关知识

一、认识多线螺纹

车多线螺纹时,主要考虑分线方法和车削步骤的协调。多线螺纹的各螺旋槽在轴向是等距离分布的,在圆周上是等角度分布的,如图 15.12 所示。在车削过程中,解决螺旋线的轴向等距离分布或圆周等角度分布的问题称为分线。

若分线出现误差,使多线螺纹的螺距不相等,会直接影响内外螺纹的配合性能或蜗杆副的啮合精度,增加不必要的磨损,降低使用寿命。因此必须掌握分线方法,控制分线精度。

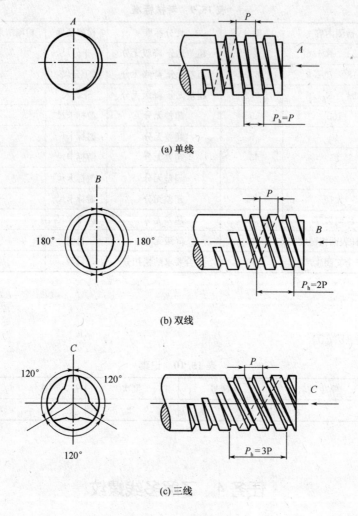

(a) 单线

(b) 双线

(c) 三线

图 15.12　多线螺纹

二、多线螺纹的分线方法

根据各螺旋线在轴向等距或圆周上等角度分布的特点，分线方法有轴向分线法和圆周分线法两种。

1. 轴向分线法

轴向分线法是按螺纹的导程车好一条螺旋槽后，把车刀沿螺纹轴线方向移动一个螺距，再车第二条螺旋槽。用这种方法只要精确控制车刀沿轴向移动的距离，就可达到分线的目的。具体控制方法有：

（1）用小滑板刻度分线

先把小滑板导轨调整到与车床主轴轴线平行。在车好一条螺旋槽后，把小滑板向前或向后移动一个螺距，再车另一条螺旋槽。小滑板移动的距离，可利用小滑板刻度控制。

小滑板刻度转过的格数 K 为

$$K = \frac{P}{\alpha} \tag{15.1}$$

式中，P——螺距；

α——小滑板刻度每格移动的距离（mm）。

【例 15.3】 车削 Tr36 × 12（$P = 6mm$）螺纹时，车床小滑板刻度每格为 0.05mm，求分线时小滑板刻度应转过的格数。

解：先求出螺距，从题目中知 $P = 6mm$，分线时小滑板应转过的格数为

$$K = \frac{P}{\alpha} = \frac{6}{0.05} = 120（格）。$$

这种分线方法简单，不需要辅助工具，但分线精度不高，一般用于多线螺纹的粗车，适于单件、小批量生产。

（2）利用开合螺母分线

当多线螺纹的导程为车床丝杠螺距的整数倍且其倍数又等于线数时，可以在车好第一条螺旋槽后，用开倒顺车的方法将车刀返回到开始车削的位置，提起开合螺母，再用床鞍刻度盘控制车床床鞍纵向前进或后退一个车床丝杠螺距，在此位置将开合螺母合上，车另一条螺旋槽。

（3）用百分表和量块分线法

如图 15.13 所示，图中 1 为第一条螺旋槽，2 为小滑板，3 为方刀架，4 为百分表，5 为量块，6 为挡块。对螺距精度要求较高的螺纹分线时，可利用百分表和量块控制小滑板的移动距离。其方法是：把百分表固定在方刀架上，并在床鞍上紧固一挡块，在车第一条螺旋槽以前，调整小滑板，使百分表触头与挡块接触，并把百分表调整至"0"位。当车好第一条螺旋槽后，移动小滑板，使百分表指示的读数等于被车螺距。

对螺距较大的多线螺纹进行分线时，因受百分表量程的限制，可在百分表与挡块之间垫入一块（或一组）量块，其厚度最好等于工件螺距。

用这种方法分线的精度较高，但由于车削时的振动会使百分表走动，在使用时应经常校正"0"位。

2. 圆周分线法

因为多线螺纹各螺旋线在圆周上是等角度分布的，所以当车好第一条螺旋槽后，应脱开工件与丝杠之间的传动链，并把工件转过一个角度 θ，再连接工件与丝杠之间的传动链，车削另一条螺旋槽，这种分线方法称为圆周分线法。

多线螺纹各起始点在端面上相隔的角度 θ 为

$$\theta = \frac{360^\circ}{n} \tag{15.2}$$

式中，θ—— 多线螺纹在圆周上相隔的角度（°）；

n—— 多线螺纹的线数。

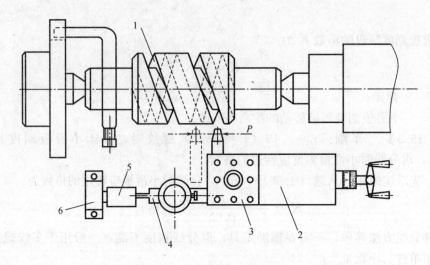

图 15.13　百分表量块分线法

圆周分线法的具体方法如下所述。

（1）利用三爪自定心卡盘和四爪单动卡盘分线

当工件采用两顶尖装夹并用卡盘的卡爪代替拨盘时，可利用三爪自定心卡盘分三线螺纹，利用四爪单动卡盘分双线和四线螺纹。当车好一条螺旋槽后，只需要松开顶尖，把工件连同鸡心夹头转过一个角度，由卡盘上的另一只卡爪拨动，再用顶尖支撑好后就

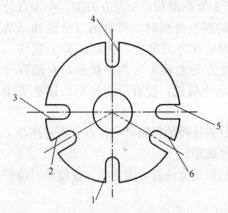

图 15.14　简单分线盘

可车削另一条螺旋槽。这种分线方法比较简单，但由于卡爪本身的误差较大，使得工件的分线精度不高。

（2）用专用分线盘分线

车削线数为 2、3 或 4 时，对于一般精度的螺纹，可利用简单的分度盘分线。当车削完第一条螺旋槽后，利用分线盘上的分度精确的槽，将工件转过一个角度 θ，如图 15.14 所示。

当车双线螺纹时，工件分线应从 1→4 或 3→5。

当车三线螺纹时，工件分线应从 2→4→6。

当车四线螺纹时，工件分线应从 1→3→4→5。

（3）利用交换齿轮分线

车多线螺纹时，一般情况下，车床的交换齿轮箱中的交换齿轮 z_1 与主轴转速相等，z_1 转过的角度等于工件转过的角度。因此，当 z_1 的齿数是螺纹线数的整数倍时，就可以利用交换齿轮分线。

具体分线步骤如图 15.15 所示。当车好一条螺旋槽后，停车并切断电源，在 z_1 上根据线数进行等分，在与 z_1 的啮合处用粉笔做记号 1 和 0。如 CA6140 型车床车米制和

英制螺纹时的齿轮 z_2 的齿数为 63，在车削三线螺纹时，应在离记号 1 第 21 齿处做记号 2 和 3，随后松开交换齿轮架，使 z_1 与 z_2 脱开，用手转动主轴，使记号 2 或 3 对准记号 0，再使 z_1 和 z_2 啮合，就可车削第二条螺旋槽了。车第三条螺旋槽时，也用同样的方法。

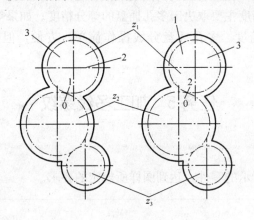

图 15.15   交换齿轮分线法

用这种方法分线的优点是分线精确度较高，但所车螺纹的线数受 z_1 齿数的限制，操作也较麻烦，所以不宜在成批生产中使用。

（4）用多孔插盘分线

图 15.16 所示为车多线螺纹时用的多孔插盘。多孔插盘装夹在车床主轴上，其上有等分精度很高的定位插孔（多孔插盘一般等分 12 或 24 孔），它可以对 2、3、4、6、8 或 12 线的螺纹进行分线。

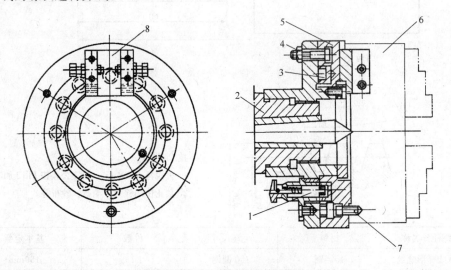

图 15.16   用多孔插盘分线

1. 定位插销；2. 车床主轴；3. 定位插孔；

4. 紧固螺母；5. 多孔插盘；6. 卡盘；7. 紧定螺钉；8. 拨块

　　分线时，先停车松开紧固螺母，拔出定位插销，把多孔插盘旋转一个角度，然后把插销插入另一个定位孔中，最后紧固螺母，分线工作就完成了。多孔插盘上可以装夹卡盘，工件夹持在卡盘上；也可装上拨块拨动夹头，进行两顶尖的车削。

　　这种分线方法的精度主要取决于多孔插盘的等分精度。如果等分精度高，可以使该装置获得较高的分线精度。多孔插盘分线操作简单、方便，但分线数量受插孔数量限制。

任务 5　加工多线螺纹

任务目标

　　加工如图 15.17 所示的零件，达到图样所规定的要求。

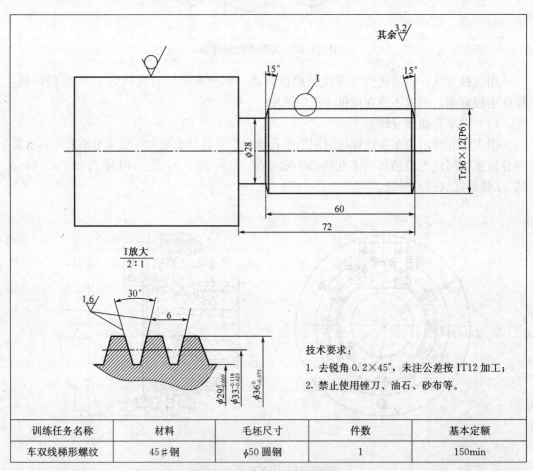

训练任务名称	材料	毛坯尺寸	件数	基本定额
车双线梯形螺纹	45♯钢	φ50 圆钢	1	150min

图 15.17　车削双线梯形螺纹

　　本次训练的任务是通过学习，熟练掌握多线螺纹的常用分线方法和多线螺纹的车削方法。

相关知识

一、车削多线螺纹的方法

车多线螺纹时，决不可将一条螺旋线车好后，再车另一条螺旋槽。加工时应按下列步骤进行。

1）粗车第一条螺旋槽时，记住中、小滑板的刻度值。

2）根据多线螺纹的精度要求，选择适当的分线方法进行分线。粗车第二条、第三条…第 n 条螺旋槽。如果用轴向分线法，中滑板的刻度值应与车第一条螺旋槽时相同；如果用圆周分线时，中、小滑板的刻度值应与第一条螺旋槽相同。

3）采用左右切削法加工多线螺纹时，为了保证多线螺纹的螺距精度，车削每条螺旋槽时车刀的轴向移动量（借刀量）必须相等。

4）按上述方法精车各条螺旋槽。

【例 15.4】　用三针测量 $Tr36 \times 12$（$P=6mm$）梯形螺纹的中径，见图 15.16，求千分尺读数值。

解：
$$d_D = 0.518P = (0.518 \times 6)mm = 3.1mm$$
$$d_2 = d - 0.5P = 33mm$$
$$M = d_2 + 4.864d_D - 1.866P = (33 + 4.864 \times 3.1 - 1.866 \times 6)mm = 36.882mm$$

二、切削用量选择

切削用量选择见表 15.11。

表 15.11　切削用量的选择

车刀类型	加工性质	转速 n/(r/min)	背吃刀量 a_p/mm	进给量 f/(mm/r)
硬质合金 45°、90°	粗车	400～500	1～2	0.2～0.3
	精车	800 左右	0.15～0.25	0.1
梯形螺纹车刀	粗车	80～100	变化	螺距
	精车	14～40	0.05	螺距
切槽刀	粗、精	300	刀宽	手动

技能实训

一、实训条件

实训条件见表 15.12。

表 15.12　实训条件

项目	名称
设备	CA6140 型卧式车床或同类型的车床
量具	外径千分尺;游标卡尺;三针;公法线千分尺
刀具	硬质合金 45°、90°车刀;梯形螺纹车刀;切槽刀

二、训练项目

双线梯形螺纹的加工步骤见表 15.13。

表 15.13　双线梯形螺纹的加工步骤

序号	步骤	操作	图示
1	装夹工件	用三爪卡盘夹住毛坯外圆,伸出长 80mm 左右,找正夹紧	
2	车端面、外圆	车端面,粗、半精车外圆 $\phi36mm \times 72mm$ 至尺寸	
3	切槽	切槽 $\phi28mm \times 12mm$ 至尺寸	
4	倒角	两侧倒角 $\phi29mm \times 15°$	
5	粗车螺纹、分线	先粗车梯形螺纹第一条螺旋槽,其导程为 12mm 用小滑板分线,螺距为 6mm,再粗车梯形螺纹第二条螺旋槽	

序号	步骤	操作	图示
6	精车大径	精车梯形螺纹大径至 $\phi36_{-0.375}^{0}$ mm	
7	精车螺纹	精车梯形多线螺纹,小滑板分线 精车第一条螺旋槽,两侧表面粗糙度值达 $R_a1.6$ 精车第二条螺旋槽,两侧表面粗糙度值达 $R_a1.6$ 用三针法测量分线精度和螺纹中径	

三、注意事项

1）多线螺纹导程大,走刀速度快,车削时要防止车刀、刀架及中、小滑板碰撞卡盘和尾座。

2）由于多线螺纹升角大,车刀两侧后角要相应增减。

3）用小滑板刻度分线时应做到:

①先检查小滑板在合理的位置是否满足分线行程要求。

②小滑板移动方向必须与车床主轴轴线平行,否则会造成分线误差。

③在每次分线时,小滑板手柄转动方向要相同,否则由于丝杠与螺母之间的间隙而产生误差。在采用左右切削法时,一般先车牙型的各右侧面。

④在采用直进法车削小螺距多线螺纹工件时,应调整小滑板的间隙,但不能太松,以防止切削时移位,影响分线精度。

4）精车时要多次循环分线,第二次或第三次循环分线时,不能用小滑板赶刀(借刀)。只能在牙型面上单面车削,以矫正赶刀或粗车时所产生的误差。经过循环车削,既能消除分线或赶刀所产生的误差,又能提高螺纹的精度和表面粗糙度。

5）当车完多线螺纹(蜗杆)工件后,随手提起开合螺母,并关闭电源及时调整好交换齿轮以及螺距手柄的位置。

6）多线螺纹分线不正确的原因:

①小滑板移动距离不正确。

②车刀修磨后,未对准原来的轴向位置,或随便赶刀,使轴向位置移动。

③工件未紧固,切削力过大,而造成工件微量移动,则使分线不正确。

车工技能实训

实训反馈

一、考核标准

考核标准见表 15.14。

表 15.14 考核标准

序号	检测内容	配分	评分标准	检测量具	检测结果	得分
1	φ28	10	超差无分	游标卡尺		
2	60	10	超差无分	游标卡尺		
3	72	10	超差无分	游标卡尺		
4	倒角	10	超差无分	钢直尺		
5	螺纹大径	10	超差无分	游标卡尺		
6	螺纹中径	20	超差无分	公法线千分尺和三针		
7	分线精度	10	超差无分	公法线千分尺和三针		
8	螺纹表面粗糙度	10	降级无分	目测		
9	安全文明生产	10	不合要求酌情扣分	目测		

二、记事

记事见表 15.15。

表 15.15 记事

日期	学生姓名	车床号	批次	总分	教师签字

思考与练习

一、选择题

1. 螺纹加工中加工精度主要由机床精度保证的几何参数为（　　　）。

　　A. 大径　　　　　B. 中径　　　　　C. 小径　　　　　D. 导程

2. 法向直廓蜗杆又称为（　　　）。

　　A. 延长渐开线　　B. 渐开线　　　　C. 螺旋线　　　　D. 阿基米德螺旋线

3. 车削外径为 100mm，模数为 10mm 的模数螺纹，其分度圆直径为（　　　）mm，其轴向齿根槽宽应为（　　）mm.

A. 95　　　　　　B. 56　　　　　　C. 80　　　　　　D. 90

E. 6.97　　　　　F. 5　　　　　　G. 15.7　　　　　H. 8.43

4. 当精车阿基米德螺旋蜗杆时，车刀左右两刃组成的平面应（　　）装刀。

A. 与轴线平行　B. 与齿面垂直　　C. 与轴线倾斜　D. 与轴线等高

5. 用齿厚卡尺测量蜗杆的（　　）齿厚时，应把齿高卡尺的读数调整到齿顶高尺寸。

A. 周向　　　　　B. 径向　　　　　C. 法向　　　　　D. 轴向

6. 车多线螺纹时，应按（　　）来计算挂轮。

A. 螺距　　　　　B. 导程　　　　　C. 升角　　　　　D. 线数

7. M20×3/2 的螺距为（　　）mm。

A. 3　　　　　　B. 2.5　　　　　　C. 2　　　　　　D. 1.5

8. 粗车多线螺纹，分线比较简便的方法是（　　）。

A. 小滑板刻度分线法　　　　　B. 交换齿轮分线法

C. 利用百分表和量块分线法　　D. 卡盘卡爪分线法

9. 蜗杆传动（　　）

A. 承载能力较小　　　　　　　B. 传动效率低

C. 传动比不准确　　　　　　　D. 不具有自锁性

10. 蜗杆的特性系数 q 的值越大，则（　　）。

A. 传动效率高且刚性较好　　　B. 传动效率低但刚性较好

C. 传动效率高、但刚性较差　　D. 传动效率低且刚性差

11. 蜗杆车刀两侧切削刃之间的夹角为（　　）

A. 30°　　　　　B. 20°　　　　　C. 40°　　　　　D. 14.5°

12. 可利用三爪自定心卡盘对（　　）螺纹进行分线。

A. 三线　　　B. 三线和六线　　C. 双线和四线　　D. 六线

13. 多孔插盘上等分 12 个定位插孔时，它可以对（　　）线的多线螺纹进行分线。

A. 2，3，4，8　　　　　　　　B. 2，4，6，8

C. 2，3，5，8　　　　　　　　D. 2，3，4，6

14. 最简单的分线方法是用（　　）分线法；成批车削多线螺纹时，最理想的分线方法是用（　　）分线法。

A. 小滑板　　　B. 百分表和量块　C. 交换齿轮

D. 分度插盘　　E. 卡盘卡爪

二、判断题

（　　）1. 沿两条或两条以上在轴向等距分布的螺旋线所形成的螺纹称为多线螺纹。

（　　）2. 车多线螺纹时，应将一条螺旋槽车好后，再车另一条螺旋槽。

车工技能实训

（　　）3. 当螺纹导程相同时，螺纹直径愈大，其导程角也愈大。

（　　）4. 多线螺纹分线时产生的误差，会使多线螺纹的螺距不等，严重影响螺纹的配合精度，降低使用寿命。

（　　）5. 当蜗杆的模数和分度圆直径相同时，三头蜗杆比四头蜗杆的导程角大。

（　　）6. 蜗杆的各项参数是在法向截面内测量的。

（　　）7. 强力切削大模数多头蜗杆时，必须使用可转式弹性刀杆。

（　　）8. 因受导程角的影响，在车法向直廓蜗杆时，车刀在进刀方向的后角应加上导程角，背进刀方向的后角应减去导程角。

（　　）9. 米制蜗杆的齿形角为 $\alpha = 40°$。

（　　）10. 机械中最常用的是阿基米德蜗杆（即轴向直廓蜗杆），这种蜗杆的加工比较简单。

（　　）11. 车梯形螺纹比车蜗杆难度大。

（　　）12. 多线螺纹分线方法和多头蜗杆的分头方法在原理上是一致的，多线螺纹的分线方法等同于多头蜗杆的分头方法。

（　　）13. 利用小滑板刻度分线比较简单，不需要其他辅助工具，但等距精度不高。一般用于大批量多线螺纹的粗车。

（　　）14. 当多线螺纹的导程为车床丝杠螺距的整数倍，且其倍数又等于线数时，可利用交换齿轮分线。

（　　）15. 车削精度要求较高的多线螺纹时，因为分线困难，应把第一条螺旋槽粗精车完毕后，再开始逐个粗精车其他各条螺旋槽。

（　　）16. 用左右切削法车削时，螺纹车刀的左右移动量应该相等。

三、简答题

1. 常见蜗杆的齿形有哪几种？

2. 车蜗杆时车刀的安装方法有哪几种？

3. 多线螺纹的分线方法有哪两大类？

四、计算题

车削一蜗杆轴，已知轴向模数 $m_x = 3mm$，其导程角 $\gamma = 5°15'30''$，求齿顶高 h_a 和法向齿厚 s_n？

项 目 16

中级技能训练

项目导航

本项目主要介绍各种复合零件的加工方法以及复合零件的加工工艺与质量分析，使读者了解有关零件加工的各种内容，逐步达到车工中级工水平。

教学目标

根据零件的技术要求，能正确选择合理的装夹方法。

能独立确定一般零件的加工步骤。

能根据零件的几何形状、材料，合理选择切削用量。

能分析产生废品的原因和预防方法。

技能要求

根据零件加工的需要熟练掌握工、夹、量具和车床设备。

能根据车削的需要刃磨各种刀具。

能合理使用精密量具。

掌握各种复合零件的加工技能。

任务 1　车梯形螺纹锥轴

任务目标

加工如图 16.1 所示的零件，达到图样所规定的要求。

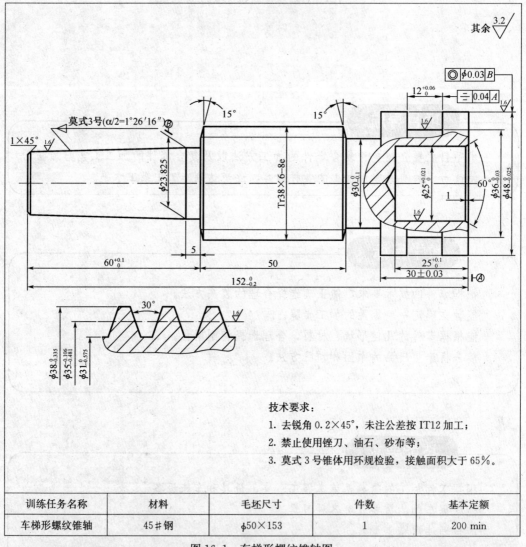

训练任务名称	材料	毛坯尺寸	件数	基本定额
车梯形螺纹锥轴	45#钢	φ50×153	1	200 min

图 16.1　车梯形螺纹锥轴图

　　这是一个难度达到车工中级工要求的工件，由外圆、外圆锥、外梯形螺纹、槽以及内孔构成，这些内容的加工都是比较基本的，关键之处在于工艺的安排。加工时，注意保证两个形位公差同轴度和对称度的要求。

技能实训

一、实训条件

实训条件见表 16.1。

表 16.1　实训条件

项目	名称	型号
设备	CA6140 型卧式车床或同类型的车床	
量具	游标卡尺	0.02/0～150mm
	外径千分尺	0.01/0～25mm
		0.01/25～50mm
	内径百分表	0.01/18～36mm
	公法线千分尺	0.01/25～50mm
	三针	3.1mm
	百分表及表座	0.01/0～10mm
	万能角度尺	$2'/0～320°$
	环规	莫式 3 号
	塞规	$12^{+0.06}_{0}$（可以自制）
工具	一字螺丝刀、活顶尖、锥柄钻夹头、钻套（与车床尾座相配）、活扳手、三爪钥匙、刀架钥匙、清扫工具等	
刀具	名称	型号
	外圆刀	90°（粗、精车刀各一把）
	端面刀	45°，YT15
	切槽刀	$b≤5mm，h≥10mm$（粗车以 YT15 为宜、精车以高速钢为宜）
	外梯形螺纹刀	$a=30°$，高速钢（粗、精车刀各一把，）
	麻花钻	$\phi30mm，h≥30mm$
	内孔刀	$d≤28mm$（粗、精车刀各一把）
	中心钻	$d=3mm$，A 型或 B 型
其他	铜皮、垫刀片、棉布、红丹粉	

二、加工步骤与考核标准

加工步骤与考核标准见表 16.2。

表 16.2　梯形螺纹锥轴的加工步骤与考核标准

序号	步骤	检测内容	配分	检测量具	评分标准	检测结果	得分
1	夹住毛坯外圆,伸出约 80mm,找正、夹紧 车端面,车平即可 车外圆至 ϕ40mm 左右,长至卡爪 精车平面,钻中心孔 倒角	无					
2	调头夹住 ϕ40mm 外圆,靠紧卡盘端面,找正,夹紧 粗车端面,钻中心孔 用 ϕ30mm 麻花钻钻孔,深至 23mm 精车端面,保总长 粗车外圆、内孔,粗加工槽 精车 ϕ48 外圆和 ϕ25 内孔至尺寸,保证孔深,倒 60°内孔角 精加工槽 锐角倒钝,去毛刺	$152_{-0.2}^{0}$ $\phi48_{-0.025}^{0}$ 两处 $\phi25_{0}^{+0.021}$ $25_{0}^{+0.1}$ $12_{0}^{+0.06}$ $\phi36_{-0.03}^{0}$ 30 ± 0.03 $1\times60°$	3 8 4 2 4 4 3 1	游标卡尺 外径千分尺 内径百分表 游标卡尺 塞规(自制) 外径千分尺 外径千分尺 目测	超差不得分 超差不得分 超差不得分 超差不得分 超差不得分 超差不得分 超差不得分 超差不得分		
3	调头,用铜皮包住 ϕ48 外圆,一夹一顶装夹 粗车梯形螺纹外圆至 ϕ39,长 122 粗车圆锥外圆至 ϕ25,长 60 加工退刀槽,宽 12,深至 ϕ30 精车螺纹外圆 ϕ38 用梯形螺纹刀倒 15°角 粗、精车外梯形螺纹至尺寸 精车圆锥外圆至尺寸 ϕ23.825,保证长度尺寸 60 粗、精车外圆锥 倒角,去毛刺	$\phi30_{-0.1}^{0}$、48 $\phi38_{-0.335}^{0}$ $1\times15°$(两处) Tr38×6—8 e $\phi31_{-0.575}^{0}$ ϕ23.825 $60_{0}^{+0.1}$ 莫氏 3 号 接触面 5 $1\times45°$ R_a1.6(7处) R_a3.2 ◎ ϕ0.03 B ⊟ 0.04 A 毛刺	2 2 1 10 1 2 2 8 6 1 1 7 5 3 3 1	游标卡尺 游标卡尺 目测 公法线千分尺 游标卡尺 外径千分尺 游标卡尺 环规 涂色法 游标卡尺 目测 目测 目测 百分表 百分表 目测	超差不得分 超差不得分 超差不得分 超差不得分 超差不得分 超差不得分 超差不得分 超差不得分 <50%全扣 超差不得分 超差不得分 超差不得分 超差不得分 超差不得分 超差不得分 超差不得分		
4	检查后卸下工件,注意存放工件	安全文明生产	10	目测	不符合要求不得分		

练习者		评分者			总分	

三、注意事项

1) 加工宽为 12mm 的槽时，应注意控制尺寸，以保证对称度要求。

2) 加工外圆锥时，注意控制表面粗糙度值。只有保证较好的表面质量才能保证检测时有较好的接触面。

3) 用一夹一顶装夹时，卡盘夹住部分不宜过长（一般为 10~15mm），以避免重复定位。

任务 2 车 偏 心 座

任务目标

加工如图 16.2 所示的零件，达到图样所规定的要求。

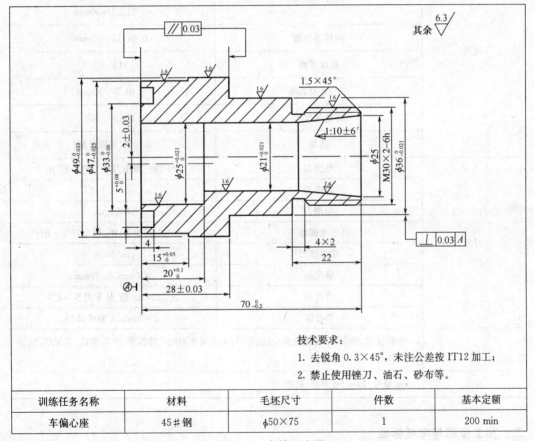

技术要求：

1. 去锐角 0.3×45°，未注公差按 IT12 加工；

2. 禁止使用锉刀、油石、砂布等。

训练任务名称	材料	毛坯尺寸	件数	基本定额
车偏心座	45#钢	φ50×75	1	200 min

图 16.2 车偏心座图

这是一个难度达到车工中级工要求的工件，由外圆、端面槽、外三角螺纹、内圆锥以及偏心孔等构成。此件的难点之处在于端面槽和偏心孔。其他的加工内容都是比较简单的，在安排工艺的时候，要考虑到保证两个形位公差垂直度与平行度的要求。

车工技能实训

░░░░ 技能实训 ░░░░

一、实训条件

实训条件见表 16.3。

表 16.3　实训条件

项目	名称	型号
设备	CA6140 型卧式车床或同类型的车床	
量具	游标卡尺	0.02/0～150mm
	外径千分尺	0.01/0～25mm
		0.01/25～50mm
	内径百分表	0.01/18～36mm
	螺纹环规	M30×2
	百分表及表座	0.01/0～10mm
	万能角度尺	2′/0～320°
	塞规	$5^{+0.08}_{0}$(可以自制)
刀具	外圆刀	90°(粗、精车刀各一把),YT15
	端面刀	45°,YT15
	切槽刀	b≤4mm
	外三角螺纹刀	a=60°,高速钢(粗、精车刀各一把)
	端面槽刀	b≤5mm
	麻花钻	φ20mm,l≥70mm
	内孔刀	d≤21mm(粗、精车刀各一把)
	中心钻	d=3mm,A 型或 B 型
工具	一字螺丝刀、活顶尖、锥柄钻夹头、钻套(与车床尾座相配)、活扳手、三爪钥匙、刀架钥匙、清扫工具等	
其他	3mm 垫片、铜皮、垫刀片、棉布	

二、加工步骤与考核标准

加工步骤与考核标准见表 16.4。

表 16.4　偏心座的加工步骤与考核标准

序号	步骤	检测内容	配分	检测量具	评分标准	检测结果	得分
1	夹住毛坯外圆,伸出约 60mm,找正、夹紧 车端面,车平即可 粗车外圆至 ϕ49.5 左右,长至卡爪 粗车外圆 ϕ36 至 ϕ37 左右,长 41.5 粗车外圆 ϕ30 至 ϕ31 左右,长 21.5 精车端面,钻中心孔 用 ϕ20mm 麻花钻钻孔,打通	无					
2	精车 ϕ30 外圆至尺寸,长 22 车槽 4×2 倒角 车外三角螺纹 精车 ϕ21 内孔至尺寸,长≥71mm 粗、精车锥孔 精车 ϕ49 外圆 精车 ϕ36 外圆,控制长度尺寸 去毛刺	$\phi21^{+0.021}_{0}$ $\phi25$ 1:10±6′ $\phi30^{0}_{-0.1}$ 22 4×2 1×45° M30×2—6h $\phi49^{0}_{-0.033}$ $\phi36^{0}_{-0.021}$ 毛刺	4 2 8 3 2 2 1 7 4 4 1	内径百分表 游标卡尺 万能角度尺 外径千分尺 游标卡尺 游标卡尺 目测 螺纹环规 外径千分尺 外径千分尺 目测	超差不得分 超差不得分 超差不得分 超差不得分 超差不得分 超差不得分 超差不得分 超差不得分 超差不得分 超差不得分 超差不得分		
3	调头夹住 ϕ36mm 外圆,靠紧卡盘端面,精确找正,夹紧 粗、精车平面,控制总长 70 粗车 ϕ47 外圆,长 14.5 粗、精车端面槽,保证尺寸 ϕ33,宽 5,深 4 精车 ϕ47 外圆,长 15 去毛刺	$70^{0}_{-0.2}$ 28±0.03 $\phi33^{0}_{-0.06}$ $5^{+0.08}_{0}$ 4 $\phi47^{0}_{-0.025}$ $15^{+0.05}_{0}$ 毛刺	2 3 4 4 1 4 3 1	游标卡尺 外径千分尺 游标卡尺 塞规 游标卡尺 外径千分尺 游标卡尺 目测	超差不得分 超差不得分 超差不得分 超差不得分 超差不得分 超差不得分 超差不得分 超差不得分		
4	粗、精车偏心孔 去毛刺	$\phi25^{+0.021}_{0}$ 2±0.03 $20^{+0.1}_{0}$ 毛刺 $R_a1.6$(7 处) $R_a3.2$ ⊥|0.03|A //|0.03	4 5 2 1 7 5 3 3	内径百分表 百分表 深度游标卡尺 目测 目测 目测 百分表 百分表	超差不得分 超差不得分 超差不得分 超差不得分 超差不得分 超差不得分 超差不得分 超差不得分		
5	检查后卸下工件,注意存放工件	安全文明生产	10	目测	不符合要求不得分		
练习者		评分者			总分		

三、注意事项

1）车内锥时，刀尖中心要与工件中心等高，以免造成锥线不直。

2）调头找正一定要细心、耐心。

3）车偏心时，车削前刀具要远离工件，切削速度和走刀都不宜过快，防止断续车削而发生意外。

任务3 车 螺 杆 轴

任务目标

加工如图 16.3 所示的零件，达到图样所规定的要求。

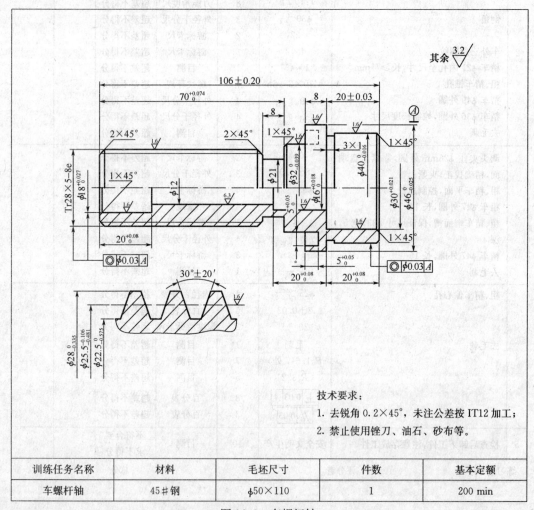

技术要求：
1. 去锐角 0.2×45°，未注公差按 IT12 加工；
2. 禁止使用锉刀、油石、砂布等。

训练任务名称	材料	毛坯尺寸	件数	基本定额
车螺杆轴	45#钢	φ50×110	1	200 min

图 16.3 车螺杆轴

这是一个难度达到车工中级工要求的工件，由外圆、外梯形螺纹、端面槽以及内孔构成，这些内容的加工都是比较基本的，关键之处在于工艺的安排，因为图上有三处有关同轴度的位置精度要求。

━━ 技能实训 ━━

一、实训条件

实训条件见表 16.5。

表 16.5　实训条件

项目	名称	型号
设备	CA6140 型卧式车床或同类型的车床	
量具	游标卡尺	0.02/0～150mm
	外径千分尺	0.01/0～25mm
		0.01/25～50mm
	内径百分表	0.01/18～36mm
	公法线千分尺	0.01/25～50mm
	三针	3.1mm
	百分表及表座	0.01/0～10mm
	塞规	$5^{+0.05}_{0}$（可以自制）
刀具	外圆刀	90°（粗、精车刀各一把），YT15
	端面刀	45°，YT15
	切槽刀	$b \leqslant 3mm$
	端面槽刀	$b \leqslant 5mm$
	外梯形螺纹刀	$a = 30°$，高速钢（粗、精车刀各一把，）
	麻花钻	$\phi10mm, l \geqslant 65mm; \phi28mm$
	内孔刀	$d \leqslant 12mm$（粗、精车刀各一把）
	中心钻	$d = 3mm$，A 型或 B 型
工具	一字螺丝刀、活顶尖、锥柄钻夹头、钻套（与车床尾座相配）、活扳手、三爪钥匙、刀架钥匙、清扫工具等	
其他	铜皮（或 $\phi28.5$ 开口套）、垫刀片、棉布	

二、加工步骤与考核标准

加工步骤与考核标准见表 16.6。

表 16.6　螺杆轴的加工步骤与考核标准

序号	步骤	检测内容	配分	检测量具	评分标准	检测结果	得分
1	夹住毛坯外圆,伸出约 40mm,找正、夹紧 车外圆至 ϕ42mm 左右,长 20 调头夹住 ϕ42mm 外圆,靠紧卡盘端面,找正,夹紧 车端面,车平即可 钻中心孔 一夹一顶装夹	无					
2	粗车 ϕ28 外圆至 ϕ29,长 70 粗车 ϕ32 外圆至 ϕ33,长 7 粗车 ϕ46 外圆至 ϕ47,长至卡盘 粗车槽宽 8,深至 ϕ21 精车 ϕ28 外圆 倒角 粗、精车梯形螺纹至尺寸	$\phi30^{\ 0}_{-0.335}$ $2\times45°$ 两处 Tr30$\times$5$-$8 e	4 1 8	游标卡尺 目测 公法线千分尺	超差不得分 超差不得分 超差不得分		
3	退出顶尖,再次夹紧工件 用 ϕ12mm 麻花钻钻孔,钻通 粗、精车 ϕ18 孔,长 20 倒角 精车 ϕ32 外圆 精车 ϕ46 外圆 粗、精车端面槽	$\phi18^{+0.027}_{\ 0}$ $20^{+0.08}_{\ 0}$ $1\times45°$ $\phi32^{\ 0}_{-0.039}$ $\phi46^{\ 0}_{-0.025}$ $5^{+0.05}_{\ 0}$ $5^{+0.08}_{\ 0}$	4 3 1 4 4 4 3	内径百分表 深度游标卡尺 目测 外径千分尺 外径千分尺 塞规 游标卡尺	超差不得分 超差不得分 超差不得分 超差不得分 超差不得分 超差不得分 超差不得分		
4	调头,用铜皮或 ϕ28.5 开口套夹住梯形螺纹外圆,精确找正,夹紧 车端面,保证总长 106 用 ϕ28mm 麻花钻钻孔,深至 20mm 粗、精车 ϕ16 孔,长 40 粗、精车 ϕ30 孔,长 20 倒角 粗、精车外圆 ϕ40,长 20 车槽 3$\times$1 倒角;去毛刺	105 ± 0.15 $\phi16^{+0.018}_{\ 0}$ $40^{+0.15}_{\ 0}$ $\phi30^{+0.021}_{\ 0}$ $20^{+0.08}_{\ 0}$ $1\times45°$ $\phi40^{\ 0}_{-0.016}$ 20 ± 0.03 3×1 $1\times45°$ $R_a1.6(8\ 处)$ $R_a6.3$ $R_a3.2$ ◎ $\phi0.03$ A	3 4 2 4 3 1 4 3 2 1 8 2 8 9	游标卡尺 内径百分表 深度游标卡尺 内径百分表 深度游标卡尺 目测 外径千分尺 深度游标卡尺 游标卡尺 目测 目测 目测 目测 百分表	超差不得分 超差不得分 超差不得分 超差不得分 超差不得分 超差不得分 超差不得分 超差不得分 超差不得分 超差不得分 超差不得分 超差不得分 超差不得分 超差不得分		
5	检查后卸下工件,注意存放工件	安全文明生产	10	目测	不符合要求不得分		

练习者		评分者			总分	

三、注意事项

1）φ12 麻花钻要锋利，两条主切削刃要对称，钻削时，进给速度慢一些，以保证钻孔表面的粗糙度值达到要求。

2）为避免夹伤梯形螺纹，应选择厚一些的铜皮（0.3mm）包夹工件。

3）用 φ28 麻花钻钻孔时，注意控制长度，不要钻的太深，以免造成 φ30 孔长尺寸 20 报废。

任务 4　车螺纹连接杆

任务目标

加工如图 16.4 所示的零件，达到图样所规定的要求。

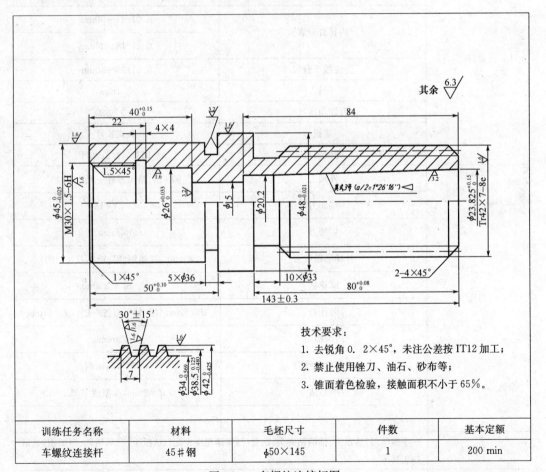

训练任务名称	材料	毛坯尺寸	件数	基本定额
车螺纹连接杆	45#钢	φ50×145	1	200 min

图 16.4　车螺纹连接杆图

这是一件难度达到车工中级工要求的工件，由外圆、内孔、内圆锥、外梯形螺纹、

车工技能实训

内三角螺纹以及内沟槽构成。各部分内容都较为简单，关键是要安排好加工的工艺并在规定时间内完成。

━━━ 技能实训 ━━━

一、实训条件

实训条件见表16.7。

表 16.7　实训条件

项目	名称	型号
设备	CA6140 型卧式车床或同类型的车床	
量具	游标卡尺	0.02/0～150mm
	外径千分尺	0.01/0～25mm
	内径百分表	0.01/25～50mm
		0.01/18～36mm
	公法线千分尺	0.01/25～50mm
	三针	3.1mm
	万能角度尺	2′/0－320°
	塞规	莫式 3 号
	螺纹塞规	M30×1.5－6H
刀具	外圆刀	90°(粗、精车刀各一把)，YT15
	端面刀	45°，YT15
	切槽刀	$b \leqslant 5mm$
	外梯形螺纹刀	$a=30°$,高速钢(粗、精车刀各一把)
	麻花钻	$\phi 30mm, h \geqslant 30mm$
	内孔刀	$d \leqslant 20mm$(粗、精车刀各一把)，$l \geqslant 84mm$
	内沟槽刀	$b \leqslant 4mm$
	内三角螺纹刀	$a=60°$,高速钢
	中心钻	$d=3mm$，A 型或 B 型
工具	一字螺丝刀、活顶尖、锥柄钻夹头、钻套(与车床尾座相配)、活扳手、三爪钥匙、刀架钥匙、清扫工具等	
其他	铜皮、垫刀片、棉布、红丹粉、$\phi 42.5$ 开口套	

二、加工步骤与考核标准

加工步骤与考核标准见表 16.8。

表 16.8 螺纹连接杆的加工步骤与考核标准

序号	步骤	检测内容	配分	检测量具	评分标准	检测结果	得分
1	夹住毛坯外圆,伸出约 40mm,找正、夹紧 车外圆至 φ47mm 左右,长 20 调头夹住 φ47mm 外圆,靠紧卡盘端面,找正,夹紧 车端面,车平即可 钻中心孔 一夹一顶装夹	无					
2	粗车 φ42 外圆至 φ43,长 80 粗车 φ48 外圆至 φ49,长至卡盘 粗、精车槽宽 10,深至 φ33 精车 φ42 外圆 倒角 粗、精车梯形螺纹至尺寸	φ33、10 $φ42^{0}_{-0.425}$ 2-4×45°两处 Tr42×7-8e	2 4 2 8	游标卡尺 游标卡尺 目测 公法线千分尺	超差不得分 超差不得分 超差不得分 超差不得分		
3	退出顶尖,再次夹紧工件 用 φ15mm 麻花钻钻孔,钻通 粗、精车 φ20.2 孔,长 84 粗、精车锥孔 精车 φ48 外圆 去毛刺	φ20.2 84 $φ23.825^{+0.13}_{0}$ 莫式 3 号 $φ48^{0}_{-0.021}$ 毛刺	4 2 4 6 4 1	内径百分表 深度游标卡尺 游标卡尺 塞规 外径千分尺 目测	超差不得分 超差不得分 超差不得分 超差不得分 超差不得分 超差不得分		
4	调头,用铜皮或 φ42.5 开口套夹住梯形螺纹外圆,精确找正,夹紧 车端面,保证总长 143 粗、精车 φ26 孔,长 40 车内螺纹小径:φ28.5 粗、精车 φ45 外圆,长 50 车槽 倒角,去毛刺 车内沟槽 4×4 粗、精车螺纹 倒角	143±0.3 $φ26^{+0.033}_{0}$ $40^{+0.15}_{0}$ φ28.5 4×4 M30×1.5-6H 1×45° $φ45^{0}_{-0.025}$ $50^{+0.10}_{0}$ 5×φ36 $R_a1.6(8 处)$ $R_a3.2(5 处)$ $R_a6.3$ 毛刺	4 4 3 2 3 8 1 4 3 3 1 8 5 4	游标卡尺 内径百分表 深度游标卡尺 游标卡尺 目测 螺纹环规 目测 外径千分尺 深度游标卡尺 游标卡尺 目测 目测 目测 目测	超差不得分 超差不得分 超差不得分 超差不得分 超差不得分 超差不得分 超差不得分 超差不得分 超差不得分 超差不得分 超差不得分 超差不得分 超差不得分 超差不得分		
5	检查后卸下工件,注意存放工件	安全文明生产	10	目测	不符合要求不得分		
练习者		评分者			总分		

三、注意事项

1）ϕ15 麻花钻要锋利，两条主切削刃要对称，钻削时，进给速度慢一些，以保证孔表面的粗糙度值达到要求。

2）内锥部分较长，车削时不便观察，观察内锥时应注意安全。

任务5　车复合螺纹轴

任务目标

加工如图 16.5 所示的零件，达到图样所规定的要求。

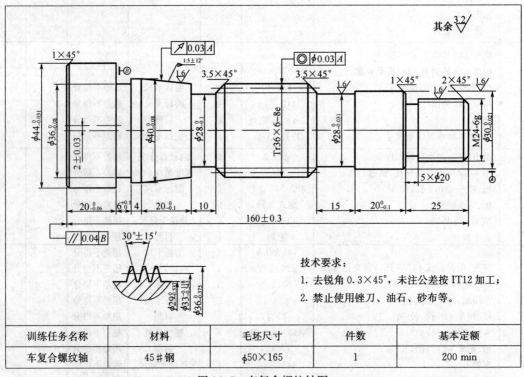

图 16.5　车复合螺纹轴图

训练任务名称	材料	毛坯尺寸	件数	基本定额
车复合螺纹轴	45♯钢	ϕ50×165	1	200 min

这是一个难度达到车工中级工要求的工件，由外圆、外圆锥、外梯形螺纹、外三角螺纹、槽以及偏心外圆构成，此件需注意的地方是外圆锥的加工。

技能实训

一、实训条件

实训条件见表 16.9。

表 16.9 实训条件

项目	名称	型号
设备	CA6140 型卧式车床或同类型的车床	
量具	游标卡尺	0.02/0～150mm
	外径千分尺	0.01/0～25mm
		0.01/25～50mm
	公法线千分尺	0.01/25～50mm
	三针	3.1mm
	百分表及表座	0.01/0～10mm
	万能角度尺	2′/0～320°
	螺纹环规	M24-6H
刀具	外圆刀	90°(粗、精车刀各一把)，YT15
	端面刀	45°，YT15
	切槽刀	b≤5mm
	外梯形螺纹刀	a＝30°，高速钢(粗、精车刀各一把)
	外三角螺纹刀	α＝60°，高速钢
	中心钻	d＝3mm，A 型或 B 型
工具	一字螺丝刀、活顶尖、锥柄钻夹头、钻套(与车床尾座相配)、活扳手、三爪钥匙、刀架钥匙、清扫工具等	
其他	铜皮、垫刀片、棉布、φ36.5 开口套	

二、加工步骤与考核标准

加工步骤与考核标准见表 16.10。

三、注意事项

1) 车削外圆锥的时候，避免刀具或小滑板与工件相碰，可以采取增大车刀副偏角和增加车刀伸出长度等方法。

2) 车削偏心外圆时，车刀应远离工件，切削速度不宜过高。

表 16.10　复合螺纹轴的加工步骤与考核标准

序号	步骤	检测内容	配分	检测量具	评分标准	检测结果	得分
1	夹住毛坯外圆,伸出约 40mm,找正、夹紧 车外圆至 ϕ47mm 左右,长 20 调头夹住 ϕ47mm 外圆,靠紧卡盘端面,找正,夹紧 车端面,车去 2mm 钻中心孔 一夹一顶装夹	无					
2	粗车外圆至 ϕ41,长 140 粗车外圆至 ϕ37,长 110 粗车外圆至 ϕ31,长 60 粗车外圆至 ϕ25,长 25 切槽 5×ϕ20 切槽 ϕ28 至 ϕ29,宽分别为 10,15 精车 ϕ36 外圆 倒角 粗、精车梯形螺纹 精车 ϕ24 外圆 倒角 粗、精车三角螺纹 精车 ϕ30 外圆 精车两处 ϕ28 外圆 精车 ϕ40 外圆 粗、精车外圆锥 切槽 6,切至 ϕ36 倒角,去毛刺	$5 \times \phi20$ $\phi36^{0}_{-0.375}$ $3.5 \times 45°$两处 $Tr36 \times 6 - 8\ e$ $\phi24$ $2 \times 45°$ $M24 - 6g$ $\phi30^{0}_{-0.021}$ $\phi28^{0}_{-0.031}$ $\phi28^{0}_{-0.1}$ $\phi40^{0}_{-0.08}$ $1:5$ $20^{0}_{-0.1}$ $6^{+0.1}_{0}$ $\phi36^{0}_{-0.08}$ 毛刺	2 2 2 9 2 1 6 3 3 2 3 6 2 2 3 2	游标卡尺 外径千分尺 目测 公法线千分尺 游标卡尺 目测 螺纹环规 外径千分尺 外径千分尺 外径千分尺 外径千分尺 万能角度尺 游标卡尺 游标卡尺 游标卡尺 目测	超差不得分 超差不得分 超差不得分 超差不得分 超差不得分 超差不得分 超差不得分 超差不得分 超差不得分 超差不得分 超差不得分 超差不得分 超差不得分 超差不得分 超差不得分 超差不得分		
3	调头,用 ϕ36.5 开口套包住梯形螺纹外圆,用百分表找偏心锥,夹紧工件 粗、精车偏心外圆 ϕ44 车端面,保证长度 20 和总长 160 倒角,去毛刺	2 ± 0.03 $\phi44^{0}_{-0.031}$ $20^{0}_{-0.06}$ 160 ± 0.3 $2 \times 45°$ $R_a1.6$(四处) $R_a3.2$ $\odot\ \phi0.03\ A$ $\nearrow\ 0.03\ A$ $//\ 0.04\ B$	5 3 3 2 1 8 10 3 2 3	百分表 外径千分尺 外径千分尺 游标卡尺 目测 目测 目测 百分表 百分表 百分表	超差不得分 超差不得分 超差不得分 超差不得分 超差不得分 超差不得分 超差不得分 超差不得分 超差不得分 超差不得分		
4	检查后卸下工件,注意存放工件	安全文明生产	10	目测	不符合要求不得分		
练习者			评分者			总分	

任务6 车偏心双头螺杆

任务目标

加工如图 16.6 所示的零件，达到图样所规定的要求。

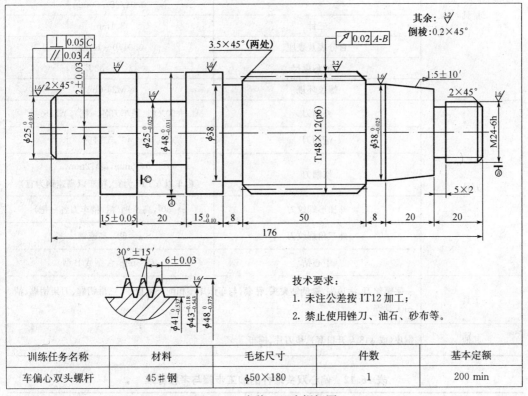

训练任务名称	材料	毛坯尺寸	件数	基本定额
车偏心双头螺杆	45#钢	φ50×180	1	200 min

图 16.6 车偏心双头螺杆图

这是一个难度达到车工中级工要求的工件，由外圆、外圆锥、外梯形螺纹、外三角螺纹、槽以及偏心外圆构成，此件的难点在于双线梯形螺纹的加工和保证形位公差要求。

技能实训

一、实训条件

实训条件见表 16.11。

二、加工步骤与考核标准

加工步骤与考核标准见表 16.12。

表 16.11　实训条件

项目	名称	型号
设备	CA6140 型卧式车床或同类型的车床	
量具	游标卡尺	0.02/0～150mm
	外径千分尺	0.01/0～25mm
	公法线千分尺	0.01/25～50mm
		0.01/25～50mm
	三针	3.1mm
	百分表及表座	0.01/0～10mm
	万能角度尺	2′/0～320°
	螺纹环规	M24-6h
刀具	外圆刀	90°(粗、精车刀各一把)，YT15
	端面刀	45°，YT15
	切槽刀	$b \leqslant 5mm, l \geqslant 12mm$ (粗车以 YT15 为宜、精车以高速钢为宜)
	外梯形螺纹刀	$\alpha = 30°$，高速钢(粗、精车刀各一把)
	外三角螺纹刀	$\alpha = 60°$，高速钢
	中心钻	$d = 3mm$，A 型或 B 型
工具	一字螺丝刀、活顶尖、锥柄钻夹头、钻套(与车床尾座相配)、活扳手、三爪钥匙、刀架钥匙、清扫工具等	
其他	铜皮(或 $\phi48.5$ 开口套)、垫刀片、棉布	

表 16.12　偏心双头螺杆的加工步骤与考核标准

序号	步骤	检测内容	配分	检测量具	评分标准	检测结果	得分
1	夹住毛坯外圆，伸出约 40mm，找正、夹紧 车外圆至 $\phi42mm$ 左右，长 20 调头夹住 $\phi42mm$ 外圆，靠紧卡盘端面，找正，夹紧 车端面，车平即可 钻中心孔 一夹一顶装夹	无					

续表

序号	步骤	检测内容	配分	检测量具	评分标准	检测结果	得分
2	粗车外圆至 φ49,长至卡盘	8,φ38	2	游标卡尺	超差不得分		
	粗车外圆至 φ39,长 47.9	$\phi48^{\ 0}_{-0.375}$	2	外径千分尺	超差不得分		
	粗车外圆至 φ25,长 19.9	3.5×45°	2	目测	超差不得分		
	切槽 8×φ38	Tr48×12(P6)	12	公法线千分尺	超差不得分		
	粗切槽 φ25 至 φ26,槽宽 20 至 19	φ24,20	2	游标卡尺	超差不得分		
	精车 φ48 外圆	5,2	2	游标卡尺	超差不得分		
	倒角	2×45°	1	目测	超差不得分		
	精车 φ24 外圆,长 20	M24-6h	8	螺纹环规	超差不得分		
	切槽 5×2	$\phi38^{\ 0}_{-0.025}$	4	外径千分尺	超差不得分		
	倒角	48	1	游标卡尺	超差不得分		
	粗、精车梯形螺纹	1:5	5	万能角度尺	超差不得分		
	粗、精车三角螺纹	20	1	游标卡尺	超差不得分		
	精车 φ38 外圆,长 48	$\phi48^{\ 0}_{-0.031}$	4	外径千分尺	超差不得分		
	粗、精车外圆锥	$\phi25^{\ 0}_{-0.025}$	4	外径千分尺	超差不得分		
	精车 φ48 外圆,长至卡盘	20	2	游标卡尺	超差不得分		
	精车槽,深至 φ25,宽 20,保证尺寸 15$^{\ 0}_{-0.1}$	$15^{\ 0}_{-0.1}$	2	游标卡尺	超差不得分		
	倒角,去毛刺	毛刺	2	目测	超差不得分		
3	调头,用 φ48.5 开口套包住梯形螺纹外圆,找正 调偏心距,百分表找正,夹紧 车端面,保证总长 176 粗、精车偏心外圆至 φ25,保证尺寸 15±0.03 倒角,去毛刺	2±0.03	5	百分表	超差不得分		
		176	2	游标卡尺	超差不得分		
		$\phi25^{\ 0}_{-0.031}$	4	外径千分尺	超差不得分		
		15±0.03	2	游标卡尺	超差不得分		
		$R_a1.6$(6 处)	1	目测	超差不得分		
		$R_a3.2$	6	目测	超差不得分		
		⊥ 0.05 C	5	目测	超差不得分		
		// 0.03 A	3	百分表	超差不得分		
		↗ 0.02 A-B	3	百分表	超差不得分		
			3	百分表	超差不得分		
4	检查后卸下工件,注意存放工件	安全文明生产	10	目测	不符合要求不得分		
练习者		评分者			总分		

三、注意事项

1) 双线梯形螺纹分线时应准确。加工时,应试切测量无误后再切削。

2) 调头找正应仔细、耐心。

任务 7　车梯形螺纹配合件

任务目标

加工如图 16.7 所示的零件,达到图样所规定的要求。

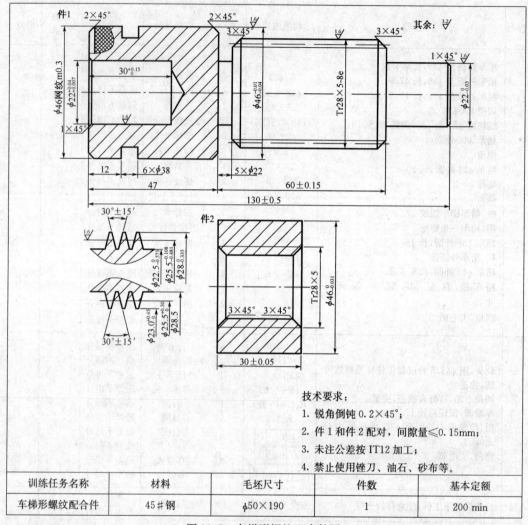

图 16.7　车梯形螺纹配合件图

训练任务名称	材料	毛坯尺寸	件数	基本定额
车梯形螺纹配合件	45#钢	φ50×190	1	200 min

技术要求：
1. 锐角倒钝 0.2×45°；
2. 件1和件2配对，间隙量≤0.15mm；
3. 未注公差按 IT12 加工；
4. 禁止使用锉刀、油石、砂布等。

这是一个配合件，难度达到车工中级工偏难要求，其中件1由外圆、外梯形螺纹、槽以及内孔、表面滚花构成，件2的内梯形螺纹与件1配合。此件的难点在于内、外梯形螺纹的配合加工。

━━━ 技能实训 ━━━

一、实训条件

实训条件见表 16.13。

表 16.13　实训条件

项目	名称	型号
设备	CA6140 型卧式车床或同类型的车床	
量具	游标卡尺	0.02/0～150mm
	外径千分尺	0.01/0～25mm
		0.01/25～50mm
	内径百分表	0.01/18～36mm
	公法线千分尺	0.01/25～50mm
	三针	2.6mm
刀具	外圆刀	90°(粗、精车刀各一把)
	端面刀	45°,YT15
	切槽刀	$b \leqslant 5mm, l \geqslant 13mm$
	外梯形螺纹刀	$a = 30°$,高速钢(粗、精车刀各一把,)
	滚花刀	网纹 m=0.3
	内孔刀	$d \leqslant 22mm$(粗、精车刀各一把)
	内梯形螺纹刀	$a = 30°$,高速钢(粗、精车刀各一把,)
	麻花钻	$\phi 20mm, l \geqslant 30mm$
	中心钻	$d = 3mm$,A 型或 B 型
工具	一字螺丝刀、活顶尖、锥柄钻夹头、钻套(与车床尾座相配)、活扳手、三爪钥匙、刀架钥匙、清扫工具等	
其他	铜皮(或 $\phi 28.5$ 开口套)、垫刀片、棉布	

二、加工步骤与考核标准

加工步骤与考核标准见表 16.14。

表 16.14　梯形螺纹配合件的加工步骤与考核标准

序号	步骤	检测内容	配分	检测量具	评分标准	检测结果	得分
1	夹住毛坯外圆,伸出约 40mm,找正、夹紧 车外圆至 $\phi 47mm$ 左右,长 20 调头夹住 $\phi 47mm$ 外圆,靠紧卡盘端面,找正,夹紧 车端面,车平即可 钻中心孔 一夹一顶装夹	无					

序号	步骤	检测内容	配分	检测量具	评分标准	检测结果	得分
2	粗车 $\phi46$ 外圆至 $\phi47$,长至卡盘 粗车 $\phi28$ 外圆至 $\phi29$,长 83 粗车 $\phi22$ 外圆至 $\phi23$,长 23,保证尺寸 60 车槽,宽 5,深至 $\phi22$ 精车 $\phi28$ 外圆 倒角 粗、精车梯形螺纹至尺寸 精车 $\phi22$ 外圆至尺寸 精车 $\phi46$ 外圆至尺寸 车槽,宽 6,深至 $\phi38$ 在长度 130 处切槽,深至 $\phi38$ 滚花 倒角 去毛刺	60 ± 0.15 $5\times\phi22$ $\phi28^{0}_{-0.335}$ $3\times45°$两处 Tr28$\times$5－8 e $\phi22^{0}_{-0.03}$ $\phi46^{-0.01}_{-0.04}$ $6\times\phi38$ $\phi46$ 网纹 1.2 $2\times45°$两处 毛刺	2 3 2 2 8 4 4 3 5 1 1	游标卡尺 游标卡尺 游标卡尺 目测 公法线千分尺 外径千分尺 外径千分尺 游标卡尺 目测 目测 目测	超差不得分 超差不得分 超差不得分 超差不得分 超差不得分 超差不得分 超差不得分 超差不得分 超差不得分 超差不得分 超差不得分		
3	调头,用铜皮包住梯形螺纹外圆,找正加紧 平端面,车平即可 钻中心孔 用 $\phi20$mm 麻花钻钻孔,长 50 粗车内螺纹小径 $\phi23$ 至 $\phi22$(件 2),长 32 孔口倒角 $3.5\times45°$ 粗、精车 $\phi46$ 外圆,长 32 将件 2 切下,长 30.5,放置一边	$\phi46^{0}_{-0.031}$	4	外径千分尺	超差不得分		
4	将多余的材料切掉,保证件 1 长 131 粗、精车端面,保证尺寸 12,47 和总长 130 用 $\phi20$mm 麻花钻续钻孔,长 30 粗、精车 $\phi22$ 孔 孔口倒角 卸下件 1	12、47 130 ± 0.50 $\phi22^{+0.021}_{+0.007}$ $1\times45°$	2 3 4 1	游标卡尺 游标卡尺 内径百分表 目测	超差不得分 超差不得分 超差不得分 超差不得分		
5	用铜皮包住件 2 的 $\phi46$ 外圆,找正加紧 车端面,保证总长 30,去毛刺 精车内螺纹小径至 $\phi23$ 倒角 $3\times45°$ 粗、精车内梯形螺纹,用件 1 配合控制尺寸	30 ± 0.05 $\phi23$ $3\times45°$ Tr28$\times$5 配合间隙$\leqslant$0.06 $R_a1.6$(6 处) $R_a3.2$	2 2 1 8 10 6 8	游标卡尺 游标卡尺 目测 目测 件 1 配合 目测 目测	超差不得分 超差不得分 超差不得分 超差不得分 超差不得分 超差不得分 超差不得分		
6	检查后卸下工件,注意存放工件	安全文明生产	10	目测	不符合要求不得分		

练习者		评分者			总分		

三、注意事项

1) 滚花时,应选择合适的切削深度。转速、进给都要慢。

2）加工内梯形螺纹时，要小心、仔细，中滑板定位要准确，避免因多摇一圈而发生扎刀现象。

任务8　车蜗杆轴

任务目标

加工如图 16.8 所示的零件，达到图样所规定的要求。

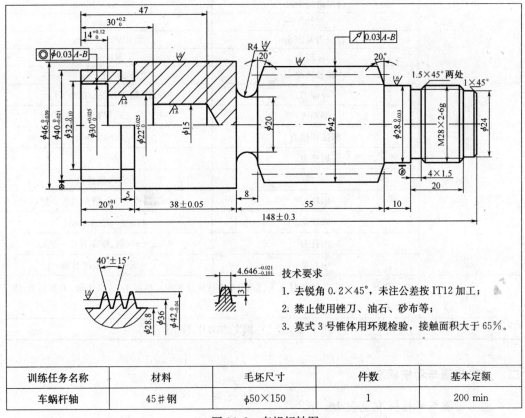

训练任务名称	材料	毛坯尺寸	件数	基本定额
车蜗杆轴	45#钢	φ50×150	1	200 min

图 16.8　车蜗杆轴图

这是一个难度达到车工中级工要求的工件，由外圆、蜗杆、圆弧槽、外三角螺纹以及内孔构成，除圆弧槽和蜗杆外，其他各项加工内容都较为基本。

技能实训

一、实训条件

实训条件见表 16.15。

表 16.15 实训条件

项目	名称	型号
设备	CA6140 型卧式车床或同类型的车床	
量具	游标卡尺	0.02/0~150mm
	外径千分尺	0.01/0~25mm
		0.01/25~50mm
	内径百分表	0.01/18~36mm
	齿厚游标卡尺	0.02/m1~18mm
	三针	3.1mm
	百分表及表座	0.01/0~10mm
	R 规	R1~7
	螺纹环规	M28×2-6g
刀具	外圆刀	90°(粗、精车刀各一把),YT15
	端面刀	45°,YT15
	圆弧切槽刀	$R=4, l \geqslant 10mm$
	切槽刀	$b \leqslant 4$
	外三角螺纹刀	$\alpha=60°$,高速钢
	蜗杆刀	$\alpha=40°$,高速钢(粗、精车刀各一把,)
	麻花钻	$\phi 15mm, l \geqslant 47mm$
	内孔刀	$d \leqslant 22mm$(粗、精车刀各一把)
	中心钻	$d=3mm$,A 型或 B 型
工具	一字螺丝刀、活顶尖、锥柄钻夹头、钻套(与车床尾座相配)、活扳手、三爪钥匙、刀架钥匙、清扫工具等	
其他	铜皮、垫刀片、棉布	

二、加工步骤与考核标准

加工步骤与考核标准见表 16.16。

表 16.16 蜗杆轴的加工步骤与考核标准

序号	步骤	检测内容	配分	检测量具	评分标准	检测结果	得分
1	夹住毛坯外圆,伸出约 40mm,找正、夹紧 车外圆至 $\phi 44mm$ 左右,长 20 调头夹住 $\phi 44mm$ 外圆,靠紧卡盘端面,找正,夹紧 车端面,车平即可 钻中心孔 一夹一顶装夹						

续表

序号	步骤	检测内容	配分	检测量具	评分标准	检测结果	得分
2	粗车外圆φ46至φ47,长至卡盘 粗车外圆φ42至φ43,长90 粗车外圆φ28至φ29,长35 用切槽刀车槽,宽8,深至φ28 精车φ42外圆 倒角 车槽4×1.5 粗、精车φ24外圆,保证长度20 倒角 粗、精车蜗杆 精车三角螺纹大径 粗、精车三角螺纹 精车φ28外圆,长10 用圆弧刀切槽,长至φ20 精车φ46外圆,长至卡盘 去毛刺	55	1	游标卡尺	超差不得分		
		8	1	游标卡尺	超差不得分		
		$\phi42_{-0.04}^{0}$	4	外径千分尺	超差不得分		
		20°	1	目测	超差不得分		
		φ28.8	1	游标卡尺	超差不得分		
		φ36	7	公法线千分尺	超差不得分		
		$4.646_{-0.081}^{0}$	3	齿厚游标卡尺	超差不得分		
		4×1.5	2	游标卡尺	超差不得分		
		φ24	1	游标卡尺	超差不得分		
		20	1	游标卡尺	超差不得分		
		1×45°	1	目测	超差不得分		
		1.5×45°(两处)	1	目测	超差不得分		
		φ28	1	游标卡尺	超差不得分		
		M28×2	6	螺纹环规	超差不得分		
		$\phi28_{-0.033}^{0}$	4	外径千分尺	超差不得分		
		10	1	游标卡尺	超差不得分		
		R4	3	R规	超差不得分		
		φ20	2	外径千分尺	超差不得分		
		$\phi46_{-0.039}^{0}$	4	外径千分尺	超差不得分		
		毛刺	1	目测	超差不得分		
3	调头,用铜皮包住φ46外圆,找正,保证同轴度公差 车端面,保证总长148 钻中心孔 用φ15的麻花钻钻孔,长47 粗车φ22孔至φ23,长29.5 粗车φ30孔至φ31,长13.5 精车φ22孔,长30 精车φ30孔,长14 粗、精车φ40外圆,长20 车槽,宽5,深至φ32 去毛刺	148±0.03	3	游标卡尺	超差不得分		
		φ15	2	内径百分表	超差不得分		
		$\phi22_{0}^{+0.025}$	4	外径千分尺	超差不得分		
		$30_{0}^{+0.2}$	2	游标卡尺	超差不得分		
		$\phi30_{0}^{+0.025}$	4	外径千分尺	超差不得分		
		$14_{0}^{+0.12}$	3	游标卡尺	超差不得分		
		$\phi25_{-0.021}^{0}$	4	外径千分尺	超差不得分		
		$20_{0}^{+0.1}$	2	游标卡尺	超差不得分		
		$5、\phi32_{-0.10}^{0}$	2	游标卡尺	超差不得分		
		$R_a1.6$(6处)	6	目测	超差不得分		
		$R_a6.3$	5	目测	超差不得分		
		◎ | φ0.03 | A-B	3	百分表	超差不得分		
		↗ | 0.03 | A-B	3	百分表			
		毛刺	1	目测	超差不得分		
4	检查后卸下工件,注意存放工件	安全文明生产	10	目测	不符合要求不得分		
练习者		评分者			总分		

三、注意事项

1）车削蜗杆时，由于切削深度较大，在刃磨蜗杆刀时，应注意将左边的副后角磨的足够大，以免左后刀面与工件相碰。

2）圆弧切槽刀刃磨时，将圆弧 R4 刃磨精确，加工时可直接进给保证尺寸，一次成形。

附录　车工技能的有关资料

附录1　初级车工应知模拟试卷（1）

一、选择题

1. 物体三视图的投影规律是：主俯视图（　　）。
   A. 长对正　　　　　B. 高平齐　　　　　C. 宽相等　　　　　D. 上下对齐

2. 假想用剖切面剖开机件，将处在观察者和剖切面之间的部分移去，而将其余部分向投影面投影所得到的图形，称为（　　）。
   A. 剖视图　　　　　B. 剖面图　　　　　C. 局部剖视图　　　　　D. 移出剖视图

3. 外螺纹的规定画法是牙顶（大径）及螺纹终止线用（　　）表示。
   A. 细实线　　　　　B. 细点划线　　　　　C. 粗实线　　　　　D. 波浪线

4. 退刀槽和越程槽的尺寸标注可标注成（　　）。
   A. 直径×槽深　　　　B. 槽深×直径　　　　C. 槽深×槽宽　　　　D. 槽宽×槽深

5. 读零件图一般分四个步骤，第一步是看（　　）。
   A. 尺寸标注　　　　B. 视图　　　　　C. 标题栏　　　　　D. 技术要求

6. 千分尺固定套筒上的刻线间距为（　　）mm。
   A. 1　　　　　　B. 0.5　　　　　C. 0.01　　　　　D. 0.001

7. 千分尺的活动套筒转动一圈，测微螺杆移动（　　）。
   A. 1mm　　　　B. 0.5mm　　　　C. 0.01mm　　　　D. 0.001mm

8. 游标高度尺一般用来（　　）。
   A. 测直径　　　　　　　　　　　B. 测齿高
   C. 测高和划线　　　　　　　　　D. 测高和测深度

9. 在满足功能要求的前提下，表面粗糙度应尽量选用（　　）数值。
   A. 较大　　　　　B. 常用　　　　　C. 较小　　　　　D. 中等

10. 联接螺纹多用（　　）螺纹。
    A. 梯形　　　　　B. 三角形　　　　　C. 锯齿形　　　　　D. 矩形

11. 要求在两轴相距较远，工作条件恶劣的环境下传递较大功率宜选用（　　）。
    A. 带传动　　　　B. 链传动　　　　C. 齿轮传动　　　　D. 螺旋传动

12. 齿轮的标准压力角和标准模数都在（　　）圆上。
    A. 齿顶　　　　　B. 齿根　　　　　C. 分度　　　　　D. 基圆

13. 电动机靠（　　）部分输出机械转矩。
　　A. 定子　　　　　　B. 转子　　　　　　C. 接线盒　　　　　D. 风扇

14. 制造锉刀应选用（　　）材料。
　　A. T8　　　　　　B. T10　　　　　　C. T7　　　　　　D. T12

15. HB 是（　　）硬度的符号。
　　A. 洛氏　　　　　　B. 维氏　　　　　　C. 布氏　　　　　D. 克氏

16. 钢制件的硬度在（　　）范围内，其切削加工性能最好。
　　A. HBS＜140　　　　　　　　　　　　B. HBS170～230
　　C. HBS300～450　　　　　　　　　　D. HBW450～650

17. 为提高低碳钢的切削加工性，通常采用（　　）处理。
　　A. 完全退火　　　B. 球化退火　　　C. 去应力退火　　　D. 正火

18. 65Mn 钢弹簧，淬火后应进行（　　）。
　　A. 高温回火　　　B. 中温回火　　　C. 低温回火　　　D. 完全退火

19. 滑板部分由（　　）组成。
　　A. 滑板箱、滑板和刀架　　　　　　B. 滑板箱、中滑板和刀架
　　C. 滑板箱、丝杠和刀架　　　　　　D. 滑板箱、滑板和导轨

20. 尾座的作用是用来（　　）。
　　A. 调整主轴转速　　B. 安装顶尖　　　C. 传动　　　　　D. 制动

21. 车床外露的滑动表面，擦净后（　　）润滑。
　　A. 油绳　　　　　　B. 输油　　　　　C. 溅油　　　　　D. 用油壶浇油

22. 车床进给部分由（　　）组成。
　　A. 进给箱、挂轮箱和光杠　　　　　B. 挂轮箱、丝杠和光杠
　　C. 进给箱、丝杠和光杠　　　　　　D. 进给箱、走刀箱和光杠

23. 车床一级保养（　　）进行。
　　A. 以操作工人为主，维修工人配合　　B. 以操作工人为主
　　C. 以维修工人为主　　　　　　　　D. 以专业维修人员为主

24. 副偏角的作用是减少副切削刃与（　　）表面的摩擦。
　　A. 工件已加工　　B. 工件待加工　　C. 工件加工　　　D. 工件

25. 有一工件已加工表面有拉毛现象，应考虑（　　）。
　　A. 增大后角　　　B. 增大副偏角　　C. 选择正刃倾角　　D. 增大前角

26. 加工塑性金属材料应选用（　　）硬质合金。
　　A. P 类　　　　　B. K 类　　　　　C. M 类　　　　　D. H 类

27. 车刀安装高低对（　　）角有影响。
　　A. 主偏　　　　　B. 副偏　　　　　C. 前　　　　　　D. 刀尖

28. 当（　　）时，应选用较大前角。
　　A. 工件材料硬　　B. 精加工　　　　C. 车刀材料强度差　D. 半精加工

29. 当（　　）时，应选用较大后角。
    A. 工件材料硬　　　　　　　　　　　B. 精加工
    C. 车刀材料强度差　　　　　　　　　D. 切断刀的后角

30. 当加工工件由中间切入时，副偏角应选用（　　）。
    A. $6°\sim8°$　　　　B. $45°\sim60°$　　　　C. $90°$　　　　D. $100°$

31. 副偏角一般采用（　　）左右。
    A. $6°\sim8°$　　　　B. $20°$　　　　C. $1°\sim1.5°$　　　　D. $45°\sim60°$

32. 刃磨高速钢车刀应用（　　）砂轮。
    A. 碳化硅　　　　B. 氧化铝　　　　C. 碳化硼　　　　D. 金刚石

33. （　　）砂轮适用于硬质合金车刀的刃磨。
    A. 氧化铝　　　　B. 绿色碳化硅　　　　C. 碳化硼　　　　D. 黑色碳化硅

34. 当（　　）时，可提高刀具寿命。
    A. 主偏角大　　　　B. 材料强度高　　　　C. 高速切削　　　　D. 使用冷却液

35. 以 $V=30\text{m/min}$ 的切削速度将一轴的直径从 50.13mm 一次进给车到 50.06mm，则切削深度 a_p 为（　　）mm。
    A. 0.07　　　　B. 0.035　　　　C. 0.35　　　　D. 0.7

36. 切削速度的计算公式是（　　）。
    A. $V=\pi Dn\ \text{m/min}$　　　　　　B. $V=(\pi Dn/1000)\ \text{m/min}$
    C. $V=\pi Dn\ \text{m/s}$　　　　　　　D. $V=Dn/318)\ \text{r/min}$

37. 粗车时，选择切削用量的顺序是（　　）。
    A. $a_p\to v_c\to f$　　B. $f\to a_p\to v_c$　　C. $v_c\to f\to a_p$　　D. $a_p\to f\to v_c$

38. 钻削时，切削液主要起（　　）作用。
    A. 冷却　　　　B. 润滑　　　　C. 清洗　　　　D. 防锈

39. 用高速钢车刀精加工钢件时，应选用以（　　）为主的切削液。
    A. 冷却　　　　B. 润滑　　　　C. 清洗　　　　D. 防锈

40. （　　）时，易产生积屑瘤。
    A. 使用切削液　　　　　　　　　　　B. 切削脆性材料
    C. 前刀面表面粗糙度大　　　　　　　D. 低速切削

41. （　　）时，可避免积屑瘤的产生。
    A. 小前角　　　　　　　　　　　　　B. 中等切削速度
    C. 前刀面表面粗糙度大
    D. 高速钢车刀低速切削，或硬质合金车刀高速切削

42. 加工中用作定位的基准称为（　　）基准。
    A. 定位　　　　B. 工艺　　　　C. 设计　　　　D. 测量

43. 轴类零件一般以外圆作为（　　）基准。
    A. 定位　　　　B. 工艺　　　　C. 设计　　　　D. 测量

44. （　　）形状可以根据工件形状需要进行加工。

    A. 软卡爪   B. 三爪卡盘   C. 四爪卡盘   D. 花盘

45. 中心架应固定在（　　）上。

    A. 大滑板   B. 中滑板   C. 导轨   D. 床身

46. 工件外圆形状许可时，粗车刀主偏角最好选（　　）左右。

    A. 45°   B. 75°   C. 90°   D. 60°

47. 外圆精车刀的特点是（　　）。

    A. 负值刃倾角   B. 有较大的刀尖角

    C. 刀刃平直、光洁   D. 足够的强度

48. 外圆精车时须使切屑流向待加工表面，所以应选（　　）刃倾角。

    A. 负   B. 正   C. 零   D. 较大的负

49. 找正比较费时的装夹方法是（　　）。

    A. 两顶尖   B. 一夹一顶   C. 自定心盘   D. 单动卡盘

50. 自定心卡盘适用装夹（　　）的工件。

    A. 大型、规则   B. 大型、不规则   C. 小型、规则   D. 长轴类

51. 套类工件加工的特点是（　　）。

    A. 刀杆刚性差   B. 用定尺寸刀具加工孔，不用测量

    C. 不用观察孔的切削情况   D. 质量比外圆容易保证

52. 麻花钻的（　　）在钻削时主要起夹持定心和传递扭矩作用。

    A. 柄部   B. 颈部   C. 切削部分   D. 工作部分

53. 通孔车刀，为了防止振动，（　　）应磨得大些。

    A. 主偏角   B. 副偏角   C. 刃倾角   D. 后角

54. 车孔的关键技术是解决内孔（　　）问题。

    A. 车刀的刚性   B. 排屑

    C. 车刀的刚性和排屑   D. 车刀的刚性和冷却

55. 铰孔时，干切削，孔径会（　　）；使用乳化液，孔径会（　　）。

    A. 扩大、缩小   B. 缩小、扩大   C. 缩小、缩小   D. 扩大、扩大

56. 铰孔前要求孔的表面粗糙度要小于（　　）μm。

    A. $R_a 6.4$ B. $R_a 3.2$ C. $R_a 1.6$ D. $R_z 3.2$

57. 当圆锥角（　　）时，可以用近似公式计算圆锥半角。

    A. $\alpha < 6°$ B. $\alpha < 3°$ C. $\alpha < 12°$ D. $\alpha < 8°$

58. 100 号米制圆锥的大端直径是（　　）。

    A. 100mm   B. 120mm   C. 160mm   D. 200mm

59. 偏移尾座法可加工（　　）的圆锥。

    A. 长度较长，锥度较小   B. 内外圆锥

    C. 有多个圆锥面   D. 长度较长，任意锥度

60. 有一外圆锥，$D=75\text{mm}, d=70\text{mm}, L=100mm, L_0=120\text{mm}$，则尾座偏移量为（　　）mm，应向（　　）方向调整。

  A. 3、操作者   B. 3、远离操作者

  C. 6、操作者   D. 6、远离操作者

61. （　　）车圆锥质量好，可机动进给车内外圆锥。

  A. 偏移尾座法   B. 宽刃车削法

  C. 仿形法   D. 转动小滑板法

62. 加工直径较小的内圆锥时，可用（　　）来加工。

  A. 铰内圆锥法   B. 宽刃车削法

  C. 仿形法   D. 转动小拖板法

63. 外圆锥双曲线误差是中间（　　），内圆锥双曲线误差是中间（　　）。

  A. 突出、凹进   B. 凹进、突出   C. 突出、突出   D. 凹进、凹进

64. 研磨可以获得很高的精度和极小的表面粗糙度，还可以改善工件的（　　）误差。

  A. 形状或位置   B. 形状和位置   C. 形状   D. 位置

65. 普通螺纹中径 $D_2=$（　　）。

  A. $D-0.5P$ B. $D-0.6495P$ C. $D-2m$ D. $D-P$

66. 1in 内 12 牙的螺纹其螺距为（　　）mm。

  A. 2.12   B. 12   C. 25.4   D. 0.083

67. 用螺纹密封的圆锥管螺纹其锥度为（　　）。

  A. 1:16   B. 1:20   C. 1:10   D. 7:24

68. 高速车螺纹时，硬质合金螺纹车刀的刀尖角应（　　）螺纹的牙型角。

  A. 大于   B. 等于   C. 小于   D. 大于或等于

69. 车削右螺纹时因受螺旋运动的影响，车刀左刃前角右刃后角（　　）。

  A. 不变   B. 增大   C. 减小   D. 突变

70. 高速车螺纹时，一般选用（　　）法车削。

  A. 直进   B. 左右切削   C. 斜进   D. 车直槽

71. 安装螺纹车刀时，车刀刀尖的对称中心线与工件轴线（　　），否则车出的牙形歪斜。

  A. 必须平行   B. 必须垂直   C. 没影响   D. 等高

72. 在丝杆螺距为 6mm 的车床上车削（　　）螺纹不会产生乱扣。

  A. M8   B. M12   C. M20   D. M24

73. 测量外螺纹中径精确的方法是（　　）。

  A. 三针测量   B. 螺纹千分尺   C. 螺纹量规   D. 游标卡尺

74. 车床操作过程中，（　　）。

  A. 不准接触运动着的工件   B. 离开时间短不用停车

  C. 短时间离开不用切断电源   D. 卡盘停不稳可用手扶住

75. 在砂轮机上，可以磨（　　）。

　　A. 木材　　　　　B. 钢　　　　　C. 铝　　　　　D. 铜

76. 下班前，应清除车床上切屑，擦净加油，大滑板摇至（　　）。

　　A. 床头一端　　　B. 床尾一端　　　C. 床身中间　　　D. 任何位置

77. 一般划线精度只能达到（　　）mm。

　　A. 0.05～0.1　　B. 0.1～0.2　　C. 0.25～0.5　　D. 0.5～1.0

78. 一般来说，粗磨时选用（　　）砂轮，精磨时选用（　　）砂轮。

　　A. 粗粒度　细粒度　　　　　　B. 细粒度　细粒度

　　C. 细粒度　粗粒度　　　　　　D. 粗粒度　粗粒度

79. 保证热轧和锻造产品质量，（　　）是一个重要环节。

　　A. 预热　　　　　B. 加热　　　　　C. 保温　　　　　D. 冷却

80. 用交流电源施焊，（　　）。

　　A. 工件应接正极，电焊条应接负极　　B. 工件应接负极，电焊条应接正极

二、判断题

（　　）81. 中心投影法中，投影线与投影面垂直时的投影称为正投影。

（　　）82. 点的正面投影和水平投影的连线垂直于 x 轴。

（　　）83. 圆柱度公差、同轴度公差、圆度公差属于形状公差。

（　　）84. 构件是机器的运动单元。

（　　）85. 车削有硬皮的工件时，为使车刀锋利，可取较大前角。

（　　）86. 硬质合金车刀应取较大后角，高速钢车刀应取较小的后角。

（　　）87. 车削加工就是在车床上利用工件和刀具的旋转运动来改变毛坯的形状和尺寸，把它加工成符合图样要求的零件。

（　　）88. CA6140 型车床，其床身最大回转直径为 40mm。

（　　）89. 牌号 YT5 属于 K 类硬质合金。

（　　）90. 切断刀的副后角应取得较大。

（　　）91. 圆锥大小端直径可用圆锥界限量规来检验。

（　　）92. M24×2 螺纹的小径尺寸为 21.84mm。

（　　）93. 装夹车刀时，压刀螺钉，应先拧紧前面的，然后拧紧后面的。

（　　）94. 增大刀尖圆弧半径，可减小表面粗糙度。

（　　）95. 车削螺纹时，车刀进给方向的工作后角减小。

（　　）96. 高速车螺纹时，只能采用直进法。

（　　）97. 车削螺纹时，车刀进给方向的工作后角减小。

（　　）98. 在砂轮上能磨铜件，不能磨木板。

（　　）99. 高速车削螺纹时，应使用硬质合金车刀。

（　　）100. 铸件中细小而较为分散的孔眼称为缩孔，容积大而集中的孔眼称为缩松。

附录2 初级车工应知模拟试卷（2）

一、选择题

1. 一组射线通过物体射向预定平面上而得到图形的方法称为（　　）。

A. 中心投影法　　　　B. 平行投影法　　　　C. 投影法　　　　D. 正投影

2. 空间一直线（　　）于投影面时的投影应当是点。

A. 平行　　　　B. 垂直　　　　C. 倾斜　　　　D. 任意方位

3. （　　）仅画出机件断面的图形。

A. 半剖视图　　　　B. 三视图　　　　C. 剖面图　　　　D. 剖视图

4. 在机械零件图上标注"比例1∶2"表示（　　）。

A. 图样比实物大　　　　　　　　B. 图样比实物小

C. 图样和实物一样大　　　　　　D. 图样与实物大小无关

5. 拆卸画法是（　　）特有的特殊表达方法之一。

A. 零件图　　　　B. 视图　　　　C. 装配图　　　　D. 剖视图

6. 0.02mm的游标卡尺，当游标卡尺读数为30.42时，游标上第（　　）格与主尺刻线对齐。

A. 30　　　　B. 21　　　　C. 42　　　　D. 49

7. 万能角度尺可以测量（　　）范围的任何角度。

A. 0～360°　　　　B. 50～140°　　　　C. 0～320°　　　　D. 0～180°

8. 扇形游标量角器测量梯形螺纹牙型角误差，适用于（　　）。

A. 低精度测量　　　　　　　　B. 高精度测量

C. 中等精度测量　　　　　　　D. 所有精度测量

9. 下列符号中属于形状公差的是（　　）。

A. ⊥　　　　B. ∥　　　　C. ∠　　　　D. ○

10. 百分表每次使用完毕后要将测量杆擦净，应（　　），放入盒内保管。

A. 涂上油脂　　　　　　　　B. 上机油

C. 拿测量杆，以免变形　　　　D. 让测量杆处于自由状态

11. EI≥es的孔轴配合是（　　）。

A. 间隙配合　　　　B. 过盈配合　　　　C. 过渡配合　　　　D. 不能确定

12. 齿轮传动的特点是（　　）。

A. 传递的功率和速度范围较大

B. 也可利用摩擦力来传递运动或动力

C. 传动效率低，但使用寿命长

D. 齿轮的制造，安装要求不高

13.（　　）是制造单元。

    A. 机械　　　　　　　B. 机器　　　　　　　C. 零件　　　　　D. 机构

14. 机床的第一级传动，大都采用（　　）。

    A. 链传动　　　　　　B. 螺旋传动　　　　　C. 齿轮传动　　　D. 带传动

15. 下列牌号中属于变形铝合金的是（　　）。

    A. L6　　　　　　　　B. LF　　　　　　　　C. ZL101　　　　D. H62

16. 直齿圆柱齿轮传动中，当两个齿轮的（　　）相等时，这两个齿轮才能啮合。

    A. 压力角和模数　　　　　　　　　　　　　B. 模数

    C. 压力角　　　　　　　　　　　　　　　　D. 齿数和模数

17. 钢制件的硬度在（　　）范围内，其切削加工性能最好。

    A. HBS<140　　　　　　　　　　　　　　B. HBS170～230

    C. HBS300～450　　　　　　　　　　　　D. HBW450～650

18. 过共析钢的淬火加热温度应选择在（　　）。

    A. A_{C1} 以下　　　　　　　　　　　　　　B. A_{C1}＋（30～50°）

    C. A_{C3}＋（30～50°）　　　　　　　　　D. A_{CCM}＋（30～50°）

19. 人工呼吸法适用于（　　）的触电者。

    A. 有心跳无呼吸　　　B. 无心跳无呼吸　　　C. 无心跳有呼吸　D. 大脑未死

20. 制造手锤应选用（　　）材料。

    A. T4　　　　　　　　B. T10　　　　　　　C. T7　　　　　　D. T12

21. CM6136 表示床身上最大工件回转直径为（　　）mm 的精密卧式车床。

    A. 136　　　　　　　　B. 360　　　　　　　C. 720　　　　　D. 180

22. 车床主轴前轴承等重要润滑部位采用（　　）润滑。

    A. 油泵输油　　　　　B. 溅油　　　　　　　C. 油绳　　　　　D. 浇油

23. 确定碳钢淬火加热温度的基本依据是（　　）。

    A. C—曲线图　　　　　　　　　　　　　　B. Fe-Fe_3C 相图

    C. 钢的 Ms 线　　　　　　　　　　　　　　D. 钢的 Mf 线

24. CA6140 型车床代号中 C 表示（　　）类。

    A. 车床　　　　　　　B. 钻床　　　　　　　C. 磨床　　　　　D. 刨床

26.（　　）是挂轮箱的作用。

    A. 变换箱内齿轮，可车削螺纹或蜗杆

    B. 改变运动

    C. 改变进给量

    D. 变换箱内齿轮，可车削不同旋向螺纹

27. 车床丝杠能使滑板和车刀在车削螺纹时按要求的速比作很精确的（　　）。

    A. 旋转运动　　　　　B. 横向进给　　　　　C. 直线移动　　　D. 机动进给

28. 主轴箱内的润滑油一般（　　）个月更换一次。

A. 五　　　　　　B. 一　　　　　　C. 三　　　　　　D. 六

29. （　　）是车刀后刀面与切削平面之间的夹角。

　　A. 后角　　　　B. 主偏角　　　　C. 副偏角　　　　D. 楔角

30. 刀具的刃倾角是（　　）与基面间的夹角。

　　A. 前刀面　　　B. 副切削刃　　　C. 刀尖　　　　　D. 主切削刃

31. 控制切屑排屑方向的角度是（　　）。

　　A. 主偏角　　　B. 前角　　　　　C. 刃倾角　　　　D. 后角

32. 常温下刀具材料的硬度应在（　　）以上。

　　A. HRC50　　　B. HRC60　　　　C. HRC80　　　　D. HRC100

33. 刃磨车刀时，刃磨主后刀面，同时磨出（　　）。

　　A. 主后角和刀尖角　　　　　　　　B. 主后角和副偏角

　　C. 主后角和主偏角　　　　　　　　D. 主后角和副后角

34. 切削用量是表示（　　）运动大小的参数。

　　A. 主运动及进给　B. 主　　　　　C. 切削　　　　　D. 进给

35. 车削时，（　　）是主运动。

　　A. 工件的旋转　　B. 车刀的移动　　C. 钻头钻孔　　　D. 吃刀

36. 以 $V=60\text{m/min}$ 的切削速度将一轴的直径从 50mm 一次进给车到 45mm，则切削深度 a_p 为（　　）mm。

　　A. 5　　　　　　B. 2.5　　　　　C. 10　　　　　　D. 15

37. 切削速度是表示（　　）运动大小的参数。

　　A. 工作　　　　B. 切削　　　　　C. 进给　　　　　D. 主

38. 切削用量三要素包括（　　）。

　　A. 切削厚度、切削宽度、进给量

　　B. 切削速度、切削深度、进给量

　　C. 切削速度、切削宽度、进给量

　　D. 切削速度、切削厚度、进给量

39. 用高速钢车刀精车时，应选（　　）。

　　A. 较大的切削速度　　　　　　　　B. 较高的转速

　　C. 较低的转速　　　　　　　　　　D. 较大的进给量

40. 粗加工时，切削液主要起（　　）作用。

　　A. 冷却　　　　B. 润滑　　　　　C. 清洗　　　　　D. 防锈

41. 粗车时的切削用量，一般以（　　）为主。

　　A. 保证质量　　　　　　　　　　　B. 提高生产率

　　C. 保证形位精度　　　　　　　　　D. 保证尺寸精度

42. 精车时，以（　　）为主。

　　A. 保证刀具强度　　　　　　　　　B. 提高效率

　　C. 提高精度　　　　　　　　　　　D. 保证精度要求

43. （   ）时，可避免积屑瘤的产生。

    A. 大前角   B. 中等切削速度

    C. 前刀面表面粗糙度大   D. 加大切削深度

44. 套类零件一般以（   ）作为定位基准。

    A. 两中心孔   B. 外圆   C. 内孔   D. 阶台

45. 加工外圆大、内孔小、长度短的工件时，应以（   ）为基准保证位置精度。

    A. 中心孔   B. 内孔   C. 外圆   D. 心轴

46. 软卡爪是用（   ）制造的。

    A. 铜合金   B. W18Cr4V   C. 淬火钢   D. 45 钢

47. 小锥度心轴（   ）。

    A. 轴向定位准确   B. 定心精度高

    C. 装卸方便   D. 承受切削大

48. 大型、不规则的工件应选用（   ）。

    A. 两顶尖   B. 一夹一顶   C. 自定心盘   D. 单动卡盘

49. 外圆粗车刀应选择（   ）的车刀。

    A. 主偏角为 75°   B. 磨修光刃

    C. 断屑槽应深些、窄些   D. 较大的后角

50. 轴类工件为了保证每次装夹时装夹精度，可用（   ）装夹。

    A. 两顶尖   B. 一夹一顶   C. 自定心卡盘   D. 四爪卡盘

51. 外圆精车刀断屑槽的大小应（   ）。

    A. 窄些、浅些   B. 宽些、深些

    C. 宽些、浅些   D. 深些、窄些

52. 麻花钻的横刃斜角一般为（   ）。

    A. 45°   B. 55°   C. 65°   D. 75°

53. 扩孔精度一般可达（   ）。

    A. IT3～IT6   B. IT9～IT10

    C. IT12～IT116   D. IT5～IT7

54. 盲孔车刀主偏角大于（   ）。

    A. 60°   B. 75°   C. 90°   D. 30°

55. 麻花钻由（   ）组成。

    A. 柄部、颈部和螺旋槽   B. 柄部、切削部分和工作部分

    C. 柄部、颈部和工作部分   D. 柄部、颈部和切削部分

56. 当圆锥角（   ）时，可以用近似公式计算圆锥半角。

    A. $\alpha < 6°$ B. $\alpha < 3°$ C. $\alpha < 12°$ D. $\alpha < 8°$

57. 盲孔车刀刀尖在刀杆的最前端，刀尖与刀杆外端的距离应（   ），否则孔的底平面就无法车平。

    A. 大于内孔半径   B. 小于内孔半径

C. 大于内孔直径　　　　　　　　　　　　D. 小于内孔直径

58. 用前后顶尖支承车削一长度为200mm的外圆，车削后发现外圆锥度达1：300，且尾座端直径小，问当不考虑刀具磨损时，尾座轴线对主轴轴线的偏移量是（　　）mm，应向（　　）方向调整。

A. 0.33、远离操作者　　　　　　　　　　B. 0.33、操作者
C. 0.66、操作者　　　　　　　　　　　　D. 0.66、远离操作者

59. 铰孔时，铰刀的尺寸最好选择尺寸为（　　）的铰刀。

A. 孔公差带中间 1/4 左右　　　　　　　　B. 孔公差带中间 1/2 左右
C. 孔公差带中间 1/3 左右　　　　　　　　D. 孔公差带中间 2/3 左右

60. 铰孔不能修正孔的（　　）。

A. 直线度　　　　　B. 尺寸误差　　　　　C. 圆度　　　　　D. 圆柱度

61. 在车床上自制 60° 前顶尖，最大圆锥直径为 30mm，则计算圆锥长度为（　　）mm。

A. 26　　　　　　　B. 8.66　　　　　　　C. 17　　　　　　　D. 30

62. 圆锥面配合当圆锥角在（　　）时，可传递较大扭矩。

A. 小于3°　　　　　B. 小于6°　　　　　C. 小于9°　　　　　D. 大于10°

63. 顺时针旋入的螺纹称为（　　）螺纹。

A. 右旋　　　　　　B. 左旋　　　　　　C. 普通　　　　　　D. 管

64. 普通螺纹中径 $D_2=$（　　）。

A. D−0.5P　　　　　B. D−0.6495P　　　　C. D−2m　　　　　D. D−P

65. 加工长度较短的圆锥时，可用（　　）加工。

A. 铰内圆锥法　　　　　　　　　　　　　B. 宽刃车削法
C. 仿形法　　　　　　　　　　　　　　　D. 偏移尾座法

66. 用螺纹密封的圆锥管螺纹其锥度为（　　）。

A. 1：16　　　　　　B. 1：20　　　　　　C. 1：10　　　　　D. 7：24

67. 车锥度时，车刀（　　）会出现双曲线误差。

A. 装高　　　　　　B. 装低　　　　　　C. 装高或装低　　　D. 对中心

68. 车螺纹时，在每次往复行程后，除中滑板横向进给外，小滑板只向一个方向作微量进给，这种车削方法是（　　）法。

A. 直进　　　　　　B. 左右切削　　　　C. 斜进　　　　　　D. 车直槽

69. 普通螺纹的（　　）就是公称直径。

A. 大径　　　　　　B. 小径　　　　　　C. 中径　　　　　　D. 孔径

70. （　　）车削螺纹时，应使用高速钢车刀。

A. 高速　　　　　　B. 中速　　　　　　C. 低速　　　　　　D. 变速

71. 预防乱扣的方法是（　　）。

A. 直进　　　　　　　　　　　　　　　　B. 开倒顺车
C. 对刀　　　　　　　　　　　　　　　　D. 抬开合螺母

72. 安装螺纹车刀时，车刀刀尖的对称中心线与（　　）必须垂直，否则车出的牙形歪斜。

    A. 顶尖　　　　　　　B. 外圆表面　　　　　　C. 工件轴线　　D. 螺纹大径

73. 在丝杆螺距为 6mm 的车床上车削（　　）螺纹不会产生乱扣。

    A. M8　　　　　　　　B. M12　　　　　　　　C. M20　　　　　D. M24

74. 螺纹千分尺是测量螺纹（　　）尺寸的。

    A. 螺距　　　　　　　B. 大径　　　　　　　　C. 中径　　　　　D. 小径

75. 车床操作过程中，（　　）。

    A. 搬工件应戴手套　　　　　　　　　　B. 不准用手清屑

    C. 短时间离开不用切断电源　　　　　　D. 卡盘停不稳可用手扶住

76. 在防火规范中有关物质的危险等级划分就是以（　　）为准的。

    A. 燃点　　　　　　　B. 自燃点　　　　　　　C. 闪点　　　　　D. 燃烧

77. 黄色表示（　　）。

    A. 警告、注意　　　　　　　　　　　　B. 警告、通行

    C. 注意、通行　　　　　　　　　　　　D. 注意、停止

78. 在板料上划线，法兰盘上划钻孔位置线以及利用平面样板划线都属于（　　）。

    A. 平面划线　　　　　B. 空间划线　　　　　　C. 表面划线　　　D. 立体划线

79. （　　）适于大批量生产的精度要求高，加工余量小的小型锻件。

    A. 模型锻　　　　　　B. 胎模锻　　　　　　　C. 模锻　　　　　D. 自由锻

80. 气割常用的可燃气是（　　）。

    A. 乙炔气　　　　　　B. 氧气　　　　　　　　C. 氢气　　　　　D. 氮气

二、判断题

（　　）81. 用百分表测量工件时，测量杆的行程可以超出它的测量范围。

（　　）82. EI≥es 的孔轴配合是间隙配合。

（　　）83. CA6140 型车床滑板箱有快速移动机构。

（　　）84. 车床一级保养以操作工人为主，维修工人配合进行。

（　　）85. 实验证明，电流通过心脏和大脑时，人体最容易死亡。

（　　）86. HT200 牌号中的 200 表示最低抗拉强度为 200N 每平方厘米的灰铸铁。

（　　）87. 进给运动可以是连续的，也可以是间歇的。

（　　）88. 切削速度是衡量主运动大小的参数。

（　　）89. 车削外圆表面时，常用的车刀有 45°车刀、90°车刀等。

（　　）90. 若车刀的主偏角为 75°，副偏角为 6°，其刀尖角为 99°。

（　　）91. 刃磨车刀时，刃磨主后刀面，同时磨出主后角和副偏角。

（　　）92. 为增加粗车刀切削刃强度，主切削刃上磨有倒棱，其宽度等于 1.5f。

（　　）93. M24 螺纹的螺距是 2mm。

（　　）94. 已知米制梯形螺纹的公称直径为 36mm，螺距 $P=6$mm，牙顶间隙 $a_c=$

0.5mm，则牙槽底宽为 2.196mm。

（　　）95. 车削套类工件，一次安装加工主要是可获得高的尺寸精度。

（　　）96. 钻中心孔时应选择较高的转速。

（　　）97. 用顶角磨得不对称的钻头钻孔时，孔径会歪斜。

（　　）98. 螺纹按用途可分为三角螺纹，梯形螺纹等。

（　　）99. 一般来说，粗磨时选用较粗的磨粒，精磨时选用较细的磨粒。

（　　）100. 锻造时，金属不用加热。

附录3 中级车工应知模拟试卷（1）

一、单项选择题

1. 封闭环的公差等于（　　）。
   A. 增环公差
   B. 减环公差
   C. 各组成环公差之和
   D. 增环公差减去减环公差

2. （　　）仅画出机件断面的图形。
   A. 半剖视图
   B. 三视图
   C. 剖面图
   D. 剖视图

3. 外螺纹的规定画法是牙顶（大径）及螺纹终止线用（　　）表示。
   A. 细实线
   B. 细点划线
   C. 粗实线
   D. 波浪线

4. 退刀槽和越程槽的尺寸标注可标注成（　　）。
   A. 槽深×直径
   B. 槽宽×槽深
   C. 槽深×槽宽
   D. 直径×槽深

5. "①选择比例和图幅②布置图面，完成底稿③检查底稿，标注尺寸和技术要求后描深图形④填写标题栏"是绘制（　　）的步骤。
   A. 装配图
   B. 零件草图
   C. 零件工作图
   D. 标准件图

6. 在尺寸链中，当其他尺寸确定后，新产生的一个环是（　　）。
   A. 增环
   B. 减环
   C. 封闭环
   D. 组成环

7. 零件的加工精度包括（　　）。
   A. 尺寸精度、几何形状精度和相互位置精度
   B. 尺寸精度
   C. 尺寸精度、形位精度和表面粗糙度
   D. 几何形状精度和相互位置精度

8. 精车花盘的平面，属于减小误差的（　　）。
   A. 直接减小误差法
   B. 就地加工法
   C. 误差分组法
   D. 误差平均法

9. 某一表面在一道工序中所切除的金属层深度为（　　）。
   A. 加工余量
   B. 切削深度
   C. 工序余量
   D. 总余量

10. 已知米制梯形螺纹的公称直径为 36mm，螺距 $P=6$mm，则中径为（　　）mm。
    A. 30
    B. 32.103
    C. 33
    D. 36

11. 梯形螺纹的（　　）是公称直径。
    A. 外螺纹大径
    B. 外螺纹小径

    C. 内螺纹大径   D. 内螺纹小径

12. 车螺纹时，在每次往复行程后，除中滑板横向进给外，小滑板只向一个方向作微量进给，这种车削方法是（   ）法。

    A. 直进   B. 左右切削   C. 斜进   D. 车直槽

13. 车右螺纹时因受螺旋运动的影响，车刀左刃前角，右刃后角（   ）。

    A. 不变   B. 增大   C. 减小   D. 相等

14. 高速车螺纹时，硬质合金螺纹车刀的刀尖角应（   ）螺纹的牙型角。

    A. 大于   B. 等于   C. 小于   D. 大于、小于或等于

15. $M20 \times 3/2$ 的螺距为（   ）。

    A. 3   B. 2.5   C. 2   D. 1.5

16. 车削外径为 100mm，模数为 10mm 的模数螺纹，其分度圆直径为（   ）mm。

    A. 95   B. 56   C. 80   D. 90

17. 设计夹具时，定位元件的公差应不大于工件公差的（   ）。

    A. 1/2   B. 1/3   C. 1/5   D. 1/10

18. 被加工表面回转轴线与基准面互相平行，外形复杂的工件可装夹在（   ）上加工。

    A. 夹具   B. 角铁   C. 花盘   D. 三爪

19. 硬质合金的耐热温度为（   ）℃。

    A. 300～400   B. 500～600   C. 800～1000   D. 1100～1300

20. 多线螺纹在计算交换齿轮时，应以（   ）进行计算。

    A. 螺距   B. 导程   C. 线数   D. 螺纹升角

21. 车刀装歪，对（   ）影响较大。

    A. 车螺纹   B. 车外圆   C. 前角   D. 后角

22. 下列（   ）情况应选用较大后角。

    A. 硬质合金车刀   B. 车脆性材料

    C. 车刀材料强度差   D. 车塑性材料

23. 成形车刀的前角取（   ）。

    A. 较大   B. 较小   C. 0°   D. 20°

24. 产生积屑瘤的最大因素是（   ）。

    A. 工件材料   B. 切削速度   C. 刀具前角   D. 后角

25. 使用（   ）可提高刀具寿命。

    A. 润滑液   B. 冷却液   C. 清洗液   D. 防锈液

26. 消耗功率最多，作用在切削速度方向上的分力是（   ）。

    A. 主切削力   B. 径向抗力   C. 轴向抗力   D. 总切削力

27. 车刀安装高低对（   ）角有影响。

    A. 主偏   B. 副偏   C. 前   D. 刀尖

28. 下列因素中对刀具寿命影响最大的是（   ）。

A. 切削深度　　　　B. 进给量　　　　C. 切削速度　　　　D. 车床转速

29. 最易产生屑瘤的切削速度是（　　）。

A. 5m/min 以下　　　　　　　　B. 15～30m/min

C. 70m/min　　　　　　　　　　D. 100m/min 以上

30. 用硬质合金车刀加工时，为减轻加工硬化，不易取（　　）的进给量和切削深度。

A. 过小　　　　B. 过大　　　　C. 中等　　　　D. 较大

31. 切削用量中对切削力影响最大的是（　　）。

A. 切削深度　　　　B. 进给量　　　　C. 切削速度　　　　D. 影响相同

32. 一台 C620－1 车床，$P_E＝7$ 千瓦，$\eta＝0.8$，如果要在该车床上以 80m/min 的速度车削短轴，这时根据计算得切削力 $F_z＝4800N$，则这台车床（　　）。

A. 不一定能切削　　　　　　　B. 不能切削

C. 可以切削　　　　　　　　　D. 一定可以切削

33. 在切削金属材料时，属于正常磨损中最常见的情况是（　　）磨损。

A. 急剧　　　　B. 前刀面　　　　C. 后刀面　　　　D. 前、后刀面

34. 精车时，磨损量 $V_b＝$（　　）mm。

A. 0.6～0.8　　　B. 0.8～1.2　　　C. 0.1～0.3　　　D. 0.3～0.5

35. 使用硬质合金可转位刀具，必须注意（　　）。

A. 刀片夹紧不需用力很大　　　　B. 刀片要用力夹紧

C. 选择合理的刀具角度　　　　　D. 选择较大的切削用量

36. 普通麻花钻接近横刃处的前角是（　　）。

A. 负前角（－54°）　B. 0°　　　C. 正前角（＋30°）　D. 45°

37. 被加工材料的（　　）和金相组织对其表面粗糙度影响最大。

A. 强度　　　　B. 硬度　　　　C. 塑性　　　　D. 韧性

38. 保证工件在夹具中占有正确的位置的是（　　）装置。

A. 定位　　　　B. 夹紧　　　　C. 辅助　　　　D. 车床

39. 工件以两孔一面定位，限制了（　　）个自由度。

A. 六　　　　B. 五　　　　C. 四　　　　D. 三

40. 采用一夹一顶安装阶台轴工件（夹持部分短），中间部位用中心架支承，这种定位属于（　　）定位。

A. 重复　　　　B. 完全　　　　C. 欠　　　　D. 部分

41. 使用硬质合金可转位刀具，必须选择（　　）。

A. 合适的刀杆　　　　　　　　B. 合适的刀片

C. 合理的刀具角度　　　　　　D. 合适的切削用量

42. 用自定心卡盘装夹工件，当夹持部分较短时，它属于（　　）定位。

A. 部分　　　　B. 完全　　　　C. 重复　　　　D. 欠

43. （　　），可减小表面粗糙度。

A. 低速车削   B. 采用负刃倾角车刀

C. 减小主偏角   D. 减小刀尖圆弧半径

44. 弹簧夹头和弹簧心轴是车床上常用的典型夹具,它能( )。

A. 定心   B. 定心不能夹紧

C. 夹紧   D. 定心又能夹紧

45. ( )定位在加工过程中是不允许出现的。

A. 部分   B. 完全   C. 欠   D. 重复

46. 被加工表面回转轴线与基准面互相( ),外形复杂的工件可装夹在角铁上加工。

A. 垂直   B. 平行   C. 重合   D. 一致

47. ( )是指表面粗糙度和表层材质变化。

A. 尺寸公差   B. 已加工表面质量

C. 形状精度   D. 工件质量

48. 在三爪卡盘上车偏心工件,已知 $D=40$mm,偏心距 $e=4$mm,则试切削时垫片厚度为( )mm。

A. 4   B. 4.5   C. 6   D. 8

49. 偏心距较大的工件,可用( )来装夹。

A. 两顶尖   B. 偏心套   C. 两顶尖和偏心套   D. 偏心卡盘

50. 深孔加工主要的关键技术是深孔钻的( )问题。

A. 几何形状和冷却排屑   B. 几何角度

C. 冷却排屑   D. 钻杆刚性和排屑

51. 花盘,角铁的定位基准面的形位公差,要小于工件形位公差的( )。

A. 3 倍   B. 1/2   C. 1/3   D. 1/5

52. 用中心架支承工件车内孔时,如内孔出现倒锥,则由于中心架中心偏向( )所造成的。

A. 操作者一方   B. 操作者对方   C. 尾座   D. 主轴

53. 偏心工件的加工原理,是把需要加工偏心部分的轴线找正到与车床主轴旋转轴线( )。

A. 平行   B. 垂直   C. 重合   D. 不重合

54. 曲轴的装夹就是解决( )的加工。

A. 主轴颈   B. 曲柄颈   C. 曲柄臂   D. 曲柄偏心距

55. 当圆锥角( )时,可以用近似公式计算圆锥半角。

A. $\alpha<6°$ B. $\alpha<3°$ C. $\alpha<12°$ D. $\alpha<8°$

56. 车削时切削热主要是通过( )进行传导。

A. 切屑和刀具   B. 切屑和工件   C. 刀具   D. 周围介质

57. 对表面粗糙度影响较小的是( )。

A. 切削速度   B. 进给量   C. 切削深度   D. 工件材料

58. 专用夹具适用于（   ）。

    A. 新品试制   B. 单件小批生产 C. 大批，大量生产 D. 一般生产

59. 应尽可能选择（   ）基准作为精基准。

    A. 定位   B. 设计   C. 测量   D. 工艺

60. 短 V 形块定位能消除（   ）个自由度。

    A. 二   B. 三   C. 四   D. 五

61. 工件以外圆为定位基面时，常用的定位元件为（   ）。

    A. V 形铁   B. 心轴   C. 可调支承   D. 支承钉

62. 在花盘角铁上加工工件时，转速如果太高，就会因（   ）的影响，使工件飞出，而发生事故。

    A. 切削力   B. 离心力   C. 夹紧力   D. 转矩

63. 下面（   ）方法对减少薄壁变形不起作用。

    A. 使用扇形软卡爪   B. 使用切削液

    C. 保持车刀锋利   D. 使用径向夹紧装置

64. 当工件可以分段车削时，可使用（   ）支承，以增加工件刚性。

    A. 中心架   B. 跟刀架   C. 过渡套   D. 弹性顶尖

65. CA6140 型卧式车床的主轴反转有（   ）级转速。

    A. 21   B. 24   C. 12   D. 30

66. CA6140 型车床，当进给抗力过大、刀架运动受到阻碍时，能自动停止进给运动的机构是（   ）。

    A. 安全离合器   B. 超越离合器   C. 互锁机构   D. 开合螺母

67. 立式车床适于加工（   ）零件。

    A. 小型规则   B. 形状复杂   C. 大型轴类   D. 大型盘类

68. 一工人在 8 小时内加工 120 件零件，其中 8 件零件不合格，则其劳动生产率为（   ）件。

    A. 15   B. 14   C. 120   D. 8

69. 在外圆磨床上磨削工件，用两顶尖装夹时，顶尖一般为（   ）。

    A. 死顶尖   B. 活顶尖

    C. 弹性顶尖   D. 端面拨动顶尖

70. M7120A 是应用较广的平面磨床，磨削尺寸精度一般可达（   ）。

    A. IT5   B. IT7   C. IT9   D. IT11

71. 直接决定产品质量水平的高低是（   ）。

    A. 工作质量   B. 工序质量   C. 技术标准   D. 检验手段

72. 花键孔适宜于在（   ）加工。

    A. 插床   B. 牛头刨床   C. 铣床   D. 车床

73. G50 代码在 FANUC6T 数控车床系统中是（   ）设定和主轴最大速度限定功能。

A. 坐标系　　　　B. 零点偏置　　　C. 进给　　　　　D. 参数

74. G40 代码是取消刀尖补偿功能，它是数控系统（　　）后刀具起始状态。

A. 复位　　　　　B. 断电　　　　　C. 超程　　　　　D. 通电

75. G37 代码是自动刀具补偿（　　）轴功能。

A. X　　　　　　B. Z　　　　　　C. Y　　　　　　D. U

76. G21 代码是直线插补功能，它属于（　　）组非模态 G 代码。

A. 10　　　　　　B. 04　　　　　　C. 06　　　　　　D. 05

77. G22 代码是直线插补功能，它属于（　　）组模态代码。

A. 03　　　　　　B. 00　　　　　　C. 02　　　　　　D. 01

78. 准备功能指令，由字母 G 和（　　）位数字组成。

A. 三　　　　　　B. 一　　　　　　C. 二　　　　　　D. 四

79. 加工圆弧时，若当前刀具的切削点在圆弧上或其外侧时，应向—X 方向发一个（　　），使刀具向圆弧内前进一步。

A. 脉冲　　　　　B. 传真　　　　　C. 指令　　　　　D. 信息

80. 逐步比较法直线插补中，当刀具切削点在直线上或其上方时，应向（　　）方向发一个脉冲，使刀具线＋X 方向移动一步。

A. −Y　　　　　　B. ＋Y　　　　　C. −X　　　　　　D. ＋X

81. 偏差计算是当刀具移到新位置时，计算其与理想线段间的偏差，以确定下一步的（　　）。

A. 数值　　　　　B. 坐标　　　　　C. 计划　　　　　D. 走向

82. G97 代码是 FANUC0TE—A 数控车床系统中的取消（　　）恒线速控制功能。

A. 走刀　　　　　B. 电机　　　　　C. 主轴　　　　　D. 齿轮

83. G96 代码是 FANUC 6T 数控车床系统中的主轴（　　）速控制功能。

A. 恒线　　　　　B. 恒角　　　　　C. 加速　　　　　D. 匀速

84. （　　）代码是 FANUC0TE—A 数控车床系统中的每转的进给量功能。

A. G94　　　　　B. G98　　　　　C. G97　　　　　D. G99

85. M02 功能代码常用于程序（　　）及卷回纸带到"程序开始"字符。

A. 输入　　　　　B. 复位　　　　　C. 输出　　　　　D. 存储

86. 辅助功能指令，由字母（　　）和其后的两位数字组成。

A. M　　　　　　B. G　　　　　　C. F　　　　　　D. S

87. T 功能表示（　　）功能。根据加工需要，进行选刀和换刀。

A. 刀具　　　　　B. 参数　　　　　C. 图形　　　　　D. 辅助

88. G96 是接通（　　）速度控制的指令。系统执行 G96 后，便认为用 S 指定的数值表示切削。

A. 变　　　　　　B. 匀　　　　　　C. 恒线　　　　　D. 角

89. 用恒线速度控制加工端面、锥度、圆弧时，X 坐标不断变化，当刀具逐渐移近工件旋转中心时，主轴转速会越来越高，工件可能从卡盘中飞出。为防止事故发生，

（　　）限定主轴最高转速。

  A. 一般   B. 必须   C. 可以   D. 不一定

90. G02 及 G03 方向的判别方法：对于（　　）平面，从 Y 轴正方向看，顺时针方向为 G02，逆耐针方向为 G03。

  A. X、Z   B. 水   C. 铅垂   D. Y、Z

91. 用圆弧插补（G02、G03）指令绝对编程时，X、Z 是圆弧（　　）坐标值。

  A. 起点   B. 直径   C. 终点   D. 半径

92. I、K 方向是从圆弧起点指向圆心，其正负取决于该方向与坐标轴方向的同异，相同者为（　　），相反者为（　　）。

  A. 负、正   B. 同号、异号 C. 异号、同号 D. 正、负

93. 当用半径 R 指定圆心位置时，在同一半径 R 的情况下，从圆弧的起点到终点有（　　）圆弧的可能性 。

  A. 三个   B. 两个   C. 若干   D. 许多

94. 圆柱螺纹、锥螺纹和端面螺纹均可由（　　）螺纹切削指令进行加工。

  A. G32   B. G33   C. G34   D. M33

95. 螺纹加工时应注意在（　　）设置足够的升速进刀段和降速退刀段，其数值可由主轴转速和螺纹导程来确定。

  A. 尾部   B. 前端   C. 两端   D. 头部

96. 加工螺距为 2 mm 圆柱螺纹，牙深为 1.299mm，其第一次被吃刀量为（　　）mm。

  A. 1.0   B. 0.9   C. 0.8   D. 0.7

97. 当进行端面螺纹加工时，指令 Z（W）省略，其指令格式为：G32（　　）—F_____。

  A. K   B. P   C. X（U）   D. I

98. 变导程螺纹的指令格式为：G34　X（U）_____　Z（W）_____　F_____（　　）_____。

  A. K   B. M   C. H   D. B

99. 数控车床刀具从材料上可分为高速钢刀具、硬质合金刀具、（　　）刀具、立方氮化棚刀具及金刚石刀具等。

  A. 手工   B. 机用   C. 陶瓷   D. 铣工

100. 机夹式数控车床刀具根据刀体结构的不同 ，又可分为不转位和可转位两种 ，常用的是（　　）的机夹刀具。

  A. 不转位   B. 可转位   C. 都可以   D. 都不可以

101. 数控车床刀具从材料上可分为高速钢刀具、硬质合金刀具、陶瓷刀具、（　　）刀具及金刚石刀具等。

  A. 氧化物   B. 立方氮化棚 C. 碳化物   D. 碳化钛

102. 机夹式数控车床刀具根据刀体（　　）的不同 ，又可分为不转位和可转位两

种，常用的是可转位的机夹刀具。

    A. 宽度   B. 结构   C. 形状   D. 厚度

103. 与普通车床刀具相比，数控车床刀具具有更高的（   ）和更长的的寿命。

    A. 耐磨性   B. 强度   C. 刚度   D. 耐热性

104. 数控车床刀具从车削（   ）上可分为外圆车刀、内孔车刀、外螺纹车刀、内螺纹车刀、外圆切槽刀、内孔刀。

    A. 夹具   B. 工具   C. 工艺   D. 环境

105. 与普通车床刀具相比，数控车床刀具具有更高的刚度和更长的（   ）。

    A. 刀头   B. 刀杆   C. 寿命   D. 硬度

106. 数控车床刀具从（   ）工艺上可分为外圆车刀、内孔车刀、外螺纹车刀、内螺纹车刀、外圆切槽刀、内孔切槽刀、端面车刀、仿型车刀等多种类型。

    A. 理论   B. 装配   C. 车削   D. 实际

107. 数控车床刀片或刀具几何参数和切削参数要（   ）化、典型化。

    A. 通用   B. 模块   C. 自动   D. 规范

108. 数控车床刀片或刀具材料及切削参数要与被加工工件的材料相（   ）。

    A. 近似   B. 同   C. 反   D. 匹配

109. 数控车床刀片或刀具（   ）参数和切削参数要规范化、典型化。

    A. 工作   B. 线性   C. 特性   D. 几何

110. 数控车床刀片与刀柄对车床（   ）相对位置 应保持一定的位置关系。

    A. 滑板   B. 尾座   C. 丝杠   D. 主轴

111. 对于由直线和圆弧组成的（   ）轮廓，编程时数值计算的主要任务是求出各点的坐标。

    A. 平面   B. 外形   C. 曲线   D. 空间

112. 精确作图法是在计算机上应用绘图软件精确绘出工件轮廓，然后利用软件的测量功能进行精确测量，即可得出各点的（   ）值。

    A. 相对   B. 参数   C. 绝对   D. 坐标

113. 精确作图法是在计算机上应用绘图软件精确绘出工件轮廓，然后利用软件的（   ）功能进行精确测量，即可得出各点的坐标值。

    A. 测量   B. 帮助   C. 编辑   D. 窗口

114. 已知圆心坐标（   ）、半径为30mm 的圆方程是：$(z-80)2 + (y-14)2 = 302$。

    A. 30、14   B. 14、80   C. 30、80   D. 80、14

115. 数控车床以主轴轴线方向为（   ）轴方向，刀具远离工件的方向为 Z 轴的正方向。

    A. Z   B. X   C. Y   D. 坐标

116. 数控车床以（   ）轴线方向为 Z 轴方向，刀具远离工件的方向为 Z 轴的正方向。

A. 滑板　　　　　　B. 床身　　　　　　C. 光杠　　　　　　D. 主轴

　　117. 机床原点为机床上的一个固定点，一般是主轴旋转中心线与车头（　　）的交点。

　　A. 端面　　　　　　B. 外圆　　　　　　C. 锥孔　　　　　　D. 卡盘

　　118. 机床坐标系是机床（　　）的坐标系。其坐标轴的方向、原点是设计和调试机床时已确定的，是不可变的。

　　A. 特定　　　　　　B. 固有　　　　　　C. 自身　　　　　　D. 使用

　　119. 工件图样上的设计基准点是标注其他各项（　　）的基准点，通常以该点作为工件原点。

　　A. 尺寸　　　　　　B. 公差　　　　　　C. 偏差　　　　　　D. 平面

　　120. 工件坐标系的 Z 轴一般与主轴轴线重合，X 轴随（　　）原点位置不同而异。

　　A. 工件　　　　　　B. 机床　　　　　　C. 刀具　　　　　　D. 坐标

　　121. 坐标系内某一位置的坐标尺寸上以相对于前一位置坐标尺寸的（　　）进行标注或计量的，这种坐标值称为增量

　　A. 减量　　　　　　B. 增量　　　　　　C. 实际值　　　　　D. 理论值

　　122. 如需数控车床采用半径编程，则要改变系统中的相关（　　），使系统处于半径编程状态。

　　A. 尺寸　　　　　　B. 数值　　　　　　C. 参数　　　　　　D. 角度

　　123. 数控车床出厂的时候均设定为（　　）编程，所以在编程时与 X 轴有关的各项尺寸一定要用直径值编程。

　　A. 直径　　　　　　B. 半径　　　　　　C. 增量　　　　　　D. 绝对

　　124. 如需数控车床采用半径编程，则要改变系统中的相关参数，使（　　）处于半径编程状态。

　　A. 系统　　　　　　B. 主轴　　　　　　C. 滑板　　　　　　D. 电机

　　125. 数控车床出厂的时候匀设定为直径编程，所以在编程时与（　　）轴有关的各项尺寸一定要用直径值编程。

　　A. U　　　　　　　B. Y　　　　　　　C. Z　　　　　　　D. X

　　126. 逐点比较法的插补原理可概括为"逐点比较，步步（　　）"。

　　A. 逼近　　　　　　B. 计算　　　　　　C. 模拟　　　　　　D. 插补

　　127. 坐标进给是根据判别结果，使刀具向 Z 或 Y 向移动一（　　）。

　　A. 分米　　　　　　B. 米　　　　　　　C. 步　　　　　　　D. 段

　　128. 准备功能指令，主要用于指定（　　）机床的运动方式，为数控系统的插补运算做好准备。

　　A. 数控　　　　　　B. 程控　　　　　　C. 精密　　　　　　D. 自动

　　129. G00 代码是 FANUC（　　）数控车床系统的基本功能。

　　A. 0i　　　　　　　B. 0TE—A　　　　　C. 6T　　　　　　　D. 16M

130. G01 代码是直线插补功能，它属于（　　）组模态代码。

    A. 03　　　　　　B. 00　　　　　　C. 02　　　　　　D. 01

131. G04 代码是程序（　　）功能，它是 FANUC　0TE—A 数控车床系统的基本功能。

    A. 暂停　　　　　B. 结束　　　　　C. 附加　　　　　D. 延时

132. G20 代码是（　　）制输入功能，它是 FANUC　0TE—A 数控车床系统的选择功能。

    A. 英寸　　　　　B. 公　　　　　　C. 米　　　　　　D. 国际

133. G27 代码参考点返回（　　）功能，它是 FANUC　6T 数控车床系统的选择功能。

    A. 检索　　　　　B. 检验　　　　　C. 模拟　　　　　D. 控制

134. G27 代码参考点返回检验功能，它是 FANUC　6T 数控车床系统的（　　）功能。

    A. 基本　　　　　B. 特殊　　　　　C. 区域　　　　　D. 选择

135. G32 代码是螺纹切削功能，它是（　　）数控车床系统的基本功能。

    A. FANUC 6T　　　　　　　　　B. FANUC 0i

    C. SIMENS 802D　　　　　　　D. SIMENS 810E

136. G36 代码是自动（　　）补偿 X 轴功能，它属于 01 组模态代码。

    A. 间隙　　　　　B. 参数　　　　　C. 刀具　　　　　D. 反馈

137. G32 代码是螺纹（　　）功能，它是 FANUC　6T 数控车床系统的基本功能。

    A. 循环　　　　　B. 对刀　　　　　C. 使用　　　　　D. 切削

138. G40 代码是（　　）刀尖半径补偿功能，它是数控系统通电后刀具起始状态。

    A. 取消　　　　　B. 检测　　　　　C. 输入　　　　　D. 计算

139. G40 代码是取消刀尖（　　）补偿功能，它是数控系统通电后刀具起始状态。

    A. 顶点　　　　　B. 半径　　　　　C. 直径　　　　　D. 圆点

140. G50 代码在 FANUC　6T 数控车床系统中是设定和主轴（　　）速度限定功能。

    A. 最小　　　　　B. 恒定　　　　　C. 角　　　　　　D. 最大

141. G65 代码是 FANUC　0TE—A 数控车床系统中的调用（　　）功能。

    A. 子程序　　　　B. 宏指令　　　　C. 参数　　　　　D. 刀具

142. G71 代码是 FANUC 数控车床系统中的外圆粗加工（　　）循环功能。

    A. 简单　　　　　B. 复杂　　　　　C. 复合

143. G73 代码是 FANUC 数控车床系统中的（　　）形状粗加工复合循环功能。

    A. 固定　　　　　B. 可变　　　　　C. 几何　　　　　D. 平面

144. G71 代码是 FANUC 数控车床系统中的外圆（　　）加工循环功能。

    A. 超精　　　　　B. 精　　　　　　C. 半精　　　　　D. 粗

145. （　　）装夹方法加工曲轴时，每次安装都要找正，其加工精度受操作者技术水平影响较大。

　　　A. 一夹一顶　　　　B. 两顶尖　　　　C. 偏心板　　　　D. 专用夹具

146. 下面（　　）属于操纵机构。

　　　A. 尾座　　　　　　　　　　　　B. 大滑板

　　　C. 中滑板　　　　　　　　　　　D. CA6140 控制纵、横进给手柄

147. 车床的开合螺母机构主要是用来（　　）。

　　　A. 防止过载　　　　　　　　　　B. 自动断开走刀运动

　　　C. 接通或断开车螺纹运动　　　　D. 自锁

148. CA6140 型车床与 C620 型车床相比，CA6140 型车床具有下列特点（　　）。

　　　A. 滑板箱操纵手柄多　　　　　　B. 尾座有快速夹紧机构

　　　C. 进给箱变速杆强度差　　　　　D. 主轴孔小

149. 中滑板丝杆螺母之间的间隙，调整后，要求中滑板丝杆手柄转动灵活，正反转时的空行程在（　　）转以内。

　　　A. 1/20　　　　　　B. 1/10　　　　　　C. 1/5　　　　　　D. 1/2

150. 磨粒的微刃在磨削过程中与工件发生切削、刻划、摩擦抛光三个作用，粗磨时以切削作用为主、精磨分别以（　　）为主。

　　　A. 切削，刻划，摩擦　　　　　　B. 切削，摩擦，抛光

　　　C. 刻划，摩擦，抛光　　　　　　D. 刻划，切削

151. 生产准备中所进行的工艺选优，编制和修改工艺文件，设计补充制造工艺装备等属于（　　）。

　　　A. 工艺技术准备　　　　　　　　B. 人力的准备

　　　C. 物料、能源准备　　　　　　　D. 设备完好准备

152. 车削时，增大（　　）可以减少走刀次数，从而缩短机动时间。

　　　A. 切削速度　　　　B. 走刀量　　　　C. 吃刀深度　　　　D. 转速

153. 磨削加工精度高，尺寸精度可达（　　）。

　　　A. IT4　　　　　　B. IT6～IT5　　　　C. IT8～IT9　　　　D. IT12

154. 牛头刨床适宜于加工（　　）零件。

　　　A. 机座类　　　　　　　　　　　B. 床身导轨

　　　C. 箱体类　　　　　　　　　　　D. 小型平面、沟槽

155. 磨削加工表面粗糙度值 RA 在（　　）μm 之间。

　　　A. 6.4～12.5　　　B. 1.6～3.2　　　C. 0.8～0.2　　　D. 0.025 以下

156. 在三爪卡盘上车削偏心工件，垫片厚度的近似计算公式是（　　）。

　　　A. X=1.5Δe　　　B. X=1.5e　　　C. X=1.5e+k　　　D. X=1.5e±k

157. （　　）机构用来改变机床运动部件的运动方向。

　　　A. 变速　　　　　　B. 变向　　　　　C. 进给　　　　　D. 操纵

158. 生产计划是企业（　　）的依据。

A. 组织日常生产活动   B. 调配劳动力

C. 生产管理   D. 合理利用生产设备

159. 箱体类适宜于在（ ）加工。

A. 车床   B. 镗床   C. 铣床   D. 磨床

160. 生产技术三要素是指（ ）。

A. 劳动力、劳动工具、劳动对象 B. 设计技术、工艺技术、管理技术

C. 人、财、物   D. 产品品种、质量、数量

二、判断题

（ ）161. 所谓投影面的垂直线，是指直线与一个投影面垂直，与另外两个投影面的关系可以不必考虑。

（ ）162. 弹簧夹头和弹簧心轴既能定心，又能夹紧。

（ ）163. 尺寸链的计算方法有概率法和极大极小法。

（ ）164. M24×2 的螺纹升角比 M24 的螺纹升角大。

（ ）165. 多线螺纹在计算交换齿轮时，应以线数进行计算。

（ ）166. 影响刀具寿命的因素有切削用量、刀具几何角度、加工材料、刀具材料等。

（ ）167. 对夹紧装置的基本要求中"正"是指夹紧后，应保证工件在加工过程中的位置不发生变化。

（ ）168. 前角增大，切削力显著下降。

（ ）169. 磨刀时对刀面的基本要求是：刀刃平直，表面粗糙度小。

（ ）170. 曲轴的装夹就是解决曲柄颈的加工。

（ ）171. 麻花钻的前角外小里大，其变化范围为 $-30°\sim+30°$。

（ ）172. CA6140 型卧式车床主轴箱Ⅲ到Ⅴ轴之间的传动比实际上只有三种。

（ ）173. 组合夹具使用时按照工件的加工要求，采用固定的方式组装成所需的夹具。

（ ）174. 车削不允许调头接刀车削的细长轴工件时，应选用中心架提高细长轴的刚性。

（ ）175. 数控车床的坐标一般为 YOZ 坐标系。

（ ）176. 在 CA6140 型卧式车床只要拧紧中滑板上两螺母之间的螺钉，就可以消除丝杠与螺母的运动间隙。

（ ）177. 操作方便，安全省力，夹紧速度快。

（ ）178. 立式车床在结构上的主要特点是主轴垂直布置。

（ ）179. 生产过程组织是解决产品生产过程各阶段，各环节，各工序在时间和空间上的协调衔接。

（ ）180. 重物起落速度要均匀，非特殊情况下不得紧急制动和急速下降。

（ ）181. 数控车床的坐标一般为 YOZ 坐标系。

( ) 182. 在数控系统中使用最多的插补方法是逐点比较法。

( ) 183. 偏差计算不是逐点比较法的插补过程。

( ) 184. 字母 G 在计算机数控系统中是分隔符。

( ) 185. G20、G21 代码都是 06 组非模态 G 代码。

( ) 186. 不同组的 G 代码在同一个程序段中可指定多个。

( ) 187. 英寸制螺纹以每英寸多少厘米表示。

( ) 188. 螺纹导程用 F 直接指令，单位为 0.01mm/r。

( ) 189. 如果不按下"任选停止开关"，则 M01 代码不起作用，程序继续执行。

( ) 190. 偏心工件图样上偏心轴线与中心线平行且不重合。

( ) 191. 四爪卡盘车偏心时，只要按已划好的偏心找正，就能使偏心轴线与车床主轴轴线重合。

( ) 192. 妥善保管车床附件，保持车床整洁、完好是数控车床的操作规程。

( ) 193. 车削细长轴时中心钻一般选用 A 型和 B 型。

( ) 194. 中心架由架体、弹簧、上盖、螺钉、螺母、压板组成。

( ) 195. 中心架如发热厉害，须及时调整三个支撑爪与工件接触表面的间隙。

( ) 196. 调整跟刀架支撑爪时，应先调整下支撑爪，然后再调整后支撑爪和上支撑爪。

( ) 197. 弹性顶尖由顶尖、向心球轴承、弹簧、推力球轴承、滚针轴承组成。

( ) 198. 多拐曲轴对曲柄轴承间的角度要求是通过准确的定位装夹来实现的。

( ) 199. 曲轴上划的十字线应引至外圆柱面上，供找正水平位置用。

( ) 200. 车削梯形螺纹前，要先把外径或内孔倒角。

附录4 中级车工应知模拟试卷（2）

一、单项选择题

1. 物体三视图的投影规律是：俯左视图（　　　）。
   A. 长对正　　　　　B. 高平齐　　　　　C. 宽相等　　　　　D. 左右对齐

2. 假想用剖切面剖开机件，将处在观察者和剖切面之间的部分移去，而将其余部分向投影面投影所得到的图形，称为（　　　）。
   A. 剖视图　　　　　B. 剖面图　　　　　C. 局部剖视图　　　D. 移出剖视图

3. 标注表面粗糙度时，代号的尖端不应（　　　）。
   A. 从材料内指向该表面可见轮廓
   B. 从材料外指向该表面可见轮廓
   C. 从材料外指向尺寸线
   D. 从材料外指向尺寸界线或引出线上

4. 同一表面有不同粗糙度要求时，须用（　　　）分出界线，分别标出相应的尺寸和代号。
   A. 虚线　　　　　　B. 点划线　　　　　C. 粗实线　　　　　D. 细实线

5. 绘制零件工作图一般分四步，第一步是（　　　）。
   A. 选择比例和图幅　　　　　　　　B. 看标题栏
   C. 布置图面　　　　　　　　　　　D. 绘制草图

6. 下列说法正确的是（　　　）。
   A. 增环公差最大　　　　　　　　　B. 减环尺寸最小
   C. 封闭环公差最大　　　　　　　　D. 封闭环尺寸最大

7. 本身尺寸增大能使封闭环尺寸增大的组成环为（　　　）。
   A. 增环　　　　　　B. 减环　　　　　　C. 封闭环　　　　　D. 组成环

8. 修正软卡爪的同心，属于减小误差的（　　　）法。
   A. 就地加工法　　　B. 直接减小误差法
   C. 误差分组法　　　D. 误差平均法

9. 退火，正火一般安排在（　　　）之后。
   A. 毛坯制造　　　　B. 粗加工　　　　　C. 半精加工　　　　D. 精加工

10. 把零件按误差大小分为几组，使每组的误差范围缩小的方法是（　　　）。
    A. 直接减小误差法　　　　　　　　B. 误差转移法
    C. 误差分组法　　　　　　　　　　D. 误差平均法

11. 精车梯形螺纹时，为了便于左右车削，精车刀的刀头宽度应（　　　）牙槽底宽。

A. 小于　　　　B. 等于　　　　C. 大于　　　　D. 超过

12. 高速车螺纹时，一般选用（　　）法车削。

A. 直进　　　　B. 左右切削　　　C. 斜进　　　　D. 车直槽

13. 梯形螺纹的螺纹升角是按螺纹的（　　）计算的。

A. 外径　　　　B. 中径　　　　C. 内径　　　　D. 小径

14. 同一条螺旋线相邻两牙在中径线上对应点之间的轴向距离称为（　　）。

A. 螺距　　　　B. 周节　　　　C. 节距　　　　D. 导程

15. 精车多线螺纹时，分线精度高，并且比较简便的方法是（　　）。

A. 小滑板刻度分线法　　　　　　B. 卡盘卡爪分线法

C. 分度插盘分线法　　　　　　　D. 挂轮分线法

16. 车刀左右两刃组成的平面，当车 Z_N 蜗杆时，平面应与（　　）装刀。

A. 轴线平行　　B. 齿面垂直　　C. 轴线倾斜　　D. 轴线等高

17. 计算 Tr40×12（P6）螺纹牙形各部分尺寸时，应以（　　）代入计算。

A. 螺距　　　　B. 导程　　　　C. 线数　　　　D. 中径

18. 车削多线螺纹用分度盘分线时，仅与螺纹（　　）有关，与其他参数无关。

A. 中径　　　　B. 模数　　　　C. 线数　　　　D. 小径

19. 主切削刃在基面上的投影与进给方向之间的夹角是：（　　）。

A. 前角　　　　B. 后角　　　　C. 主偏角　　　D. 副偏角

20. 用齿轮卡尺测量的是（　　）。

A. 法向齿厚　　B. 轴向齿厚　　C. 螺距　　　　D. 周节

21. 下列（　　）情况应选用较大前角。

A. 硬质合金车刀　　　　　　　　B. 车脆性材料

C. 车刀材料强度差　　　　　　　D. 车塑性材料

22. 车外圆时，车刀装低，（　　）。

A. 前角变大　　B. 前、后角不变　C. 后角变大　　D. 后角变小

23. 加工硬化层的硬度可达工件硬度 {.TK4} 倍。

A. 1　　　　　B. 1.2～2　　　　C. 3　　　　　D. 0.5

24. 切断刀的主偏角等于（　　）。

A. 0　　　　　B. 45°　　　　　C. 180°　　　　D. 90°

25. 当 K_r＝（　　）时，AC＝f。

A. K_r＝45°　　B. K_r＝75°　　C. K_r＝90°　　D. K_r＝80°

26. 加工硬化层的深度可达（　　）mm。

A. 1　　　　　B. 2　　　　　C. 0　　　　　D. 0.07～0.5

27. 一台 C620－1 车床，P_E＝7 千瓦，η＝0.8，如果要在该车床上以 80m/min 的速度车削短轴，这时根据计算得切削力 Fz＝3600N，则切削功率为（　　）千瓦。

A. 4800　　　　B. 7　　　　　C. 4.8　　　　　D. 5.6

28. 普通麻花钻特点是（　　）。

A. 棱边磨损小　　　B. 易冷却　　　　C. 横刃长　　　　D. 前角无变化

29. 产生加工硬化程度较小的金属材料是：（　　）。

　　A. 低碳钢　　　　　B. 中碳钢　　　　C. 高碳钢　　　　D. 灰铸铁

30. 造成已加工表面粗糙的主要原因是：（　　）。

　　A. 前角小　　　　　B. 切削深度大　　C. 速度低　　　　D. 积屑瘤

31. 磨削加工的实质可看成是具有无数个刀齿的（　　）刀的超高速粗加工。

　　A. 铣　　　　　　　B. 车　　　　　　C. 磨　　　　　　D. 插

32. 刃磨时对刀面的要求是（　　）。

　　A. 刃口锋利、平直　　　　　　　　　B. 刃口平直、表面粗糙度小

　　C. 刃口平直、光洁　　　　　　　　　D. 刀面平整、表面粗糙度小

33. 有时工件的数量并不多，但还是需要使用专用夹具，这是因为夹具能（　　）。

　　A. 保证加工质量　　　　　　　　　　B. 扩大机床的工艺范围

　　C. 提高劳动生产率　　　　　　　　　D. 解决加工中的特殊困难

34. 修磨麻花钻横刃的目的是（　　）。

　　A. 缩短横刃，降低钻削力　　　　　　B. 减小横刃处前角

　　C. 增大或减小横刃处前角　　　　　　D. 增加横刃强度

35. 硬质合金可转位车刀的特点是（　　）。

　　A. 节省装刀时间　B. 不易打刀　　　C. 夹紧力大　　　D. 刀片耐用

36. 修整砂轮一般用（　　）。

　　A. 油石　　　　　　B. 金刚石　　　　C. 硬质合金刀　　D. 高速钢

37. 采用夹具后，工件上有关表面的（　　）由夹具保证。

　　A. 表面粗糙度　　　B. 几何要素　　　C. 大轮廓尺寸　　D. 位置精度

38. 修磨麻花钻前刀面的目的是（　　）前角。

　　A. 增大　　　　　　B. 减小　　　　　C. 增大或减小　　D. 增大边缘处

39. 磨削加工砂轮的旋转是（　　）运动。

　　A. 工作　　　　　　B. 磨削　　　　　C. 进给　　　　　D. 主

40. 夹具中的（　　）装置能保证工件的正确位置。

　　A. 平衡　　　　　　B. 辅助　　　　　C. 夹紧　　　　　D. 定位

41. 弹簧夹头是车床上常用的典型夹具，它能（　　）。

　　A. 定心　　　　　　B. 定心又能夹紧　C. 定心不能夹紧　D. 夹紧

42. 保证工件在加工过程中的位置不发生变化，是（　　）。

　　A. 牢　　　　　　　B. 正　　　　　　C. 快　　　　　　D. 简

43. 轴类零件用双中心孔定位，能消除（　　）个自由度。

　　A. 三　　　　　　　B. 四　　　　　　C. 五　　　　　　D. 六

44. 夹紧力的方向应垂直于工件的（　　）。

　　A. 主要定位基准面　　　　　　　　　B. 加工表面

　　C. 未加工表面　　　　　　　　　　　D. 已加工表面

45. 被加工表面回转轴线与（　　）互相垂直，外形复杂的工件可装夹在花盘上加工。

    A. 基准轴线　　　　B. 基准面　　　　C. 底面　　　　D. 平面

46. 端面拨动顶尖是利用（　　）带动工件旋转，而工件仍以中心孔与顶尖定位。

    A. 鸡心夹头　　　　B. 梅花顶尖　　　　C. 端面拨爪　　　D. 端面摩擦

47. 外圆和外圆或内孔和外圆的轴线（　　）的零件，叫做偏心工件。

    A. 平行　　　　　　B. 重合　　　　　　C. 平行而不重合　D. 垂直

48. 对夹紧装置的基本要求中"正"是指（　　）。

    A. 夹紧后，应保证工件在加工过程中的位置不发生变化

    B. 夹紧时，应不破坏工件的正确定位

    C. 夹紧迅速

    D. 结构简单

49. 被加工表面回转轴线与基准面互相垂直，外形复杂的工件可装夹在（　　）上加工。

    A. 夹具　　　　　　B. 角铁　　　　　　C. 花盘　　　　　D. 三爪

50. 使用拨动顶尖装夹工件，用来加工（　　）。

    A. 内孔　　　　　　B. 外圆　　　　　　C. 端面　　　　　D. 形状复杂工件

51. 外圆与外圆偏心的零件，叫（　　）。

    A. 偏心套　　　　　B. 偏心轴　　　　　C. 偏心　　　　　D. 不同轴件

52. 车削细长轴时，要使用中心架和跟刀架来增加工件的（　　）。

    A. 钢性　　　　　　B. 稳定性　　　　　C. 刚性　　　　　D. 弯曲变形

53. 偏心工件的加工原理是把需要加工偏心部分的轴线找正到与车床主轴旋转轴线（　　）。

    A. 重合　　　　　　B. 垂直　　　　　　C. 平行　　　　　D. 不重合

54. 细长轴的主要特点是（　　）。

    A. 强度差　　　　　B. 刚性差　　　　　C. 弹性好　　　　D. 稳定性差

55. 外圆与内孔偏心的零件，叫（　　）。

    A. 偏心套　　　　　B. 偏心轴　　　　　C. 偏心　　　　　D. 不同轴件

56. 深孔加工主要的关键技术是深孔钻的（　　）问题。

    A. 几何角度　　　　　　　　　　B. 几何形状和冷却排屑

    C. 钻杆刚性和冷却排屑　　　　　D. 冷却排屑

57. 跟刀架可以跟随车刀移动，抵消（　　）切削力。

    A. 切向　　　　　　B. 径向　　　　　　C. 轴向　　　　　D. 反方向

58. 磨削加工的主运动是（　　）。

    A. 砂轮圆周运动　　B. 工件旋转运动　　C. 工作台移动　　D. 砂轮架运动

59. 在 CA6140 型车床上车削米制螺纹时，交换齿轮传动比应是（　　）。

    A. 42：100　　　　B. 63：75　　　　C. 32：97　　　　D. 64：97

60. 在车床上自制 60°前顶尖, 最大圆锥直径为 30mm, 则计算圆锥长度为 ( )mm。

    A. 26   B. 8.66   C. 17   D. 30

61. 使用枪孔钻 ( )。

    A. 必须使用导向套   B. 没有导向套, 可用车刀顶着钻头

    C. 不用使导向套   D. 先钻中心孔定位

62. 多片式摩擦离合器的内外摩擦片在松开状态时的间隙太大, 易产生 ( ) 现象。

    A. 停不住车   B. 开车手柄提不到位

    C. 掉车   D. 闷车

63. 被加工表面回转轴线与基准面互相 ( ), 外形复杂的工件可装夹在花盘上加工。

    A. 垂直   B. 平行   C. 重合   D. 一致

64. ( ) 的功用是在车床停车过程中, 使主轴迅速停止转动。

    A. 离合器   B. 电动机   C. 制动装置   D. 开合螺母

65. 下面 ( ) 属于操纵机构。

    A. 开车手柄   B. 大滑板   C. 开合螺母   D. 尾座

66. 已加工表面质量是指 ( )。

    A. 表面粗糙度   B. 尺寸精度

    C. 形状精度   D. 表面粗糙度和表层材质变化

67. 车床纵向溜板移动方向与被加工丝杠轴线在 ( ) 方向的平行度误差对工件螺距影响最大。

    A. 水平   B. 垂直   C. 任何方向   D. 切深方向

68. 起吊重物时, 允许的操作是 ( )。

    A. 同时按两个电钮   B. 重物起落均匀

    C. 斜拉斜吊   D. 吊臂下站人

69. 属于基本时间范围的是 ( ) 时间。

    A. 开车、停车   B. 测量和检验工件

    C. 工人喝水, 上厕所   D. 切削所需

70. 数控车床加工不同零件时, 只需更换 ( ) 即可。

    A. 毛坯   B. 凸轮   C. 车刀   D. 计算机程序

71. 在外圆磨床上磨削工件一般用 ( ) 装夹。

    A. 三爪卡盘   B. 一夹一顶   C. 两顶尖   D. 电磁吸盘

72. 文明生产应该 ( )。

    A. 量具放在顺手的位置   B. 开车前先检查车床状况

    C. 磨刀时站在砂轮正面   D. 磨刀时光线不好可不戴眼镜

73. G73 代码是 FANUC 数控 ( ) 床系统中的固定形状粗加工复合循环功能。

    A. 钻   B. 铣   C. 车   D. 磨

74. G75 代码是 FANUC 0TE—A 数控车床系统中的外圆 ( ) 复合循环功能。

A. 切槽　　　　　B. 圆弧　　　　　C. 车锥　　　　　D. 阶台

75. G76 代码是 FANUC 6T 数控车床系统中的（　　）螺纹复合循环功能。

　　A. 单头　　　　　B. 多头　　　　　C. 英制　　　　　D. 梯形

76. G90 代码是 FANUC 6T 数控车床系统中的（　　）切削循环功能。

　　A. 内孔　　　　　B. 曲面　　　　　C. 螺纹　　　　　D. 外圆

77. G94 代码是 FANUC 6T 数控车床系统中的端面切削循环功能，它是（　　）组的模态代码。

　　A. 01　　　　　　B. 02　　　　　　C. 03　　　　　　D. 05

78. M23 功能是在（　　）切削循环中，该代码自动实现螺纹倒角。

　　A. 外沟槽　　　　B. 螺纹　　　　　C. 内沟槽　　　　D. 外圆

79. M99 指令功能代码是子程序（　　），即使子程序返回到主程序。

　　A. 开始　　　　　B. 选择　　　　　C. 结束　　　　　D. 循环

80. 以 5 或 10 为间隔选择（　　）号，以便以后插入程序段时不会改变程序段号的顺序。

　　A. 字母　　　　　B. 程序段　　　　C. 字符　　　　　D. 顺序

81. G50 指令所建立的坐标系，X 方向的（　　）零点在主轴回转中心线上。

　　A. 机械　　　　　B. 坐标　　　　　C. 机床　　　　　D. 编程

82. 程序段 G50　X200.0　Z263.0 表示刀尖距（　　）距离 X＝200，Z＝263。

　　A. 机械零点　　　B. 参考点　　　　C. 工件原点　　　D. 机床零点

83. 用绝对编程 G01 时，刀具以（　　）指令的进给速度进行直线插补，移至坐标值为 X、Z 的点上。

　　A. F　　　　　　B. G98　　　　　　C. G96　　　　　　D. M

84. 单一固定循环是将一个（　　）循环，例如切入→切削→退刀→返回四个程序段用 G90 指令可以简化为一个程序段。

　　A. 普通　　　　　B. 外圆　　　　　C. 固定　　　　　D. 复合

85. 螺纹加工循环的刀具从循环起点开始按（　　）循环，最后又回到循环起点。

　　A. 要求　　　　　B. 方形　　　　　C. 梯形　　　　　D. 指定

86. 一个较为复杂的程序可以由主程序和（　　）组成，数控系统中的宏程序，我们也将它归类为子程序。

　　A. 程序段　　　　B. 命令　　　　　C. 子程序　　　　D. 编号

87. 一个较为复杂的程序可以由主程序和子程序组成，数控系统中的（　　）程序，我们也将它归类为子程序。

　　A. 变量　　　　　B. 宏　　　　　　C. 参数　　　　　D. 应用

88. 刀具从其始点经由规定的路径运动，以 F 指令的进给速度进行切削，而后（　　）返回到起始点。

　　A. 原路　　　　　B. 立即　　　　　C. 快速　　　　　D. 按规定

89. 建立补偿和撤销补偿不能是（　　）指令程序段，一定要用 G00 或 G01 指令进行建立或撤销。

    A. 平面   B. 圆弧   C. 曲线   D. 绝对

90. 接通电源前，检查（   ）内的切屑是否已处理干净。

    A. 切削槽   B. 夹具   C. 刀具   D. 机床

91. 接通电源后，（   ）显示屏上是否有任何报警显示。若有问题应及时处理。

    A. 数字   B. 模拟   C. CRT   D. PTA

92. 操作者必须熟悉车床（   ）说明书和车床的一般性能、结构，严禁超性能使用。

    A. 安装   B. 使用   C. 调试   D. 修理

93. 按动各按键时用力应适度，不得用力拍打（   ）、按键和显示屏。

    A. 键盘   B. 系统   C. 导轨   D. 刀具

94. 刀具（   ）补偿在编程时，一般以其中一个刀具为基准，并以该刀具的刀尖位置为依据建立工件坐标系。

    A. 位置   B. 半径   C. 长度   D. 顶点

95. 具有刀具半径补偿功能的数控车床在编程时，不用计算刀尖半径（   ）轨迹，只要按工件实际轮廓尺寸编程即可。

    A. 边缘   B. 中心   C. 运动   D. 轮廓

96. 具有刀具半径补偿功能的数控车床在编程时，不用计算刀尖半径中心轨迹，只要按工件（   ）轮廓尺寸编程即可。

    A. 理论   B. 实际   C. 模拟   D. 外形

97. 刀具半径左补偿功能用 G41 表示；刀具半径右补偿功能用（   ）表示。

    A. G28   B. G17   C. G40   D. G42

98. 刀具补偿号可以是 00～32 中的任意一个数，刀具补偿号为（   ）时，表示取消刀具补偿。

    A. 01   B. 10   C. 32   D. 00

99. 数控车床具有（   ）控制和自动加工功能，加工过程不需要人工干预，加工质量较为稳定。

    A. 机动   B. 自动   C. 程序   D. 过程

100. 数控车床具有自动（   ）功能，根据报警信息可迅速查找机床事故。而普通车床则不具备上述功能。

    A. 报警   B. 控制   C. 加工   D. 定位

101. 数控车床具有程序控制和自动加工功能，加工过程不需要人工干预，加工质量较为（   ）。

    A. 稳定   B. 合理   C. 控制   D. 一般

102. 数控车床采用（   ）电动机经滚珠丝杠传到滑板和刀架，以控制刀具实现纵向（Z向）和横向（X向）进给运动。

    A. 交流   B. 伺服   C. 异步   D. 同步

103. （　　）装置作为控制部分是数控车床的控制核心、其主体是一台计算机（包括 CPU、存储器、CRT 等）。

    A. 数控   B. 自动   C. CPU   D. PLC

104. 数控车床的结构由机械部分、数控装置、（　　）驱动系统、辅助装置组成。

    A. 电机   B. 进给   C. 主轴   D. 伺服

105. 伺服驱动系统是数控车床切削工作的（　　）部分，主要实现主运动和进给运动。

    A. 定位   B. 加工   C. 动力   D. 主要

106. 逐点比较法直线插补中，由（　　）值就可以判断出当前刀具切削点与直线的相对位置。

    A. 计算   B. 偏差   C. 比较   D. 实际

107. 加工圆弧时，若当前刀具的切削点在圆弧上或其（　　）侧时，应向 −X 方向发一个脉冲，使刀具向圆弧内前进 一步。

    A. 内   B. 外   C. 左   D. 右

108. 准备功能指令，主要用于指定数控机床的（　　）方式，为数控系统的插补运算做好准备。

    A. 运动   B. 静止   C. 启动   D. 运转

109. 准备功能指令，主要用于指定数控机床的运动方式，为数控系统的（　　）运算做好准备。

    A. 函数   B. 四则   C. 插补   D. 三角

110. OPR ALARM 键的功能是（　　）号显示。

    A. 版本   B. 报警   C. 程序   D. 顺序

111. PRGRM 键的用途是在方式，编辑和显示内存中的程序；在 MDI 方式，输入和显示（　　）数据。

    A. PLC   B. MC   C. NC   D. MID

112. 按地址键或数值键后，地址或数值进入键输入（　　）器，并显示在 CRT 上。

    A. 存储   B. 加法   C. 缓冲   D. 累加

113. 手工编程是指从分析零件图样、确定加工工艺过程、数值计算、编写零件加工程序单、（　　）控制介质到程序校验都是由人工完成。

    A. 输入   B. 编写   C. 制备   D. 完成

114. 自动编程软件是（　　）的数控软件，只有在计算机内配备这种软件，才能进行自动编程。

    A. 通用   B. 集成   C. 单独   D. 专用

115. 语言式自动编程是由（　　）员用一种专用的数控编程语言描述整个零件的加工过程，即编制出零件加工源程序。

    A. 编程   B. 技术   C. 工艺   D. 程序

116. 语言式自动编程输入方式将（　　）程序输入计算机中，由计算进行编译（也称为前置处理）、计算刀具轨迹，最后再经过数控机床后置处理后，自动生成相应的数控加工程序，并同时制作程序纸带 或打印出程序清单。

    A. 主   B. 宏   C. 源   D. 完整

117. 语言式自动编程是由员用一种专用的数控编程语言（　　）整个零件的加工过程，即编制出零件加工源程序。

    A. 写出   B. 描述   C. 编辑   D. 计算

118. 语言式自动编程输入方式将源程序输入计算机中，由计算进行（　　）（也称为前置处理）、计算刀具轨迹，最后再经过数控机床后置处理后，自动生成相应的数控加工程序，并同时制作程序纸带或打印出程序清单。

    A. 编译   B. 处理   C. 翻译   D. 制作

119. 图形交互式自动编程系统在运行过程中，屏幕可同时出现工件的（　　）视图，并有刀具切削过程实体图。具有形象、直观等优点。

    A. 立   B. 俯   C. 三   D. 多个

120. 在编制好数控程序进行实际切削加工时，必须测出各个刀具的（　　）尺寸及实际安装位置。即确定各刀具的刀尖相对于机床上某一固定点的距离，从而对刀具的补偿参数进行 、相应的设定。

    A. 原点   B. 刀尖   C. 相关   D. 实际

121. 机内对刀多用于数控（　　），根据其对刀原理，机内对刀又可分为试切法和测量法。

    A. 镗床   B. 车床   C. 铣床   D. 加工中心

122. 在编制好数控程序进行实际切削加工时，必须测出各个刀具的相关尺寸及实际（　　）位置。即确定各刀具的刀尖相对于机床上某一固定点的距离，从而对刀具的补偿参数进行 、相应的设定。

    A. 相互   B. 安装   C. 坐标   D. 终点

123. 机内对刀多用于数控车床，根据其对刀原理，机内对刀又可分为试切法和（　　）法。

    A. 自测   B. 计算   C. 测量   D. 仪器测量

124. 对刀测量仪是一种可（　　）安装在数控车床的某一固定位置，并具有光学投影放大镜的对刀仪。

    A. 直接   B. 间接   C. 精确   D. 固定

125. 当对刀仪在数控车床上固定后，基准点相对于车床坐标系原点尺寸距离是固定不变的，该尺寸值由车床制造厂通过精确测量，预置在车床（　　）内。

    A. 存储器   B. 系统   C. 数据   D. 参数

126. 对刀测量仪是一种可直接安装在数控车床的某一固定位置，并具有光学（　　）放大镜的对刀仪。

    A. 显像   B. 投影   C. 测量   D. 聚焦

127. 当对刀仪在数控车床上固定后，（　　）点相对于车床坐标系原点尺寸距离是固定不变的，该尺寸值由车床制造厂通过精确测量，预置在车床参数内。

　　A. 对刀　　　　　B. 参考　　　　　C. 基准　　　　　D. 设定

128. 数控车床的操作面板由两部分组成：上部分为（　　）控制机操作面板，下部分为车床操作面板。

　　A. AC　　　　　B. PC　　　　　C. WC　　　　　D. PLC

129. 按 NC 控制机电源接通按钮（　　）S 后，荧光屏（CRT）显示出 READY（准备好）字样，表示控制机已进入正常工

　　A. 3～4　　　　　B. 1～2　　　　　C. 5　　　　　D. 2.5

130. （　　）型数控车床配置的是 FANUC　0TE—A—2 系统操作面板。

　　A. CK3225　　　　　B. CW3225　　　　　C. XHK714　　　　　D. ZK3225

131. 程序段 N0025G90　X60.0 Z－35.0　R－5.0　F3.0；中 R 为工件被加工锥面大小端（　　）差，其值为 5mm。

　　A. 半径　　　　　B. 直径　　　　　C. 角度　　　　　D. 误

132. 程序段 N0045G32 Z－36.0 F4.0；表示圆柱螺纹加工，螺距为（　　）mm，进刀距离为（　　）mm，方向为负。

　　A. 32、4　　　　　B. 4、32　　　　　C. 40、3.2　　　　　D. 6、32

133. 将状态开关选在"回零位置"，按＋X、＋Z 按钮，刀架可回到机床的（　　）零点位置。

　　A. 参考　　　　　B. 机械　　　　　C. 刀具　　　　　D. 工件

134. 将"状态开关"选在"位置"，通过"步进选择"开关选择（　　）mm 的单步进给量，每按一次"点动按钮"，刀架将移动 0.001～1 mm 的距离。

　　A. 0.1～1　　　　　B. 0.001～1　　　　　C. 1～2　　　　　D. 0.02～0.1

135. 进给倍率选择开关在自动进给操作时，可以调整进给量 F 码的范围为（　　）。

　　A. 1%～15%　　　　　B. 20%～150%　　　　　C. 5%～150%　　　　　D. 10%～100%

136. 当"快移倍率开关"置于 F0 位置时，执行低速快移，设定 Z 轴快移低速度为（　　）m/min。

　　A. 12　　　　　B. 18　　　　　C. 4　　　　　D. 20

137. 主轴转速由（　　）数据输入或程序中的 S 代码指令决定。

　　A. 保护　　　　　B. 用户　　　　　C. 手动　　　　　D. 内存

138. 主轴停止按钮对所有（　　）状态均起作用。

　　A. 编辑　　　　　B. 工作　　　　　C. STEP　　　　　D. ZRN

139. 按循环启动按钮 NC 控制机的程序将（　　）执行，在执行程序时该按钮的指示灯亮，当执行完毕后指示灯灭。

　　A. 转向　　　　　B. 跳过　　　　　C. 自动　　　　　D. 释放

140. 数控系统发生报警时，"（　　）按钮"不起作用。

　　A. 空运行　　　　　B. 超程　　　　　C. 循环启动　　　　　D. 电源

141. 单程序段选择按钮有（　　）个工作状态。

    A. 三　　　　　　　B. 两　　　　　　　C. 一　　　　　　　D. 四

142. "STEP" 键是使数控系统处于（　　）状态。

    A. 插入　　　　　　B. 单步　　　　　　C. 变更　　　　　　D. 稳定

143. "JOG" 键是使数控系统处于（　　）状态。

    A. 单段　　　　　　B. 锁住　　　　　　C. 点动　　　　　　D. 准备

144. "ZRN" 键是使数控系统处于（　　）状态。

    A. 自动　　　　　　B. 编辑　　　　　　C. 空运行　　　　　D. 回零

145. 车床操作过程中，（　　）。

    A. 搬工件应戴手套　　　　　　　　　B. 不准用手清屑

    C. 短时间离开不用切断电源　　　　　D. 卡盘停不稳可用手扶住

146. M1432A 型外圆磨床上的砂轮架是用来（　　）砂轮主轴的。

    A. 装夹　　　　　　B. 支承　　　　　　C. 带动　　　　　　D. 连接

147. 磨削区域温度高达（　　），所以必须充分使用切削液降温。

    A. 800～1000 度　　B. 500～600 度　　C. 300 度　　　　　D. 1200 度

148. 在平面磨削中，一般来说，圆周磨削比端面磨削（　　）。

    A. 效率高　　　　　B. 加工质量好　　　C. 磨削热大　　　　D. 磨削力大

149. 镗削加工适宜于加工（　　）零件。

    A. 轴类　　　　　　B. 套类　　　　　　C. 箱体类　　　　　D. 机座类

150. 铣削加工（　　）是主运动。

    A. 铣刀旋转　　　　B. 铣刀移动　　　　C. 工件移动　　　　D. 工件进给

151. 在车间生产中，严肃贯彻工艺规程，执行技术标准严格坚持"三按"即（　　）组织生产，不合格产品不出车间。

    A. 按人员，按设备　　　　　　　　　B. 按人员，按资金，按物质

    C. 按图纸，按工艺，按技术标准　　　D. 按车间，按班组，按个人

152. 在质量检验中，要坚持"三检"制度，即（　　）。

    A. 自检、互检、专职检　　　　　　　B. 首检、中间检、尾检

    C. 自检、巡回检、专职检　　　　　　D. 首检、巡回检、尾检

153. 为以后的工序提供定位基准的阶段是（　　）。

    A. 粗加工阶段　　　　　　　　　　　B. 半精加工阶段

    C. 精加工阶段　　　　　　　　　　　D. 三阶段均可

154. 修正软卡爪的同心，属于减小误差的（　　）法。

    A. 就地加工法　　　　　　　　　　　B. 直接减小误差法

    C. 误差分组法　　　　　　　　　　　D. 误差平均法

155. 车刀切削部分材料的硬度不能低于（　　）。

    A. HRC90　　　　　B. HRC70　　　　　C. HRC60　　　　　D. HB230

156. 形状复杂，精度较高的刀具应选用的材料是（　　）。

A. 工具钢　　　　B. 高速钢　　　　C. 硬质合金　　　　D. 碳素钢

157. 控制切屑排屑方向的角度是（　　　）。

A. 主偏角　　　　B. 前角　　　　C. 刃倾角　　　　D. 后角

158. 切削塑性较大的金属材料时形成（　　　）切屑。

A. 带状　　　　B. 挤裂　　　　C. 粒状　　　　D. 崩碎

159. （　　　）时，可避免积屑瘤的产生。

A. 使用切削液　　B. 加大进给量　　C. 中等切削速度　　D. 小前角

160. 设备对产品质量的保证程度是设备的（　　　）。

A. 生产性　　　　B. 耐用性　　　　C. 可靠性　　　　D. 稳定性

二、判断题

（　　）161. 标注形位公差时，如果其箭头与尺寸线对齐，则被测要素是中心要素。

（　　）162. 已知米制梯形螺纹的公称直径为 36mm，螺距 P＝6mm，则中径为 33mm。

（　　）163. 车多线螺纹时，如果分头出现误差，会影响内、外螺纹的配合精度。

（　　）164. 车多线蜗杆，用三针测量时，其中两针应放在相邻两槽中。

（　　）165. 一般蜗杆根据其齿形可分为法向直廓蜗杆和轴向直廓蜗杆。

（　　）166. 切削宽度 a_w 是在垂直于工件加工表面测量的切削层尺寸。

（　　）167. 切深抗力是产生振动的主要因素。

（　　）168. 切削脆性金属时，切削速度改变切削力也跟着变化。

（　　）169. 磨刀时对刀面的基本要求是：刀刃平直，表面粗糙度小。

（　　）170. 车床夹具是用来加工工件的回转表面。

（　　）171. 车削细长轴工件时，跟刀架的支承爪压得过紧时，会把工件车成"锥形"。

（　　）172. 工件常见定位方法有平面定位、圆柱孔定位、两孔一面定位和圆柱面定位等。

（　　）173. 高压内排屑钻的优点是切削液通过"喷"和"吸"两个作用将切屑排出。

（　　）174. 变速机构可在主动轴转速改变时，使从动轴获得不同的转速。

（　　）175. 在角铁上加工工件，第一个工件的找正困难，辅助时间长。

（　　）176. 车削细长轴工件时，跟刀架的支承爪压得过紧时，会使工件产生"竹节形"。

（　　）177. CA6140 型卧式车床具有高速细进给，加工精度高，表面粗糙度小。

（　　）178. CA6140 型卧式车床过载保护机构在进给箱中。

（　　）179. 全面质量管理的基本特点就在于全员性和预防性。

（　　）180. 操作者对自用设备的使用要达到会使用、会保养、会检查、会排除故障。

（　　）181. 顺时针圆弧插补指令为 G04。

（　　）182. 增量编程时，U、W 是终点相对于中点的距离。

（　　）183. G04 指令指令只能在切槽、钻锥孔时使用，不可用于拐角轨迹的控制。

（　　）184. 数控机床加工中常见的几种有螺纹圆柱螺纹和端面螺纹。

（　　）185. 刀具补偿量也可在程序中用 G10 指令设定。

（　　）186. 数控车床的日常保养主要有：接通电源前、接通电源后、车床运转后三个方面。

（　　）187. 车床运转中，主轴、滑板处是否有异常噪声不属于数控车床的日常保养。

（　　）188. 操作者可以超性能使用数控车床。

（　　）189. 数控车床的操作规程包括十项操作要求。

（　　）190. 检查各控制箱的冷却风扇是否正常运转是数控车床的操作规程之一。

（　　）191. 硬质合金车刀加工铝合金时前角一般为 40°～45°。

（　　）192. 中滑板丝杠与螺母间隙调整合适后，应把螺钉松开。

（　　）193. 在 CA6140 车床上车削导程大于 6mm 时，必须使用扩大螺距传动路线。

（　　）194. 加工台阶轴时，主偏角应等于或大于 90°。

（　　）195. 梯形螺纹车刀纵向后角一般为 1°～2°。

（　　）196. 高速钢梯形螺纹精车刀的牙型角应用万能角尺测量。

（　　）197. 主轴中间支撑处还装有一个圆柱滚子轴承，用于承受径向力。

（　　）198. 过载保护机构又称安全离合器，安装在溜板箱内。

（　　）199. 轴肩槽采用局部放大的表达方法，不利于对其几何形状的了解和尺寸标注。

（　　）200. 齿轮零件图技术要求中 T250 表示该零件要进行调质处理。

附录 5　车工技术等级标准（初、中、高级）

一、职业定义

操作车床，按技术要求对工件进行切削加工。

二、适用范围

各种车床的操作、调整、保养。

三、技术等级线

初、中、高三级。

初 级 车 工

一、知识要求

1. 自用设备的名称、型号、规格、性能、结构和传动系统。
2. 自用设备的润滑系统、使用规则和维护保养方法。
3. 常用工、夹、量具（仪器）的名称、规格、用途、使用规则和维护保养方法。
4. 常用刀具的种类、牌号、规格和性能；刀具几何参数对切削性能的影响。
5. 常用金属材料的种类、牌号、力学性能、切削性能和切削过程中的热膨胀知识。
6. 常用润滑油的种类和用途。
7. 常用切削液的种类、用途及其对表面粗糙度的影响。
8. 机械识图、公差配合、形位公差和表面粗糙度的基本知识。
9. 机械传动基本知识。
10. 钳工基本知识。
11. 相关工种一般工艺知识。
12. 常用数学计算知识。
13. 切削用量基本知识。选择切削用量的基本原则。
14. 台阶轴的加工方法和达到同轴度要求的方法。
15. 一般套类的加工方法和达到技术要求的方法。
16. 常用圆锥的标准、计算及车削方法。
17. 常用螺纹的种类、用途、主要尺寸的计算方法（包括查阅有关螺纹表格）及车螺纹时交换齿轮的计算、选择和车削方法。
18. 弹簧夹头、送料机构、丝锥和自动张开板牙的种类和构造。

19. 轴、孔的精加工余量和热处理前留磨削余量的基本知识。

20. 金属热处理常识。

21. 自用设备电器的一般常识，安全用电知识。

22. 分析废品产生的原因和预防措施。

23. 安全技术规程。

二、技能要求

1. 自用设备的操作、保养，并能及时发现一般故障。

2. 使用常用的工、夹、量具，并能进行维护保养。

3. 根据工件材料和加工要求，合理选择、使用和刃磨各种常用车刀和钻头。

4. 较合理地选择切削用量。

5. 看懂零件图，正确执行工艺规程。

6. 正确使用通用夹具和组合夹具。

7. 车削常用内、外圆锥。

8. 车削简单成形面工件。

9. 车削内、外三角形螺纹及较短的一般精度的矩形和梯形螺纹。

10. 一般零件的加工和测量。

11. 钳工基本操作技能。

12. 正确执行安全技术操作规程。

13. 做到岗位责任制和文明生产的各项要求。

三、工作实例

1. 车制台阶轴（3～4 个台阶），同轴度公差 0.05mm，表面粗糙度为 Ra3.2μm。

2. 在卧式车床或转塔车床上车制双联齿轮，内孔公差等级 IT7，同轴度公差 0.05mm，内孔表面粗糙度为 Ra3.2μm。

3. 车制椭圆或三球手柄，允许用砂布抛光，外形符合要求，表面粗糙度为 Ra1.6μm。

4. 车制 M24，长 300mm，具有一定精度的螺栓，表面粗糙度为 Ra3.2μm，用螺纹环规检查合格。

5. 车制 CA6140 型车床小滑板丝杠，用螺纹环规检查合格，表面粗糙度为 Ra1.6μm。

6. 在立式车床上车制外径≤φ1500mm，内孔≤φ120mm 的盘，轮类零件，公差等级为 IT8，两端面与孔轴线的垂直度 0.08mm，表面粗糙度为 Ra3.2μm。

中级车工

一、知识要求

1. 常用设备的性能、结构、传动系统和调整方法。

2. 常用测量仪器的名称、用途、使用和维护保养方法。

3. 常用工、夹具（包括组合夹具）的结构、使用、调整和维护保养方法。

4. 金属切削原理和刀具基本知识。

5. 工件定位、夹紧的基本原理和方法。

6. 在花盘和角铁上装夹和加工工件的方法。

7. 加工工件时防止工件变形的方法。

8. 细长轴和深孔加工的基本方法。

9. 偏心工件的加工和测量方法。

10. 蜗杆和多线螺纹的加工和测量方法。

11. 提高加工精度和减小表面粗糙度值的方法。

12. 编制工艺规程的基本知识。

13. 常用齿轮（包括蜗杆、蜗轮）的种类、用途的主要尺寸的计算知识。

14. 凸轮机构的种类和用途。

15. 数控车床的基础知识。

16. 液压传动的基本知识。

17. 生产技术管理知识。

二、技能要求

1. 防止并能排除自用车床的一般故障。

2. 根据工件的技术要求，刃磨较复杂的成形刀具。

3. 合理使用工、夹具、正确选用测量仪器。

4. 看懂较复杂的零件图和一般部件装配图，绘制一般零件图。

5. 细长轴、长丝杠、偏心工件、两拐曲轴、深孔等工件的精车和测量。

6. 在花盘和角铁上装夹和加工较复杂的工件。

7. 内、外多线螺纹的精车和测量。

8. 蜗杆（多线蜗杆）的精车和测量。

9. 精车多孔工件（2～3孔），孔距误差不大于 0.03mm/100mm。

10. 在立式车床上车制各种斜面、球面、曲线形工件。

11. 独立调整自动车床，加工各种工件，公差等级为 IT8，表面粗糙度为 $R_a3.2\mu m$。

三、工件实例

1. 精车 CA6140 型车床长丝杠，符合图样要求。

2. 精车齿轮油泵体，公差等级为 IT7，表面粗糙度为 Ra1.6μm。

3. 精车多线蜗杆，精度8级（GB10089－88），齿面粗糙度为 Ra1.6μm。

4. 在立式车床上车制外径 ϕ1500h7，内孔 ϕ150H7，偏心 80±0.05mm 的偏心轮，表面粗糙度 Ra1.6μm。

5. 在转塔车床上多刀加工三联齿轮，符合图样要求。

车工技能实训

6. 在自动车床上加工斜面、球面、曲面等工件，公差等级为 IT8，表面粗糙度为 Ra3.2μm。

7. 相应复杂程度工件的加工。

高级车工

一、知识要求

1. 常用车床的检验方法。

2. 多种精密量仪（杠杆卡规、杠杆千分尺、千分表、水平仪、测微仪等）的结构、原理和各部分的作用。

3. 多种复杂的大型、畸形、精密工件的装夹、加工和测量方法。

4. 复杂工件定位基准的选择，并能分析定位误差，提出改进夹具的措施。

5. 机械加工工艺知识。

6. 数控车床知识。

7. 机床电气控制基本知识。

8. 机械加工工艺知识。

9. 提高生产率的基本知识。

二、技能要求

1. 根据机床说明书，对各类典型车床进行精度检验和调试。

2. 看懂本厂产品和机床装配图。

3. 看懂液压元件的结构和动作原理图。

4. 改进工、夹具并绘制结构草图。

5. 六拐曲轴的加工和测量。

6. 立体交错多孔箱体的加工和测量。

7. 解决车削加工中各种复杂操作技术问题。

8. 编制工艺规程。

9. 应用推广新技术、新工艺、新设备、新材料。

三、工作实例

1. 车制六拐以上曲轴，公差等级为 IT7，表面粗糙度为 Ra1.6μm。

2. 车制立体交错三孔以上箱体零件，公差等级为 IT7，表面粗糙度为 Ra1.6μm。

相应复杂程度工件的加工。

附录6　车削加工切削用量的合理选择

硬质合金及高速钢车刀粗车外圆和端面的切削用量选择参考值见附表1。

附表1　硬质合金及高速钢车刀粗车外圆和端面的切削用量选择

材料	刀柄	工件直径	切削深度 a_p				
			≤3	>3~5	>5~8	>8~12	12以上
			进给量（mm/r）				
碳素结构钢 合金结构钢 耐热钢	16×25	20	0.3~0.4	—	—	—	—
		40	0.4~0.5	0.3~0.4	—	—	—
		60	0.6~0.7	0.4~0.6	0.3~0.5	—	—
		100	0.6~0.9	0.5~0.7	0.5~0.6	0.4~0.5	—
		400	0.8~1.2	0.7~1.0	0.6~0.8	0.5~0.6	—
碳钢	20×30 25×25	20	0.3~0.4	—	—	—	—
		40	0.4~0.5	0.3~0.4	—	—	—
		60	0.6~0.7	0.5~0.7	0.4~0.6	—	—
		100	0.8~1.0	0.7~0.9	0.5~0.7	0.4~0.7	—
		600	1.2~1.4	1.0~1.2	0.8~1.0	0.6~0.9	0.4~0.6
合金钢	25×40	60	0.6~0.9	0.5~0.8	0.4~0.7	—	—
		100	0.8~1.2	0.7~1.1	0.6~0.9	0.5~0.8	—
		1000	1.2~1.5	1.1~7.5	0.9~1.2	0.8~1.0	0.7~0.8
耐热钢	30×45 40×60	500	1.1~1.4	1.1~1.4	1.0~1.2	0.8~1.2	0.7~1.1
		2500	1.3~2.0	1.3~1.8	1.2~1.6	1.1~1.5	1.0~1.5
铸铁	16×25	40	0.4~0.5	—	—	—	—
		60	0.6~0.8	0.5~0.8	0.4~0.6	—	—
		100	0.8~1.2	0.7~1.0	0.6~0.8	0.5~0.7	—
		400	1.0~1.4	1.0~1.2	0.8~1.0	0.6~0.8	—
	20×30 25×25	40	0.4~0.5	—	—	—	—
		60	0.6~0.9	0.5~0.8	0.4~0.7	—	—
		100	0.9~1.3	0.8~1.2	0.7~1.0	0.5~0.8	—
		600	1.2~1.8	1.2~1.6	1.0~1.3	0.9~1.1	0.7~0.9
铜合金	25×40	60	0.6~0.8	0.5~0.8	0.4~0.7	—	—
		100	1.0~1.4	0.9~1.2	0.8~1.0	0.6~0.9	—
		1000	1.5~2.0	1.2~1.8	1.0~1.4	1.0~1.2	0.8~1.0
	30×45 40×60	50	1.4~1.8	1.2~1.6	1.0~1.4	1.0~1.3	0.9~1.2
		2500	1.6~2.4	1.6~2.0	1.4~1.8	1.3~1.7	1.2~1.7

注:1) 断续表面,进给量乘以系数 K=0.75—0.85。
2) 耐热钢及合金时,不采用大于 1.0mm/r 的进给量。
3) 加工淬硬钢时,乘以系数 k=0.8(44~56HRC)　k=0.5(57~62HRC)。
4) 可转位车刀片最大进给量不应超过其刀尖圆弧半径值的 80%。

附录 7　轴、套、圆锥、螺纹和蜗杆类工件的质量分析

一、车削轴类零件时的质量分析

车削轴类零件时,可能产生废品的种类、原因及预防措施见附表 2。

附表 2　车削轴类零件时产生废品的原因及预防措施

废品种类	产生原因	预防措施
圆度超差	车床主轴间隙太大	车削前,检查主轴间隙,并调整合适。如因轴承磨损太多,则需更换轴承
	毛坯余量不均匀,切削过程中背吃刀量发生变化	分粗,精车
	用两顶尖装夹工件时,中心孔接触不良,前后顶尖顶的不紧,前后顶尖产生径向圆跳动等	用两顶尖装夹工件时,必须松紧适当。若回转顶尖产生径向圆跳动,须及时修理或更换
圆柱度超差	用一夹一顶或两顶尖装夹工件时,后顶尖轴线与主轴轴线不同轴。	车削前,找正后顶尖,使之与主轴轴线同轴
	用卡盘装夹工件纵向进给车削时,产生锥度是由于车床床身导轨跟主轴轴线不平行	调整车床主轴与床身导轨的平行度
	用小滑板车外圆时,圆柱度超差是由于小滑板的位置不正,即小滑板刻线与中滑板的刻线没有对准"0"线	必须先检查小滑板的刻线是否与中滑板刻线的"0"线对准
	工件装夹时悬伸较长,车削时因切削力影响使前端让开,造成圆柱度超差	尽量减少工件的伸出长度,或另一端用顶尖支承,增加装夹刚性
	车刀中途逐渐磨损	选择合适的刀具材料,或适当降低切削速度
尺寸精度达不到要求	看错图样或刻度盘使用不当	认真看清图样尺寸要求,正确使用刻度盘,看清刻度值
	没有进行试切削	根据加工余量算出背吃刀量,进行试切削,然后修正背吃刀量
	由于切削热的影响,使工件尺寸发生变化	不能在工件温度较高时测量,如测量应掌握工件的收缩情况,或浇注切削液,降低工件温度
	测量不正确或量具有误差	正确使用量具,使用量具前,必须检查和调整零位
	尺寸计算错误,槽深度不正确	仔细计算工件的各部分尺寸,对留有磨削余量的工件,车槽时应考虑磨削余量
	没及时关闭机动进给,使车刀进给长度超过阶台长	注意及时关闭机动进给或提前关闭机动进给,用手动进给到长度尺寸

续表

废品种类	产生原因	预防措施
表面粗糙度达不到要求	车床刚性不足,如滑板塞铁太松,传动零件(如带轮)不平衡或主轴太松动引起振动	消除或防止由于车床刚性不足而引起的振动(如调整车床各部件的间隙)
	车刀刚性不足或伸出太长而引起振动	增加车刀刚性和正确装夹车刀
	工件刚性不足引起振动	增加工件的装夹刚性
	车刀几何参数不合理,如选用过小的前角.后角和主偏角	合理选择车刀角度(如适当增大前角,选择合理的前角.后角和主偏角)
	切削用量选用不当	进给量不宜太大,精车余量和切削速度应选择恰当

二、车削套类零件时的质量分析

车削套类零件时,可能产生废品的种类、原因及预防措施见附表3。

附表3 车削套类零件时产生废品的原因及预防措施

废品种类	产生原因	预防措施
孔的尺寸大	车孔时,没有仔细测量	仔细测量和进行试切削
	铰孔时,主轴转速太高,铰刀温度上升,切削液供应不足	降低主轴转速,充分加注切削液
	铰孔时,铰刀尺寸大于要求,尾座偏位	检查铰刀尺寸,校正尾座轴线,采用浮动套筒
孔的圆柱度超差	车孔时,刀杆过细,刀刃不锋利,造成让刀现象,使孔外大里小	增加刀杆刚性,保证车刀锋利
	车孔时,主轴中心线与导轨在水平面内或垂直面内不平行	调整主轴轴线与导轨的平行度
	铰孔时,孔口扩大,主要原因是尾座偏位	校正尾座,采用浮动套筒
孔的表面粗糙度值大	车孔时,内孔车刀磨损,刀杆产生振动	修磨内孔车刀,采用刚性较大的刀杆
	铰孔时,铰刀磨损或切削刃上有崩口、毛刺	修磨铰刀,刃磨后保管好,不许碰毛
	切削速度选择不当,产生积屑瘤	铰孔时,采用 5m/min 以下的切削速度,并加注切削液
同轴度垂直超差	用一次安装方法车削时,工件移位或机床精度不高	工件装夹牢固,减小切削用量,调整机床精度
	用软卡爪装夹时,软卡爪没有车好	软件卡爪应在本车床上车出,直径与工件装夹尺寸基本相同
	用心轴装夹时,心轴中心孔毛,或心轴本身同轴度超差	心轴中心孔应保护好,如碰毛可研修中心孔,如心轴弯曲可校直或重制

三、车削圆锥时的质量分析

车削圆锥的主要质量问题是工件的锥度不对或圆锥的母线不直而造成废品。废品的种类、原因及预防措施见附表4。

附表4　车削圆锥时产生废品的原因及预防措施

废品种类	产生原因	预防措施
锥度 （角度） 不正确	用转动小滑板法车削时 1. 小滑板转动角度计算错误 2. 小滑板移动时松紧不匀	1. 仔细计算小滑板应转的角度和方向，并反复试车校正 2. 调整塞铁使小滑板移动均匀
	用偏移尾座法车削时 1. 尾座偏移位置不正确 2. 工件长度不一致	1. 重新计算和调整尾座偏移量 2. 如工件数量较多，各件的长度必须一致
	用仿形法车削时 1. 靠模角度调整不正确 2. 滑块与靠板配合不良	1. 重新调整靠板角度 2. 调整滑块和靠板之间的间隙
	用宽刃刀法车削时 1. 装刀不正确 2. 切削刃不直	1. 调整切削刃的角度和对准中心 2. 修磨切削刃的直线度
	铰内圆锥法时 1. 铰刀锥度不正确 2. 铰刀的轴线与工件转轴线不同轴	1. 修磨铰刀 2. 用百分表和试棒调整尾座套筒轴线
双曲线误差	车刀刀尖没有对准工件轴线	车刀刀尖必须严格对准工件轴线

四、车削螺纹和蜗杆时的质量分析

车削螺纹、蜗杆时产生废品的种类、原因及预防措施见附表5。

附表5　车螺纹与蜗杆时产生废品的原因及预防措施

废品种类	产生原因	预防措施
牙形 （齿形） 不正确	车刀刃磨不正确	正确刃磨和测量车刀角度
	车刀装夹不正确	装刀时用样板对刀
	车刀磨损	合理选用切削用量并及时修磨车刀
螺距 （齿距） 不正确	交换齿轮计算或组装错误；扳错进给箱、主轴箱有关手柄位置	在工件上先车一条很浅的螺旋线，测量螺距（齿距）是否正确
	局部螺距（齿距）不正确 1. 车床丝杠和主轴的窜动过大 2. 溜板箱手柄转动不平衡 3. 开合螺母间隙过大	调整好主轴和丝杠的轴向窜动量和开合螺母间隙；将溜板箱手柄拉出，使之与传动轴脱开，或加装平衡块使之平衡
	车削过程中开合螺母抬起	用重物挂在开合螺母手柄上，防止中途抬起

续表

废品种类	产生原因	预防措施
中径(分度圆直径)不正确	以顶径(齿顶圆直径)为基准控制背吃刀量,忽略了顶径误差的影响	应考虑顶径误差的大小,调整背吃刀量
	刻度盘使用不当	正确使用刻度盘
表面粗糙度值大	切削用量选择不当	合理地选择切削用量
	高速切削螺纹时,切削厚度太小或切屑排出方向不对,拉毛螺纹牙侧	高速切削螺纹时,最后一刀切削厚度要大于0.1mm,并使切屑垂直轴线排出
	刀杆刚性不足,切削时产生振动	增大刀杆截面积,并缩短刀杆的伸出长度
	车刀纵向前角太大,中滑板丝杠螺母间隙过大产生扎刀	减小车刀纵向前角,调整中滑板丝杠螺母间隙
	产生积屑瘤	有高速钢车刀车削时,应降低切削速度,并加切削液

参 考 文 献

蒋增福. 2004. 车工工艺与技能训练. 北京：高等教育出版社

刘芳时. 2006. 车削加工技能. 北京：中国劳动社会保障出版社

王公安. 2005. 车工工艺学. 北京：中国劳动社会保障出版社

翁承恕等. 1996. 车工生产实习. 北京：中国劳动社会保障出版社

姚为民. 1997. 车工实习与考级. 北京：高等教育出版社

赵忠玉. 2004. 车工技能鉴定考核试题库. 北京：机械工业出版社